"十二五"上海重点图书

材料科学与工程专业应用型本科系列教材

面向卓越工程师计划·材料类高技术人才培养丛书

新材料表征技术

主编　张霞

华东理工大学出版社
EAST CHINA UNIVERSITY OF SCIENCE AND TECHNOLOGY PRESS

·上海·

图书在版编目(CIP)数据

新材料表征技术/张霞主编. —上海：华东理工大学出版社，2012.9(2022.6重印)
ISBN 978 - 7 - 5628 - 3341 - 3

Ⅰ.①新… Ⅱ.①张… Ⅲ.①工程材料-高等学校-教材 Ⅳ.①TB3

中国版本图书馆 CIP 数据核字(2012)第 177029 号

"十二五"上海重点图书
材料科学与工程专业应用型本科系列教材
面向卓越工程师计划·材料类高技术人才培养丛书

新材料表征技术

....

编　著／张　霞
责任编辑／赵子艳
责任校对／金慧娟
出版发行／华东理工大学出版社有限公司
　　　　　　地　　址：上海市梅陇路 130 号，200237
　　　　　　电　　话：(021)64250306(营销部)
　　　　　　　　　　　(021)64252009(编辑室)
　　　　　　传　　真：(021)64252707
　　　　　　网　　址：www.ecustpress.cn
印　　刷／江苏凤凰数码印务有限公司
开　　本／787 mm×1092 mm　1/16
印　　张／16.5
字　　数／409 千字
版　　次／2012 年 9 月第 1 版
印　　次／2022 年 6 月第 9 次
书　　号／ISBN 978 - 7 - 5628 - 3341 - 3
定　　价／48.00 元

联系我们：电子邮箱　zongbianban@ecustpress.cn
　　　　　官方微博　e.weibo.com/ecustpress

前　言

材料表征技术是关于材料的化学组成、内部组织结构、微观形貌、晶体缺陷与材料性能等的表征方法、测试技术及相关理论基础的实验科学，是现代材料科学研究以及材料应用的重要手段和方法。

现代材料科学在很大程度上依赖于对材料成分、性能及显微组织之间关系的见解。因此对材料成分、性能、材料组织从宏观到微观的不同层次的表征技术构成了材料科学与工程的一个不可或缺的重要组成部分，并占据着重要的地位。从新材料的发展中，可以清楚地看到材料表征新技术所起的作用。

编者根据多年教学经验和体会，在参考国内外相关资料的基础上，结合目前应用型本科人才的培养目标编写了本书。书中的内容包括材料的成分表征技术、材料的结构表征技术、材料的组织、形貌表征技术和材料的物性表征技术等，共四篇十六章。本书的编写工作遵循"科学性、先进性、可靠性和实用性"的原则，以比较成熟的理论、方法和数据为主，同时参考了国内外材料表征技术的新进展，反映了当代材料表征技术的先进水平。

本书由张霞主编，温永春、杨子润、顾大国、张立成、刘雪梅等也参与了本书的编写工作。在本书的编写和出版过程中，得到了盐城工学院材料工程学院的大力支持，在此表示衷心的感谢。

由于编者水平有限，书中不当之处敬请读者批评指正。

目 录

第 1 篇
材料的成分表征技术

　　材料的成分表征在材料分析中应用非常广泛,而且具有基础作用,因此掌握材料成分表征技术在材料研究中非常重要。材料的成分表征除了传统的化学分析技术外,还有电化学分析技术及物理分析方法。本篇主要介绍电化学分析方法和各种物理分析方法的基本原理、常用的设备或仪器和具体的表征技术、分析方法及其应用范围。

　　在学习本篇时,首先要明确每种方法所适用的材料范围及其优势和特点,理解分析原理,了解分析方法,还要掌握各种分析方法对样品的要求。需要指出的是对于可以应用多种方法分析其成分的情况,一定要区分这些方法的优缺点,选出具体应用中最适宜的分析方法。此外,为了更好地掌握分析技术,在有条件的基础上要使学生认识所用的仪器设备甚至让学生开展对应的实验,确保学生理解和能够使用这些分析技术。

1 电化学分析

1.1 基本原理与电化学工作站

电化学分析法是应用电化学原理和实验技术建立起来的一类分析方法的总称，又称为电分析化学法。

用电分析化学法测量试样时，通常将试样溶液和两支电极构成电化学电池，利用试样溶液的电化学性质，即其化学组成和浓度伴随电学参数变化的性质，通过测量电池两个电极间的电位差（或电动势）、电流、阻抗（或电导）和电量等电学参数，或是这些参数的变化，确定试样的化学组成或浓度。

1.2 电解分析法

电解分析法是被测物质通过电解沉积于适当的电极上，通过称量电极增加的质量，求出试样中金属含量的分析方法，也称为电重量法。

1.2.1 电解的一些概念

1. 电解

电解是借助于外电源的作用，使电化学反应向着非自发方向进行的电化学过程。典型的电解过程是在电解池中有一对面积较大的电极如铂，外加直流电压，改变电极电位，使电解质溶液在电极上发生氧化还原反应。图 1-1 示意出了典型的电解装置。

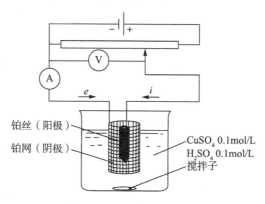

铂丝（阳极）
铂网（阴极）
$CuSO_4\ 0.1mol/L$
$H_2SO_4\ 0.1mol/L$
搅拌子

图 1-1 典型的电解装置

在图 1-1 所示的电解体系中，当电极间加一个很小的直流电压时，最初没有电流流过电解池（只有微小的残余电流流过），当逐渐增大外加电压，到达某一个数值时，便有电极反应发生，少量的 Cu 和 O_2 分别在阴极和阳极上，并开始有电流流过，发生了电解。此时，原先的铂电极已构成了 Cu 电极和 O_2 电极，组成了自发电池。该电池产生的电动势将阻止电解过程的进行，该电动势称为反电动势。只有当外加电压达到足以克服反电动势时，电解才能继续进行，电流才能显著上升，并按欧姆定律线性地增大。使某一电解质溶液连续不断地发生电解所必需的最小外加电压，称为该电解质的分解电压。外加电压继续增大，电流达到一极限值，称为极限电流。

为了使某种离子在电极上发生氧化或还原反应，需要在阳极或阴极上施加最小的电位，称为析出电位。

2. 电解方程式及超电位

理论上分解电压的值可以由铜-氧原电池电动势求得。实际所需要的分解电压要比理论分解电压大。超出部分主要是由于电解极化作用引起的。极化将使阴极电位更负，阳极电位更正。其超出部分电位的差值称为过电位 η，也称超电位或超电势。

外加电压 U 应该包括实际分解电压 U_d 和电解池两极间的电位降 iR。电解方程式为

$$U = U_d + iR = (\varphi_a - \varphi_c) + (\eta_a + \eta_c) + iR \tag{1-1}$$

式中，φ_a、φ_c 分别为阳极、阴极的电极电位；η_a、η_c 分别为阳极、阴极的超电位。

超电位实际上是电解过程中电极上流过电流，电极电位偏离可逆平衡电位的差值。

电极反应的超电位数据对预测辅助电极的行为，估计必须施加于电解池的电位等方面具有参考作用。表 1-1 给出了常见电极反应在不同电极上的超电位。

对于一个电极反应，会有多种影响超电位的因素同时存在。它们主要为电极材料及其表面状态、电流密度、温度、析出物形态以及电解质组成等。

表 1-1　常见电极反应在不同电极上的超电位(25℃)

电极	电流密度/($A \cdot cm^{-2}$)				
	0.001	0.01	0.1	1.0	5.0
	超电位/V				
从 1mol/L H_2SO_4 中析出 H_2					
Ag	0.097	0.13	0.3	0.48	0.69
Al	0.3	0.83	1.00	1.29	
Au	0.017		0.1	0.24	0.33
Bi	0.39	0.4		0.78	0.98
Cd		1.13	1.22	1.25	
Co		0.2			
Cr		0.4			
Cu			0.35	0.48	0.55
Fe		0.56	0.82	1.29	
石墨	0.002		0.32	0.60	0.73
Hg	0.8	0.93	1.03	1.07	
Ir	0.002 6	0.2			
Ni	0.14	0.3		0.56	0.71

电极	电流密度/(A·cm^{-2})				
	0.001	0.01	0.1	1.0	5.0
	超电位/V				
	从 1mol/L H$_2$SO$_4$ 中析出 H$_2$				
Pb	0.40	0.4		0.52	1.06
Pd	0	0.04			
Pt(光滑)	0.000 0	0.16	0.29	0.68	
Pt(镀铂)	0.000 0	0.030	0.041	0.048	0.051
Sb		0.4			
Sn		0.5	1.2		
Ta		0.39	0.4		
Zn	0.48	0.75	1.06	1.23	

1.2.2　电解分析方法

电解时,金属电极的电极电位与电极表面溶液化学组成间的关系,可由能斯特方程式表达。在进行电解分析时,只能控制一个因素恒定,而另一因素会随着时间发生变化。因此,有控制电位的电解过程和控制电流的电解过程。

1. 控制电流电解分析法

控制电流电解分析法也称为恒电流电解法,是电重量分析的经典方法。它的装置如图1-1所示。在电解过程中调节外加电压,使电解电流大体保持不变,阴极电位则不加控制。在电解过程中,被测定金属离子浓度不断下降,阴极电位越来越负,直至发生另外一种反应维持电流不变,如析出氢气或者析出其他第二种金属。此法一般适用于溶液中只含一种能在电极上沉积的金属离子的情况,或电位表上在氢以上的金属与氢以下的金属的分离测定。

当溶液中含有两种比氢先还原的金属离子时,为了使两种金属分离完全,必须引入一种无害的反应以限制阴极电位,使阴极电位不超过要保留在溶液中的金属离子的析出电位,达到分离两种金属离子的目的。

为此,在电解时需加入阴极去极剂。类似的情况也可用于阳极,加入阳极去极剂,它比干扰物质先在阳极上氧化,可以维持阳极电位不变。

控制电流电解分析法装置简单,误差可控制在 0.2% 以下。但对于还原电位相差不大的两种金属,不能用这种方法分离。

2. 控制电位电解分析法

当试样溶液中含有两种以上的金属离子时,用控制电流电解分析法测定其中一种金属,其他金属离子也会在电极上沉积,形成干扰。如果一种金属离子与其他金属离子间的还原电位差足够大,就可以把工作电极的电位控制在某一个数值或某一个小范围内,只使被测定金属析出,而其他金属离子留在溶液中,达到分离出该金属的目的,通过称量电沉积物,求得该试样中被测金属物质的含量,这种方法称为控制电位电解分析法。

要实现对电极电位的控制,需要在电解池中引入参比电极,如甘汞电极,其装置原理见图1-2。可以通过机械式的自动阴极电位电解装置或电子控制的电位电解仪,使阴极电位控制在设定的数值。随着电解进行,外加电压不断降低,电解电流也逐渐降低。当电流接近零时表

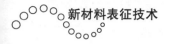

明电解已经完全。

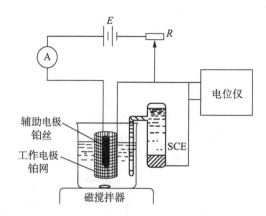

图 1 - 2　控制阴极电位电解装置

要使阴极电位保持在一定的数值,所需的外加电压取决于阳极电位、溶液电阻以及过电位等因素。

随着电解进行,外加电压不断降低,电解电流也逐渐降低。当电流接近零时表明电解已经完全。电解电流衰减速率与电极面积、被测离子的扩散系数、电解溶液体积以及扩散层厚度等各项因素有关。

控制阴极电位电解法具有选择性高、电解时间短的优点。它可用于某些金属共存时的分离,也可用于高纯物质测定时的分离。

1.2.3　电解分析的实验

1. 电极

在电解分析中,常使用圆筒形的铂网电极作为工作电极,并在搅拌溶液的条件下进行电解。为了改善电解沉积物的黏附能力,或防止形成合金而使铂网电极损坏,铂网电极也可用下述方法进行预处理。

(1) 预镀银处理形成 Ag/Pt 电极　用 0.2 g AgNO$_3$ 溶于 200 mL H$_2$O 中,加 1.0 mol/L NaOH 使银完全沉淀,然后加 10%KCN 溶液使沉淀重新溶解。用 0.1 A 电流电解 10 min,使银沉积在铂网电极上,洗涤、干燥,使用前称量电极。

(2) 预镀铜处理形成 Cu/Pt 电极　用 0.2 g CuSO$_4$ · 5H$_2$O 溶于 200 mL H$_2$O 中,加 5 mL H$_2$SO$_4$ 和刚沸腾的 HNO$_3$ 3 mL。用 0.1 A 电流电解 10 min,使铜沉积在铂网上,洗涤、干燥,使用前称量电极。

(3) 预镀汞处理形成 Hg/Pt 电极　用 0.8 g Hg(NO$_3$)$_2$ · H$_2$O 溶于 10 mL H$_2$O 中,用水稀释到 100 mL。用 0.1 A 电流电解 45 min,使汞沉积在铂网上,洗涤、干燥,使用前称量电极。

2. 沉积物的处理

电解结束时,停止搅拌,在不切断电路的情况下提起电极,使其与电解液脱离,并用洗瓶的细水流洗涤电极,以迅速地除去电解液,阻止沉积物的重新溶解(在洗涤沉积物时,会带来一定量的损失),最后用挥发性的可以和水混溶的溶剂来洗涤,然后干燥。应避免过度干燥,防止沉积物被空气氧化。电解分析后,电极上的沉积物可用硝酸除去。

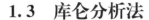

1.3 库仑分析法

1.3.1 基本原理

库仑分析法是用电解过程中消耗的电量进行定量的分析方法。它的基本依据是法拉第(Faraday)电解定律,在电解时,电极上发生化学变化的物质的量 m 与通过电解池的电量 Q 成正比关系。其数学表达式为

$$m = \frac{M}{nF}Q \text{ 或 } m = \frac{M}{nF}it \tag{1-2}$$

式中,M 为物质的摩尔质量,其值与所取的基本单位有关;n 为电极反应中的电子数;F 为1 mol 原电荷电量,称为法拉第常数,96 487 C/mol;i 为电流,A;t 为时间,s。

库仑分析法基本要求是电极反应必须单纯,即用于测定的电极反应必须具有100%的电流效率,电量全部消耗在被测物质上。实际应用中100%的电流效率很难实现,一般来说,库仑法中消耗的总电流大于消耗在被测样品上的实际电流,并有电流效率(η)小于100%。然而,电流效率的损失($1-\eta$)小于0.1%是允许的。

被测定物质直接在电极上起反应,进行库仑测定,称为初级库仑分析;通过间接与电极电解产物发生定量反应,进行库仑测定,称为次级库仑分析。而库仑分析法的分类,通常按控制电解的方式不同,分为恒电位库仑分析法和恒电流库仑分析法两大类,后者又称为库仑滴定法。

1.3.2 恒电位库仑分析法

1. 方法与装置

恒电位库仑分析法是在电解过程中控制工作电极电位相对于参比电极保持不变,并只有被测物质在电极上发生反应,当电解电流趋于零时,表示该物质已被完全电解,测量电解过程中消耗的电量,再按法拉第电解定律计算被测物质的含量。

恒电位库仑分析法的仪器装置基本上和控制阴极电位电解法相似,只是在电解电路中串接一个库仑计,以测量电量,如图1-3所示。

2. 电量的测量

通常使用化学库仑计、电子积分仪等测量电量。

(1)化学库仑计 它利用通过与某一个标准的化学过程相比较而进行测定。库仑计本身是一个电解池,串联入电路时与试样电解同时进行,通过库仑计中反应物的相当量,计算得到电解时的总电量。化学库仑计有重量式、体积式、比色式、滴定式等类型。其中气体库仑计(如氢氧库仑计、氢氮库仑计)及库仑式库仑计因使用方便而被广泛使用。

气体库仑计能测量10库仑以上的电量,相对误差在±0.1%以内,但灵敏度差。

库仑式库仑计适用于微量物质测定,其电量可测至低达0.015库仑,准确度较高,相对误差不超过±0.1%。

(2)电子积分仪 根据电解通过的电流,采用电子积分线路求得总电量。并由显示装置读出,也可以将电流经模/数转换后输入微机,进行积分处理求得电量。此法近年来发展迅速,适用范围广,精度高,可用于自动分析。

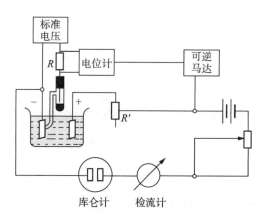

图 1-3　恒电位库仑分析法的仪器装置

3. 应用

控制电位库仑分析法是在控制工作电极电位情况下进行测定的,它具有很好的选择性,而且准确、灵敏,适用于混合物质的分析,以及多种氧化态混合物的分析。在无机物方面可用于约几十种元素的测定,包括非金属氢、氧、卤素等,金属锂、钠、铜、金、银、铂族,稀土元素镉、镨、铜,以及放射性元素铀、钍的分析应用。控制电位库仑法也应用于有机物的分析。

1.3.3　库仑滴定法

1. 方法及装置

库仑滴定法也称恒电流库仑分析法。用一恒定强度的电流通过电解池,在电极附近由于电极反应而产生一种试剂,犹如普通滴定分析中的"滴定剂",这种电生试剂即刻与被测物质起反应,作用完毕后反应终点可由适当的方法确定。由恒定电流 i 和电解开始至反应终止所耗的时间 t 求得电量 $Q=it$。通过法拉第电解定律求得物质的含量。库仑滴定装置如图 1-4 所示。

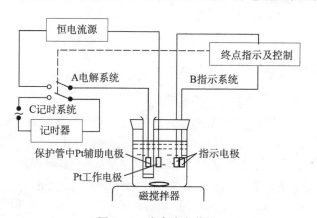

图 1-4　库仑滴定装置

在库仑滴定过程中,电解电流的变化,电流效率的下降,滴定终点判断的偏离,以及时间和电流的测量误差等因素都会影响滴定误差。在现代技术条件下,时间和电流均可准确地测量,恒电流控制也可达 0.01%。因此,如何保证恒电流下具有 100% 的电流效率和怎样指示滴定终点是两个极为重要的问题。

2. 指示终点的方法

库仑滴定指示终点的方法有化学指示剂法、电位法、电导法、光度法等。常用的有以下三种方法。

(1)化学指示剂法 滴定分析中使用的化学指示剂,只要体系合适,都能用于库仑滴定。

(2)电位法 记录指示电极电位随时间的变化,求出电位突跃时的滴定终点的时间。此法应选用合适的指示电极来指示终点前后的电位突跃。

(3)双指示电极电流法 又称永停终点法。在电解池内插入一对铂电极作指示电极,加10～200 mV 电压。当达到终点时,电解液中存在的可逆电对发生变化,引起指示电极系统中电流的迅速变化或停止变化。

3. 特点与应用

库仑滴定法的优点是:①灵敏度高,准确度好,测定的量比经典滴定分析法低1～2个数量级,仍可以达到经典滴定分析法同样的准确度;②它不需要制备标准溶液,不稳定滴定试剂可以电解产生;③电流和时间易准确测定。这些优点使得它能得到广泛的应用。凡是能以100%电流效率电解生成试剂,且能迅速而定量地反应的任何物质都可以用这种方法测定。

库仑滴定法中,电解质溶液通过电极反应产生的滴定剂种类很多,它们可以是电生的H^+、OH^-,也可以是氧化剂如卤素、还原剂如 Fe(Ⅱ)、配合剂如 EDTA(Y^{4-})、沉淀剂如 Ag^+ 等。库仑滴定法的检测元素很广泛,详见相关手册。

1.4 电导分析法

1.4.1 基本原理

电解质溶液能够导电,遵守欧姆定律。在一定温度下,一定浓度的电解质溶液的电阻为

$$R = \rho \frac{l}{A} \tag{1-3}$$

式中,R 为电阻,Ω;ρ 为电阻率,$\Omega \cdot cm$;l 为两个电极间的距离,cm;A 为电极的面积,cm^2。

电导定义为电阻的倒数,有

$$G = \frac{1}{R} = \kappa \frac{A}{l} = \kappa / Q \tag{1-4}$$

式中,G 为电导,S;κ 为电导率,S/cm,$\kappa = 1/\rho$;Q 为电导池常数,$Q = l/A$。

对电解质溶液的电导还与溶液中存在的离子的多少及性质有关。用摩尔电导的概念更能比较不同电解质溶液的电导能力。

摩尔电导是指相距 1 cm 的两平行的大面积电极,放入含有 1 mol 溶质的溶液的电导,有

$$\Lambda_m = \kappa \frac{1\,000}{c_M} \tag{1-5}$$

式中,Λ_m 为摩尔电导率,$S \cdot cm^2/mol$;c_M 为溶液中某物质的浓度,mol/L,需要说明表示浓度的化学式单元,如 NaCl、$(1/2)K_2SO_4$、$(1/3)LaCl_3$ 等。

电解质的电导是由溶液内的正、负离子共同组成的。强电解质的摩尔电导率是摩尔离子电导率的总和,有

$$\Lambda_m = \sum (\lambda_+) + \sum (\lambda_-) \tag{1-6}$$

式中,λ_+、λ_- 分别为正、负离子的摩尔电导率。

$$\kappa = 10^{-3} \sum c_{M_i} \lambda_i \tag{1-7}$$

式中,c_{M_i} 为离子间的物质的量浓度,mol/L;λ_i 为离子 i 的摩尔电导率。

由于离子之间的相互作用,溶液的摩尔电导率随电解质浓度而改变。当溶液无限稀释时,λ_+、λ_- 趋于极大值,用 λ_+^0、λ_-^0 表示,称为极限摩尔电导率。λ^0 表示离子在给定溶液无限稀释时的极限摩尔电导率,仅与温度有关,是各种电解质导电能力的特征常量。

离子的极限摩尔电导率的数据可用来计算电解质的极限摩尔电导率,以比较各种溶质的相对电导率,推断电导变化的趋势。

离子的摩尔电导率与浓度、温度、离子淌度(指单位电场梯度下离子的运动速度)和离子迁移数(指离子所输运的电荷量占总电荷量的分数)有关。对于某一指定电解质,其摩尔电导率与浓度、温度有关。

1.4.2 电导的测量与装置

1. 测量方法

测量溶液电导的方法与测量溶液电阻的方法相似。

(1)交流电导法 它是以交流供电的方式测量溶液电导,是大多数实验室和工业电导测量采用的方式。这种方法的误差主要来源于寄生电流引起的"寄生电容效应"。

(2)直流电导法 对于电阻大于 10^5 Ω 的介质,可在两电极间施加一直流电压如 150 V,测量电流,由欧姆定律计算得到电阻。直流电导法避免了电容、电感的干扰,但电极极化将影响电导的测量精度,使用四电极直流电导法可克服极化的影响。四电极直流电导法采用一对铂电极为载流电极,以施加不变的电流或电压;另一对不易极化的电极,如 Ag/AgCl 电极为辅助电极,测定辅助电极间的电压,由欧姆定律计算得到电阻或电导。

2. 影响电导测量的因素

(1)溶剂的纯度 电导测量一般以水作溶剂。普通蒸馏水含有 CO_2、NH_3 和微量的 Fe 等杂质,以及玻璃容器壁的溶解物,这影响电导测量。如 25℃时,与空气中的 CO_2 相平衡的电导水的电导率为 0.8~1.0 μS/cm。当测量更小电导率的稀溶液时,必须将普通蒸馏水加少量的碱性高锰酸钾做二次蒸馏,或用离子交换树脂进一步纯化。

使用非水溶剂也应蒸馏纯化,以防杂质或痕量水的影响。有时可用扣除空白(本底)的办法,提高测量精度。

(2)温度 对大多数离子而言,每增加一度,电导值约增加 2%。精密测量应在恒温中进行。

(3)电极极化 交流电导法测量中,电极极化的影响一般可忽略不计。直流电导法测量中,电极极化的影响可用四电极法来减小。

(4)电容效应 两个电极间存在着寄生电容,在交流电导法中不可忽略。商品仪器中,往往在电桥臂上并一可变电容,用来平衡电导池中的寄生电容,以减少电容效应带来的误差。

3. 测量装置

测量装置由电导仪和电导池组成。

(1)电导仪的主要部件

① 提供高频交流电的测量电源,由正弦波振荡器产生。

② 测量电路,分为电桥平衡式、欧姆式、分压式和同相比例放大式。

③ 指示器,可分为指示平衡点的示零器(如耳机、电眼等)和直读式指示器(如电表、数字显示等)。电导率测量仪如图1-5所示。

(2)电导池

用于测量溶液电导的电极称为电导电极,而把电导电极按一定的几何形状固定起来,就构成了电导池。电导电极一般由两片平行铂片组成,铂片的面积和两片铂片间的距离可根据不同的要求设计。

铂片电导电极可分为光亮电极和铂黑电极两种,后者有很大的表面积,有利于减小极化效应,适用于测定电导较大的溶液。此外,也有用其他材料,如石墨、钽、铼、金或不锈钢等制成电导电极。

图1-5 电导率测量仪

(3)电导池常数

电导测量的准确度与电导池常数有密切关系。在实际工作中,电导池常数值通过测量已知电导率的标准氯化钾溶液的电阻,由式(1-3)求得。为了校正所用水的电导率的值,Q值应用下式计算:

$$Q = \kappa R R_{SV} / (R_{SV} - R) \tag{1-8}$$

式中,Q为电导池常数;R为溶液测得的电阻值;R_{SV}为溶剂测得的电阻值。

R、R_{SV}应在同一温度下,电导池中装满由表1-2中的溶液所组成的溶液或装满溶剂时进行测量。

表1-2 不同温度下的标准氯化钾溶液的电导率(S/cm)

温度/℃	1.0 mol/L	0.1 mol/L	0.01 mol/L	温度/℃	1.0 mol/L	0.1 mol/L	0.01 mol/L
0	0.065 41	0.007 15	0.000 776	19	0.100 14	0.011 43	0.001 251
5	0.074 14	0.008 22	0.000 896	20	0.102 07	0.011 67	0.001 278
10	0.083 19	0.009 33	0.001 020	21	0.104 00	0.011 91	0.001 305
15	0.092 52	0.010 48	0.001 147	22	0.105 94	0.012 15	0.001 332
16	0.094 41	0.010 72	0.001 173	23	0.107 89	0.012 39	0.001 359
17	0.096 31	0.010 95	0.001 199	24	0.109 84	0.012 64	0.001 386
18	0.098 22	0.011 19	0.001 225	25	0.111 80	0.012 88	0.001 413

1.4.3 电导分析法

1. 直接电导法

直接电导法主要应用于以下几方面。

（1）水质检验　用于锅炉用水、工业废水、天然水、实验室制备去离子水及蒸馏水的质量检测。电导率越低，水的纯度越高。但不能检测水中的非导电性物质，如细菌、藻类、悬浮物等，以及非离子状态的杂质。检测时要针对不同情况选用合适的电导电极。检测操作要迅速，以免 CO_2 溶入。一些水的电导率值由表 1-3 给出。

表 1-3　一些水的电导率值(25℃)

水的类型	电阻率/($\Omega \cdot cm$)	电导率/($S \cdot cm^{-1}$)
自来水	1900	5.26×10^{-4}
试剂水	5×10^5	2.0×10^{-6}
1 次蒸馏水(玻璃)	3.5×10^5	2.9×10^{-6}
3 次蒸馏水(石英)	1.5×10^6	6.7×10^{-7}
28 次蒸馏水(石英)	1.6×10^7	6.3×10^{-8}
复床离子交换水	2.5×10^5	4.0×10^{-6}
混合离子交换水	1.25×10^7	8.0×10^{-8}
绝对纯水	1.83×10^7	5.5×10^{-8}

（2）盐度测量　电导具有加和性，含有几种电解质溶液的电导反映的是其总盐量。可用于天然水、海水、废水及土壤中的可溶性矿物质的盐度测量。

（3）气体的测量　用相应的吸收溶液吸收气体，如 SO_2、SO_3、H_2S、NH_3、HCl、CO_2，及 CO、CH_4。需要注意的是，混合气体相互干扰，需要分离；测 CO、CH_4，要先氧化成 CO_2 再用水吸收后测量。

（4）钢铁中总碳量及硫的测定　在试样中加助燃剂锡粒，通入流量合适的氧气，用适中的温度燃烧，生成 CO_2 和 SO_2，先导入定硫电导池，消除 SO_2 干扰后，再通入装有 NaOH 的电导池。由电导率的减小程度计算碳含量。

（5）有机物中的碳、氮、卤素及硫的测定。

（6）用作离子色谱检测器。

2. 电导滴定法

在滴定分析中，用溶液的电导率变化来指示终点，称为电导滴定法。电导滴定法可用于中和反应、配合反应、氧化还原反应和沉淀反应，但要求反应物与生成物之间有较大的淌度差别。由于电导具有加和性，因此必须消除干扰离子的影响，才能准确测定主反应离子的电导变化。

1.5 电位分析法

1.5.1 基本原理

1. 方法及原理

电位分析法是通过测量电极电位来测定电活性物质组分的活度(浓度)的方法。它利用电极电位与试液中待测组分活度之间存在着能斯特关系式进行定量分析。

$$\varphi = \varphi^\theta - \frac{RT}{nF}\ln\frac{a_{\mathrm{Red}}}{a_{\mathrm{Ox}}} \tag{1-9}$$

或在 25℃,被测组分含量很低时

$$\varphi = \varphi^\theta - \frac{0.059\ 1}{n}\lg\frac{[\mathrm{Red}]}{[\mathrm{Ox}]} \tag{1-10}$$

式中,φ、φ^θ 分别为电极电位和标准电极电位;R 为摩尔气体常数,8.314 3 J/(mol·K);F 为法拉第常数,96 487 C/mol;T 为热力学温度,K;n 为反应的电子转移数;a_{Ox}、a_{Red} 分别为电对的氧化态和还原态的活度;$[\mathrm{Ox}]$、$[\mathrm{Red}]$ 分别为电对的氧化态和还原态的浓度。

电位分析法按原理分为直接电位法和电位滴定法两大类。前者指从能斯特方程式求得待测离子的浓度的方法;后者指根据滴定过程中电极电位变化来确定终点,从所消耗的滴定剂体积及其浓度来计算待测物质浓度的方法。

2. 电极电位

电极与待测溶液接触,在平衡条件下界面所产生的相间电位差称为电极电位。单个电极电位的绝对值是无法测得的。在实际测量中需将待测电极与参比电极组成原电池,测量该电池在某一温度下的电动势,即为该电极在该温度下的电极电位。所以在测出的电极电位值后面应注明相对的参比电极,如相对标准氢电极(vs. NHE)、相对饱和甘汞电极(vs. SCE)等。电极电位是个相对值。

依据国际纯粹与应用化学联合会(IUPAC)的规定,电极电位值统一以标准氢电极(NHE)作为标准,在任何温度下它的电极电位值都为零。当对以氢电极为负极,待测电极为正极的电池进行测量时,若待测电极上实际进行的反应是还原反应,则电极电位值的符号为正;若待测电极上实际进行的反应是氧化反应,则电极电位值的符号为负。

由式(1-9)可知,当电极的半池反应的氧化态、还原态的活度都等于 1 时,测得的电极电位即为标准电极电位。对于某一特定介质,当待测半池反应的氧化态、还原态的活度都等于 1 时,测得的电极电位称为式量电位。化学式量电位不同于标准电极电位,其区别在于化学式量电位反映了实际电池体系的情况,包含了离子强度、络合效应、水解效应、pH、浓度代替活度等因素引起的影响。

3. 电位的测量

电位测量的装置见图 1-6。用指示电极、参比电极与被测试液组成原电池。常用的参比电极有饱和甘汞电极(SCE)、银-氯化银电极,指示电极有金属基电极和膜电极。由于参比电极在测量过程中其电极电位实际上是不变的,因此,测得的电动势反映了指示电极电位。如对

于电池(SCE‖指示电极),测得电动势 E,指示电极的电位可表达为以参比电极(SCE)为基准的电位值,$\varphi = E$(vs. SCE)。

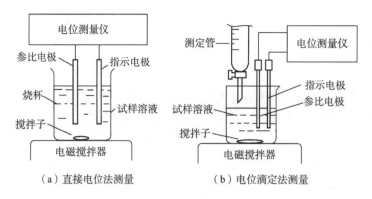

（a）直接电位法测量　　　　　　　（b）电位滴定法测量

图 1-6　电位测量装置

电动势的测量应在电池电流接近于零的情况下进行,因此,不能使用普通的伏特计来测量,而是使用电位差计或高阻抗伏特计。高输入阻抗的伏特计的输入阻抗 R 要与被测电池的内阻 r(主要是测量电极的内阻)相匹配。要使测量获得较高准确度,如相对误差小于 0.1%,则必须使 $R/r > 10^3$。

4. 参比电极

参比电极是指在电化学测量经常使用的条件下,它的电位实际上保持不变,用于观察、测量或控制测量电极电位的一类电极。它与待测电极组成电池,通过测定电动势测得待测电极的电位,它的电位稳定与否对测定结果影响很大。

对参比电极的要求是电极电位稳定,重现性好,并且容易制备和使用。氢电极符合这一要求,是最重要的参比电极,它作为其他各种电极电位的原始相对标准。由于氢电极是一种气体电极,使用不便。在电分析化学测量中,经常使用的参比电极主要是饱和甘汞电极和银-氯化银电极。

饱和甘汞电极的制备方法:取一支电极管洗净并烘干,在底部盛装约 1 mL 的汞(化学纯)。再取一支玻璃管,底部焊接一铂丝,铂丝接金属导线由管内引出。将玻璃管插入电极管内,铂丝端全部浸入汞中。另外在小研钵中加入少量的甘汞和纯净的汞研磨混匀,加入饱和氯化钾溶液,调成灰色糊状物。再把这种糊状物平铺一层在电极管内的汞面上(数毫米厚),然后向电极管内注入饱和氯化钾溶液,静置一昼夜以上即可使用。在制备时要特别注意勿使甘汞的糊状物与汞相混,以免甘汞沾污铂丝,否则电位将不稳定。

商品甘汞电极一般可分为饱和甘汞电极(SCE), 3.5 mol/L、1 mol/L、0.1 mol/L KCl 溶液甘汞电极,其中以饱和甘汞电极最常用。当温度大于 80℃时,甘汞电极电位就变得不稳定。

银-氯化银电极的常用制备方法为电镀法:清洗银丝表面油污(用丙酮,如果银丝上存有氯化银,则用氨水、蒸馏水仔细冲洗),然后以银丝作阳极,用铂丝作阴极,在 1 mol/L 盐酸溶液中电镀 30 min,电流密度为 2 mA/cm²,得 AgCl 镀层,用蒸馏水冲洗。制得的电极呈紫褐色,此电极可不带液体接界而直接使用。

若选用铂丝作基体,则先要在铂丝上镀银。铂丝镀银方法:配制镀银溶液($AgNO_3$ 3 g,KI 60 g,浓氨水 7 mL,加水配成 100 mL 溶液),以待镀铂丝作阴极,另用一根铂丝作阳极,电压

4 V,串联一个约 2 000 Ω 的可变电阻,用 10 mA/cm² 电流密度镀 30 min 即可。将镀好银的电极洗净,然后按上面同样的方法再电镀一层氯化银。

在使用氯化钾为盐桥电解质的情况下,银-氯化银电极按其浓度可分为 3.5 mol/L、1 mol/L、0.1 mol/L 的银-氯化银电极。银-氯化银电极电位较稳定,可稳定在 ±0.1 mV 以内达几周,工作寿命可达几个月。它适用于高温溶液,最高可达 275℃。

另外,也有使用银-溴化银电极 Ag│AgBr(s),Br⁻ 及银-碘化银电极 Ag│AgI(s),I⁻ 作为参比电极。

1.5.2 离子选择性电极

1. 结构与类型

离子选择性电极是具有普遍使用价值的测量活度的指示电极,它的主要形式是膜电极,其典型结构如图 1-7 所示。全固态接触的电极具有制作简单,可倒置使用,便于用于生产过程和监控检测的优点。

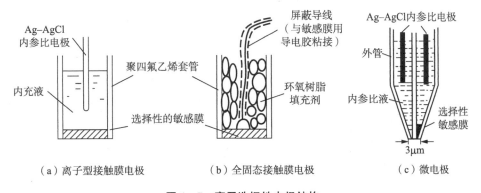

（a）离子型接触膜电极　　（b）全固态接触膜电极　　（c）微电极

图 1-7　离子选择性电极结构

20 世纪 60 年代以来,离子选择性薄膜得到了很大的发展。按 IUPAC 推荐,以敏感膜材料为基础对离了选择性电极进行分类如下。

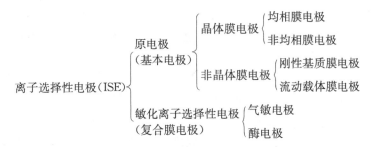

原电极是指敏感膜直接与试液接触的离子选择性电极。敏化离子选择性电极是以原电极为基础,利用复合膜界面敏化反应的一类离子选择性电极。

2. 离子选择性电极的性能参数

以离子选择性电极的电位对响应离子活度的负对数作图,所得的曲线称为校准曲线。这种响应变化服从能斯特方程,称为能斯特响应。校准曲线线性部分所对应的离子活度范围称为线性范围。

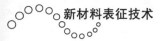

离子选择性电极除对某一特定离子(i)有响应外,溶液中的共存离子(j)对电极也有贡献。这时电极电位可写为

$$\varphi_{\text{ISE}} = k \pm \frac{RT}{nF}\ln\left[a_i + \sum K_{ij}^{\text{pot}} a_j^{n_i/n_j}\right] \tag{1-11}$$

式中,n_i、n_j 分别表示被测离子和共存干扰离子的电荷数;K_{ij}^{pot} 为选择性系数。

选择性系数越小,表示离子 j 对被测离子 i 的干扰越小;当测定正离子时第二项取"＋",负离子取"－"。

IUPAC 规定响应时间是指离子选择性电极和参比电极接触试液开始到电极电位变化达到稳定(1 mV 以内)所需要的时间,但这个定义因相差 1 mV 而引起相应的浓度相对误差的变化太大,一般采用达到稳定电位 95％时所用的时间更合适。

离子选择性电极的内阻,主要是膜内阻,也包括内充液、内参比电极的内阻。不同类型的离子选择性电极有不同的内阻,晶体膜内阻在 $10^3 \sim 10^6\,\Omega$,PVC 膜内阻在 $10^6 \sim 10^7\,\Omega$,流动载体膜内阻在 $10^6 \sim 10^8\,\Omega$,玻璃膜内阻在 $10^8\,\Omega$ 左右。电极内阻的大小直接影响对测量仪器输入阻抗的要求。

1.5.3　pH 值测定

1. pH 值的实用定义

用 pH 计测定溶液的 pH 值是用 pH 玻璃膜电极作指示电极,饱和甘汞电极为参比电极,组成测量电池。由 pH 理论定义和能斯特方程式得到水溶液 pH 值的实用定义式,求得水溶液 pH 值,有

$$\text{pH} = \text{pH}_{\text{S}} + \frac{E_{\text{S}} - E}{2.303RT/F} \tag{1-12}$$

式中,pH 为水溶液 pH 值;pH_{S} 为标准缓冲溶液的已知 pH 值;E 为测得水溶液的电动势;E_{S} 为测得标准缓冲溶液的电动势。

在使用 pH 计直读时,定位过程就是用标准缓冲溶液校准标准曲线的截距,温度校准是调整标准曲线的斜率,再用斜率调整钮使电极的实际响应斜率与理论斜率一致。通过这样的校正,pH 计上的显示值就符合标准曲线的要求,测定未知溶液时,pH 计就直接显示了未知液的 pH 值。

2. 标准缓冲溶液

测定值的准确度首先取决于标准缓冲溶液的 pH_{S} 值的准确度,其次是受到残余液接界电位的限制。实际使用时,应使标准缓冲溶液和待测试液的组成尽可能接近,并使用盐桥,尽可能地降低液接界电位,提高测量 pH 值的准确度。一般这两个因素使测量绝对准确度约在 ± 0.02pH 单位。

标准缓冲溶液的 pH_{S} 值,一般以美国国家标准局(NBS)和英国(BS)标准为参考。1981 年 IUPAC 分析化学部电分析化学委员会和物理化学部电化学委员会的联席会议通过一个新的标准,它同时包括 NBS 标准和 BS 标准的内容。1983 年又以这两个委员会的名义正式公布了"pH 的定义,标准参考值,pH 的测量及有关术语"的文件。

配制标准缓冲溶液时,要求使用纯度高的试剂,若不纯,一般可用纯水重结晶精制,受潮的

试剂必须进行干燥处理。纯水可以是重蒸馏水或经离子交换树脂处理过的水,水要煮沸除去 CO_2,其电导率要小于 5×10^{-6} S/cm(25℃)。

1.6 极谱法与伏安法

1.6.1 基本原理

极谱法及伏安法是一种特殊形式的电解方法,它是在小面积的工作电极上,形成浓差极化,以获得的电流-电压曲线进行分析的方法。工作电极使用表面周期性地或不断地进行更新的液态电极,如滴汞电极等方法,称为极谱法;而把使用静止的或固体的电极,如悬汞电极、铂电极、石墨电极等作工作电极的方法,称为伏安法。

极谱法与伏安法可用于在电极上发生氧化或还原的溶液组分的检测。在极谱法与伏安法中,通过浸入溶液中的工作电极,将电位施加到电极上。施加的电位在一定的范围内扫描,获得伏安曲线。当电位扫描到某一特定值时,溶液中的某一组分就会在电极上发生氧化或还原反应,此时,电极回路流过电流,该电位称为该组分的特征电位,所获电流与组分的浓度成正比。

按施加电位的方式和电极反应机理的不同,极谱法及伏安法有许多不同的具体方法,这里将重点介绍应用较广的线性电位扫描伏安法、脉冲极谱法、溶出伏安法和极谱催化法。

伏安分析技术的灵敏度高,它可用于纳克(ng)级甚至皮克(pg)级的无机及有机组分的常规分析,而且分析速度快。可以通过适当的化学处理使一些非电活性的基团也具有电化学活性,以扩大测量范围。

1.6.2 极谱分析与伏安分析测量

1. 三电极系统电位仪

电位仪是既可控制电极上的电位,又可测量流过电极电流的装置。它由加电压装置和电解池构成。图1-8给出了三电极系统电位仪的工作线路。电解池由三电极组成,它包括工作电极(又称为指示电极)、参比电极和对电极(又称为辅助电极)。

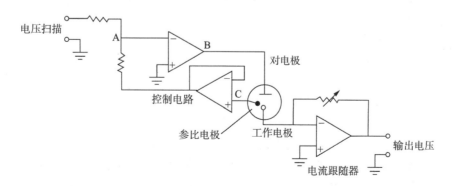

图1-8 三电极系统电位仪的工作线路示意图

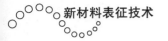

外加电压加在工作电极(如滴汞电极等)和辅助电极如 Pt 之间,当外加电压足够大时,回路中通过电解电流。

由电解电流 i 与工作电极的电位 φ_w 值绘制得到伏安曲线。i 很容易由工作电极与辅助电极构成的电路得到,困难的是如何准确地测量 φ_w。为此,电解池中放置第三个电极,即参比电极(如饱和甘汞电极,Ag/AgCl 电极),组成由参比电极与工作电极构成的电位监测回路。此回路阻抗甚高,所流过的电流可以忽略不计。显然,监测回路可以随时显示出电解过程中工作电极(相对于参比电极)的电位 φ_w。

在现代伏安仪中,通常使 φ_w 以一定速度变化,即等速扫描,并要求外加电压也是同步线性变化的。由运算放大器构成的实际电路,使 φ_w 等速扫描,工作电极电位 φ_w 的微小漂移,通过控制电路系统,以适当的方式反馈给外加电压扫描器,达到以上目的。

2. 工作电极

(1)滴汞电极 其结构如图 1-9 所示。汞从毛细管中以 3~5 g 的周期长大下落,流量在 1~3 mg/s。使用滴汞电极作为工作电极,有重现性好、氢超电势大(1.2 V)、生成汞齐能降低金属分解电位等优点。然而由于汞的毒性危害人体健康,在实际应用中已很少采用。

静态汞滴电极(SMDE)与滴汞电极有相似的结构,所不同的是 SMDE 通过一个阀门在毛细管尖端得到一静态汞滴,为了实现同步测量,汞滴周期性地进行更换,通过定期地快速敲击毛细管实现。悬汞电极(HMDE)是一个广泛用于定量分析的静止电极,汞滴的大小可由计算机控制生成。

(2)固体电极 固体电极一般有铂电极、金电极和玻碳电极。玻碳电极可检测电极上发生的氧化反应,特别适用于在线分析,或用作液相色谱检测器。

(3)旋转圆盘电极 把铂丝、金丝或玻碳密封于绝缘材料中,再把垂直于轴体的尖端平面抛光,即制成了圆盘电极。它最基本的用途是用于痕量分析及电极过程动力学研究,也用于溶出伏安法的测定。

(4)汞膜电极 在玻碳电极表面镀上一层汞膜就可制成汞膜电极,它可用于浓度低于 10^{-7} mol/L 的样品分析,但主要用于高灵敏度的溶出分析及作为液相色谱的电流检测器。

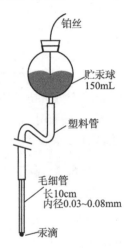

铂丝

贮汞球
150mL

塑料管

毛细管
长10cm
内径0.03~0.08mm

汞滴

图 1-9 滴汞电极

3. 溶液除氧

极谱法测量前,一般需向溶液中通高纯氮气 10~15 min,以除去氧气。为了不影响试液的浓度,氮气要用溶剂蒸气进行预饱和,实验过程中应停止通氮气,但试液要保持在氮气氛中。

1.6.3 经典极谱法的基本原理

在经典极谱法中,施加直流扫描电位于两个电极上,一个是表面积小而易极化的滴汞电极,另一个是表面积大但电位保持恒定的汞池电极。电活性物质通过电迁移、对流、扩散到达电极表面而还原。测量时,电迁移可以通过加入一些钾盐或四丁基铵盐(支持电解质)来消除,加入支持电解质后,溶液的电阻可忽略不计。测量时溶液静止(不搅拌)可消除对流的影响。这样,所获得的电流即为扩散电流,得到的电流-电压曲线称为极谱波,如图 1-10 所示。由于使用的滴汞电极,汞滴周期性地滴落,使极谱波呈锯齿形振荡。

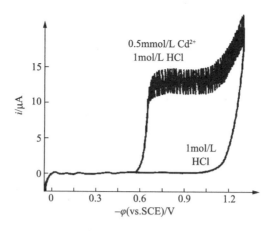

图 1-10 镉在 HCl 介质中的极谱波

极限扩散电流(即扩散电流不随外加电压而改变时)完全受扩散控制,其大小可用依尔科维奇方程表示。

$$i_d = 607nD^{1/2}m^{2/3}t^{1/6}c \qquad (1-13)$$

式中,n 为电子转移数;D 为离子的扩散系数,cm^2/s;m 为汞的流量,mg/s;t 为滴汞周期,s;c 为离子浓度,$mmol/L$。

式(1-13)亦称扩散电流方程式,当测量的各因素不变时,可简化为

$$i_d = kc \qquad (1-14)$$

式中,k 为 $607nD^{1/2}m^{2/3}t^{1/6}$,即为常数项。

式(1-14)就是极谱定量分析的基本关系式。对不同的试样,可用标准曲线法或标准加入法进行校准,测得试样中被测组分的含量。当电流等于极限扩散电流一半时的电位,称作极谱的半波电位 $\varphi_{1/2}$,这是极谱定性分析的依据,它也为极谱定量分析排除干扰离子影响提供了依据。目前,用经典极谱法进行分析测量使用较少。

1.6.4 一些重要的极谱分析和伏安分析方法

1. 单扫描极谱法

经典直流极谱法电位扫描速率一般为 200 mV/min,若将扫描速率加快至 250 mV/s,电极表面的被测离子迅速被还原,瞬间产生很大的极谱电流峰。峰电流与溶液浓度成正比,这便是单扫描极谱法的定量基础。

单扫描极谱是在每滴汞生长后期,加上一个极化电压的锯齿波脉冲。该脉冲随时间线性增加。若用长余晖的阴极射线示波器记录峰电流,此时称为单扫描示波极谱。

在单扫描极谱法中,汞滴滴下时间一般为 7 s,在汞滴滴下最后 2 s 区间,才加上一个一般为 0.5 V 的线性扫描电压,扫描时的起始电压可任意设定,在扫描结束时,用敲击器将汞滴同时敲下,以保持汞滴滴下时间与电压扫描同步。

单扫描极谱法测量速度快,峰电流与线性加电压扫描速率的平方根成正比,扫描速率大,有利于峰电流增大,检出限可达 10^{-7} mol/L。分辨率较普通极谱法高一倍,使用导数技术测

定(导数示波极谱)还可进一步提高分辨率。此外,本法前放电物质干扰小,往往不需除氧。单扫描极谱法与普通极谱法原理基本相同,因此,凡是在普通极谱法中能得到极谱波的物质,也能用单扫描极谱法进行分析。

2. 脉冲极谱法

电位阶跃法是指在一定电位下记录电流与时间关系曲线的一类方法。该方法的信号测量发生(即取样时间)在汞滴脱落前的一瞬间,此时充电电流已得到充分的衰减,因此电位阶跃法能很好地消除残余电流,提高信噪比。电位阶跃法有方波极谱法、常规脉冲极谱法(NPP)和微分脉冲极谱法(DPP)等。它们与经典直流极谱法的不同之处在于对工作电极加电压的方式不同。

应用较广的微分脉冲极谱法是在线性变化直流电压上,在每滴汞下落之前施加一个脉冲振幅相同的矩形脉冲电压,脉冲宽度 τ 为 $40\sim80$ ms,脉冲振幅为 $5\sim100$ mV。并在脉冲施加前 20 ms 和脉冲终止前 20 ms 内测量电流,记录两次电流差值,可获得呈峰形的微分脉冲极谱图。

在给定的实验条件下,微分脉冲极谱的峰电流与浓度呈线性关系,以此可进行定量分析。脉冲极谱法对电极反应可逆的物质的检出限可达到 10^{-8} mol/L。峰电位相差 $25\sim30$ mV 仍能分辨。前放电物质比被测物质浓度大 50 000 倍,也不干扰测定。它对电极反应不可逆的物质也很灵敏,检出限也可达 $10^{-6}\sim10^{-7}$ mol/L。

3. 极谱催化波

极谱催化波是一种动力波。动力波是一类在电极反应过程中同时受到某些化学反应速度所控制的极谱波。在分析化学中比较重要的催化波有:化学反应同电极反应平行的催化波和催化氢波。

(1) 平行催化波

电活性物质 Ox 在电极上还原生成 Red,它与电极周围一薄层溶液中存在的另一种物质 Z 发生化学反应,将 Red 重新氧化成 Ox。而氧化剂 Z 本身在一定电位范围内不会在电极上直接被还原。再生出来的 Ox 在电极上又一次被还原。这两个反应不断地循环往复进行,使极谱电流大大增高。在整个反应过程中,物质 Ox 的浓度没有变化,被消耗的是 Z。Ox 的作用相当于一种催化剂,它催化了 Z 在电极上的还原,这样产生的电流称为催化电流。

在滴汞电极上,当 c_Z 一定时,催化电流 i_c 与物质 Ox 的浓度成正比,这是定量测定物质 Ox 的依据。催化电流的大小,与化学反应的速率 k 有关。反应速率越快,催化电流越大,方法越灵敏。催化电流与汞柱离度无关。温度对化学反应速率常数有影响,温度系数一般为4%～5%。常用的氧化剂 Z 有:H_2O_2、$NaClO_3$ 或 $KClO_3$、$NaNO_2$ 等。

(2) 催化氢波

催化氢波是一种具有吸附性质的催化电流。

在酸性溶液中,在 ±1.2 V (vs. SCE)左右才能在滴汞电极上还原。当某些痕量铂族元素存在时,它们很容易被还原并沉积在滴汞表面,从而降低了 H^+ 在滴汞电极上的过电位,使其提前在较正的电位下还原,形成了催化氢波。

另一类是有机化合物或金属配合物的催化氢波。对于含氮、硫的有机化合物或它们的金属配合物,它们(B)含有可质子化的基团。当溶液中存在质子给予体(DH^+)时,与 B 相互作用形成质子化产物(BH^+),吸附到电极上,发生还原,形成还原催化循环,产生催化电流。与平行催化波不同,催化剂本身不参加电极反应。

在一定实验条件下,催化电流与被测组分浓度成正比,可用于定量分析。与经典直流极谱法相比,它的特点在于测量的电极反应体系不同。它与其他方法相结合,可获得更低的测出限。

4. 溶出伏安法

溶出伏安法是一种很灵敏的方法,检出限可达到 $10^{-7}\sim10^{-11}$ mol/L。它包括电解富集和电解溶出两个过程。

(1) 电解富集　通过适当的阴极或阳极过程,恒电位预电解一定时间,使痕量被测组分在电极上电沉积。

(2) 电解溶出　富集后的溶液静置 0.5~1 min 后,发生与预电解相反的电极过程,使富集在电极上的被测物质在短时间内重新溶解下来,如线性扫描溶出或脉冲溶出。通过溶出过程的极化曲线得到溶出峰。

按反应电极的不同,可分为阳极溶出伏安法、阴极溶出伏安法;按电解溶出时在电极上加电压的方式不同,可分为线性扫描溶出伏安法、脉冲溶出伏安法等。

在一定实验条件下,溶出峰电流大小与被测物质的浓度成正比,是溶出伏安法的定量分析基础。

溶出伏安法的两个过程在同一溶液中进行。使用的工作电极有悬汞电极、汞膜电极、玻态石墨(玻碳)电极、铂电极、金电极等,其中汞膜电极因其电积效率高,常被用作工作电极。

2 原子吸收光谱

被测元素在气相状态下的基态原子,对该元素的原子共振辐射有着强烈的吸收,以此为基础建立起的定量分析方法称为原子吸收光谱法。

原子吸收光谱法具有检出限低(非火焰法可达 $10^{-11} \sim 10^{-14}$ g)、选择性好、应用范围广(可分析 70 多种元素)等优点,是无机痕量分析的重要手段之一。采用间接法还可测定卤族元素、硫、氮等非金属元素。

2.1 原子吸收的基本原理

处于基态的原子,吸收由空心阴极灯发射出的该原子的共振辐射,吸收的大小与其处于基态的原子数成正比,这便是原子吸收光谱进行定量分析的基础。

根据热力学原理,原子蒸气在一定温度下达到热平衡时,原子基态和激发态的数目遵循玻耳兹曼公式。

$$\frac{N_i}{N_0} = \frac{g_i}{g_0} \times \exp\left(-\frac{E_i}{kT}\right) \qquad (2-1)$$

对某一元素原子光谱线,可以根据该式计算一定温度下的 N_i/N_0 值。在一般的火焰温度(2 000~3 000K)下,计算表明,原子蒸气中激发态原子数目(N_i)只占基态原子数目(N_0)的 $10^{-3} \sim 10^{-15}$。即使在其他温度较高的激发光源中,激发态原子占原子总数的比例也很小。所以在通常的原子吸收光谱分析的测定条件下,原子蒸气中参与产生吸收光谱的基态原子数可以近似地看作等于原子总数。

2.1.1 原子吸收谱线的轮廓

原子吸收谱线是有着一定宽度的,通常称为谱线的轮廓。其特征可用中心频率 ν_0 或中心波长 λ_0,半宽度频率 $\Delta\nu$ 或半宽度波长 $\Delta\lambda$ 来描述。中心频率是在谱线的最大吸光系数处,而半宽度频率(波长)是中心频率(波长)吸光系数极大值一半处的谱线轮廓上两点之间的频率(波长)差。图 2-1 表示了谱线的频率(或波长)与吸收系数 K_ν 的关系。

决定谱线宽度的因素有以下方法。

(1)自然宽度 $\Delta\nu_N$ 是在没有任何外界影响条件下,谱线所固有的宽度。原子激发

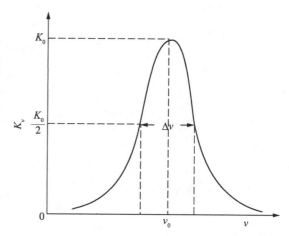

图 2-1 原子吸收光谱线的轮廓

态的平均寿命在 10^{-8} s,根据海森伯(Heisenberg)测不准原理,可以据此估算出原子谱线的自然宽度约在 10^{-5} nm 数量级。

（2）多普勒变宽 $\Delta\nu_D$　　又称为热变宽,是由于原子无规则的热运动产生的。当火焰中吸光的基态原子向着光源方向运动时,由于多普勒效应,相对于该基态原子,光源辐射的频率就会变高即波长变短,因此基态原子将吸收较低频率的辐射,反之,当原子背着光源方向运动时,被吸收的频率较高即波长较短。这样就形成了多普勒变宽。当处于热力学平衡态时,谱线的多普勒变宽可以表示为

$$\Delta\nu_D = 2\nu_0 \left(\frac{2RT\ln 2}{Ac^2}\right)^{1/2} = 7.16 \times 10^{-7} \nu_0 (T/A)^{1/2} \qquad (2-2)$$

式中,ν_0 为谱线的中心频率;R 为摩尔气体常数;T 为热力学温度;c 为光速;A 为相对原子质量。多普勒变宽一般在 10^{-3} nm 数量级。

（3）压力变宽　　吸收辐射后的激发态原子与吸收区内的原子或分子相互碰撞,使其在激发态的存在时间比正常寿命要短,从而引起能级的能量稍有变化,使吸收光量子频率发生改变而导致的谱线变宽,称为压力变宽。它有两种情况:①吸收原子与非同种原子的其他粒子碰撞而产生的压力变宽,称为洛伦茨(Lorentz)变宽 $\Delta\nu_L$,一般也在 10^{-3} nm 数量级;②吸收原子与同种原子碰撞而产生的压力变宽,称为共振变宽或赫鲁兹马克(Holtsmark)变宽 $\Delta\nu_H$。在通常条件下,起主要作用的是洛伦茨变宽,而共振变宽只有在被测元素浓度较高时才有影响。原子吸收法中被测物质相对于基体总是低浓度的,因此,共振变宽可以忽略。

此外,由于在外加电场或带电粒子、离子形成的电场及磁场的作用下,能引起能级的分裂而导致的谱线变宽分别称为斯托克(Stark)变宽和塞曼(Zeeman)变宽。在原子吸收光谱法中,这种变宽效应一般不大。

原子吸收光谱分析时,火焰的温度约在 1 000～3 000 K,外来气体压力为一个大气压,此时,吸收谱线的变宽主要由多普勒变宽和洛伦茨变宽决定,总宽度约在 10^{-3} nm 数量级。吸收谱线的形状及中心部分主要由多普勒变宽支配,而两翼则受洛伦茨变宽支配。当原子吸收测量的共存原子浓度很小时,特别是采用无火焰原子化器时,多普勒变宽将占主导地位。

2.1.2　原子吸收值与原子浓度的关系

1. 积分吸收

将原子吸收谱线沿吸收线轮廓进行吸收系数的积分称为积分吸收系数,简称积分吸收,它表示全部吸收能量的强度。根据爱因斯坦理论,谱线的积分吸收系数可表达为

$$\int K_\nu d\nu = \frac{\pi e^2}{mc} \times f N_0 \qquad (2-3)$$

式中,e 为电子电荷;m 为电子质量;c 为光速;N_0 为处于基态的原子浓度;f 为吸收跃迁的振子强度。

振子强度是指每个原子中能被入射光激发的平均电子数,它正比于原子对特定波长辐射的吸收概率。

如果能测得待测元素谱线的积分吸收,在固定的实验条件下,即可求出该待测元素的浓度。但是,对谱线宽度仅为 10^{-3} nm 数量级的光谱线进行扫描来测量积分吸收,这就需要分辨

率很高的色散仪器,同时还要有足够的单色光强度,实际上难以实现。

2. 峰值吸收及其测量

1955 年,沃尔什提出:在温度不太高的稳定火焰条件下,峰值吸收与火焰中的被测元素的原子浓度也呈线性关系。峰值吸收即为吸收线中心频率处的吸收系数,或称峰值吸收系数 K_0。

在通常原子吸收测量条件下,原子吸收谱线中心部分的轮廓取决于多普勒变宽,其中心吸收系数为

$$K_0 = \frac{2}{\Delta\nu_D} \times \sqrt{\frac{\ln2}{\pi}} \times \frac{\pi e^2}{mc} \times fN_0 \tag{2-4}$$

由此可以看出原子吸收峰值波长的吸收系数 K_0 正比于原子浓度 N_0。因此,可以用峰值吸收的测量来代替积分吸收的测量,求得原子的浓度。

测量峰值吸收,在实践上可以应用锐线光源如空心阴极灯。锐线光源是指所发射的谱线和原子吸收线的中心频率一致,都在 ν_0 处,而发射线的半宽度 $\Delta\nu_a$(相当于 $0.0005 \sim 0.002$ nm)要比吸收线的 $\Delta\nu_e$(相当于 $0.001\sim 0.005$ nm)小得多。在发射线很窄的轮廓内的原子吸收系数可以认为不随频率而改变,并等于中心频率 ν_0 处的吸光系数 K_0,见图 2-2。

假设:①吸光原子在火焰中的分布是均匀的,浓度为 N_0,一束强度为 I_0 的平行光通过厚度为 L 的原子蒸气,一部分光被吸收,透过的光强度 I 服从吸收定律;②在原子吸收测量时,试样中被测元素的浓度将按稳定比例转化为基态原子。即有

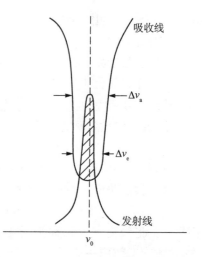

图 2-2　峰值吸收测量示意图

$$A = 0.4343 \times \frac{2}{\Delta\nu_D} \times \sqrt{\frac{\ln2}{\pi}} \times \frac{\pi e^2}{mc} \times fLac \tag{2-5}$$

式中,A 为原子吸收的吸光度值;c 为试样中待测组分浓度;L 为平行光通过的原子蒸气厚度;a 为待测组分浓度转化为原子基态的比例系数。

由式(2-5)可知,原子吸收的吸光度值与多普勒变宽 $\Delta\nu_D$ 成反比。当实验条件固定时,即温度、吸收光程、进样方式等一定时,式(2-5)可记为

$$A = Kc \tag{2-6}$$

式中,K 为常数。

式(2-6)就是原子吸收定量分析的依据。

2.2　原子吸收分光光度计

原子吸收分光光度计一般由光源、原子化器、单色器、检测器、记录显示系统等五部分组成,见图 2-3。

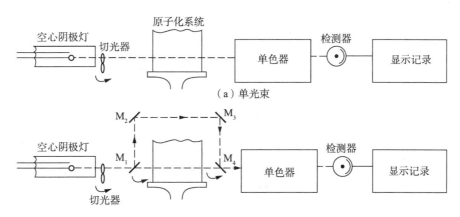

（a）单光束

（b）双光束（M₂、M₃为反射镜，M₁、M₄为同步旋转镜）

图 2-3 原子吸收分光光度计示意图

使用火焰原子化器测量时,火焰组分会发射带状的分子辐射,这些发射将干扰原子吸收。使用单色器可以除去火焰中大部分辐射,但还需对光源发射进行进一步调制,使原子吸收经调制的信号与火焰发射的直流信号加以分离。早期的仪器将光源进行机械调制,即在火焰和光源之间加上按一定频率旋转的扇形切光器,将光源的直流信号切割成方波。目前则利用光源供电方式调制,即采用方波、矩形波、脉冲等供电方式,检测系统采用相应的交流放大、相敏检波等,可以将火焰中发射的直流信号滤掉。

2.2.1 锐线光源

光源的作用是发射出供被测元素吸收的特征谱线。对其基本的要求是:①发射的待测元素的特征谱线半宽度应比测量吸收线的半宽度要小得多,即是锐线光源;②辐射出的特征谱线要有足够的强度,它与被测元素吸收线应具有相同的中心波长;③辐射光稳定、背景小;④光谱纯度高,无干扰谱线等。目前应用最广泛的是空心阴极灯,此外还有蒸气放电灯,如汞灯、钠灯以及高频无极放电灯等。

空心阴极灯的结构如图 2-4 所示。在空心阴极灯中,只要采用不同的元素作为阴极的内衬元素,便可以发射出不同元素的特征谱线。

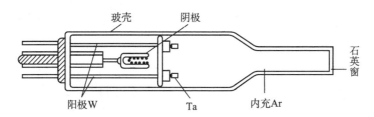

图 2-4 空心阴极灯的结构示意图

影响空心阴极灯特性的因素如下。

（1）灯电流的影响　灯电流不宜过大,对于易挥发元素,容易造成热蒸发作用的增强,导致原子浓度的增加,容易产生自吸;对于不挥发的元素,则会有溅射作用的增强,引起阴极温度的升高,增加了原子碰撞的概率,使得多普勒效应增强。

（2）内充载气的影响　载气的电离电位决定了空心阴极发射共振线的效率和性质,一般用电离电位较低的 Ar 和 Ne 作为载气,发射的则主要是原子线。载气压力不仅影响发射强度,而且影响发射谱线中原子线与离子线的强度比,对于特定元素的空心阴极灯,各有最合适的载气和载气压力。

（3）供电方式的影响　在相同的灯电流条件下,脉冲供电要比直流供电发射强度大。

2.2.2　原子化器

原子化器的功能是提供能量,使试样完成原子化。元素测定的灵敏度、准确度以至于干扰等,在很大程度上均与原子化的程度有关。因此要求原子化器有尽可能高的原子化效率。常用原子化器可分为两大类:火焰原子化器和非火焰原子化器。

1. 火焰原子化器

利用化学火焰方法在火焰原子化器中使物质分解并原子化的方法称为火焰原子化法。

（1）火焰原子化器　火焰原子化器主要由雾化器和燃烧器两部分组成。雾化器的作用是将溶液试样引入,并雾化。常见的是气动雾化,即吸入的试样溶液被高速气流分散,冲击在撞击球上,形成微米级直径雾粒的气溶胶。再在雾化室里与燃气和助燃气混合均匀后进入燃烧器。燃烧器的作用是产生火焰,并使进入火焰的试样气溶胶蒸发、原子化。主要要求火焰稳定、原子化效率高、噪声小。

（2）化学火焰　在火焰原子吸收光谱法中,常用火焰的燃烧特征见表 2-1。

表 2-1　常用火焰的燃烧特性

燃气	助燃气	燃烧速度/(cm·s^{-1})	火焰温度/K
乙炔	空气	160	2 500
乙炔	氧化亚氮	180	2 990
丙烷	空气	82	2 198

火焰的温度是影响原子化效果的基本因素,它与化学火焰的类型和组成有关。在同一火焰中,它也与火焰的高度、位置有关,见图 2-5。

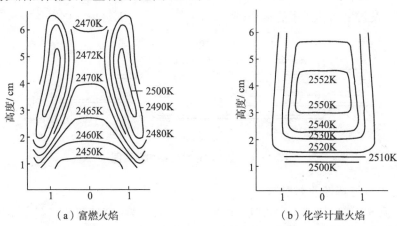

图 2-5　空气-乙炔火焰的温度分布

火焰的氧化还原气氛将影响化合物的分解及难离解化合物的形成。可以通过调节燃助比来控制氧化还原气氛。按不同燃助比火焰可以分为以下三类。

① 化学计量火焰，即燃助比与燃烧的化学反应计量关系相近的火焰，又称为中性火焰。其特点是温度高、噪声小、稳定，适合于多种元素的测定。如乙炔-空气火焰，当其燃助比为1∶4时，可用于测定30余种元素。

② 富燃火焰，即燃助比大于化学计量比的火焰。由于助燃气不足，燃烧不完全，其温度略低于化学计量火焰，火焰具有还原性。这类火焰噪声很大，干扰较多。如当乙炔-空气火焰的燃助比大于1∶3时，它适用于测量较易形成难熔氧化物的元素 Mo、Cr、稀土等。

③ 贫燃火焰，即燃助比小于化学计量比的火焰。由于燃气相对不足，燃烧充分，火焰具有氧化性，这类火焰能进行原子吸收的区域很窄。如当乙炔-空气火焰的燃助比小于1∶6时，它适用于测定不易氧化的元素 Ag、Cu、Ni、Co、Pd 等。

在选择原子吸收法的火焰时，应根据测量元素的性质、火焰的特性综合考虑。乙炔-空气是应用最广泛的火焰，它温度高、稳定、噪声小、重现性好，能应用于30余种元素的测定。其次是乙炔-氧化亚氮火焰，温度可达3 000 K，是现今使用广泛的高温火焰，而且还有很强的还原性，这两个特点使它能分解许多难离解元素的氧化物，并原子化，如 Al、B、Be、Ti、V、W、Ta 等元素。这一火焰的应用使原子吸收光谱法测量扩大到70余种元素。对于低温离解的 Pb、Zn 等化合物，用空气-丙烷等低温火焰比高温火焰有更大的吸收。氢火焰在短波区有良好的透射性能更适合于分析线在短波区的元素测量，如 As、Se、Sb、Zn、Pb 等元素。

2. 非火焰原子化器

火焰原子化器的缺点是原子化效率不高，火焰中的自由原子浓度很低。应用非火焰原子化器可以提高原子化效率，提高测量的灵敏度。非火焰原子化器有多种类型，其中石墨管炉应用广泛。

(1) 石墨管炉原子化　它由石墨管炉、加热电源、惰性气体保护系统和冷却水系统组成，结构如图 2-6(a)所示。其工作原理是，试样进入由 Ar 保护的石墨炉管内，管两端加以低电压(10~25 V)、大电流(可达500 A)后，产生高温(3 000 K)，使试样原子化。与火焰原子化产生的信号不同，石墨管炉原子化得到峰形的瞬态信号，分析元素的量与峰高或峰面积成正比。

石墨管炉原子化比火焰原子化消耗样品少，适用于分析少的试样，对悬浮样、乳浊样、有机物、生物材料等样品可直接进样。其灵敏度高，绝对灵敏度达 $10^{-12} \sim 10^{-14}$ g。其缺点是分析结果精密度比火焰原子化法要差，基体效应、化学干扰多，记忆效应较严重。

(2) 石墨平台原子化　它是将全热解石墨片置于石墨管炉中，由于石墨平台与管壁紧密接触，见图 2-6(b)，加热石墨管时，平台由管壁辐射间接加热，产生滞后效应，置于平台上的试样也因此而滞后加热。与石墨炉管壁蒸发相比较，平台上蒸发的蒸气进入温度更高且稳定的气相中，被测元素的原子化也就更充分，伴生组分的干扰下降，基体干扰得以改善，更提高了高挥发元素的测定精密度和灵敏度，也延长了石墨管的使用寿命。

(3) 探针原子化　它是将试液置于石墨或金属探针上，并在探针上进行干燥，待石墨炉加热到所需的设定温度时，将放有试样的探针快速插入石墨炉内，探针自身同时迅速升温，使试样迅速蒸发原子化。制作探针的材料有石墨、钽片钽丝、钨丝等。

探针原子化法的主要优点有：①由于升温迅速，使得原子化过程中产生的分子形态也可以被迅速原子化；②石墨炉可以多次重复使用。

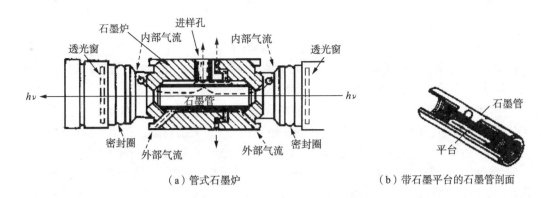

（a）管式石墨炉　　　　　　　　　（b）带石墨平台的石墨管剖面

图 2-6　石墨管炉原子化器示意图

3. 低温原子化法

低温原子化法利用化学反应方法预处理试样,使其在室温至摄氏几百度的条件下原子化,因此又称为化学原子化法,主要有汞的冷原子化法和氢化物原子化法。

（1）冷原子化法　将汞化合物分解为 Hg^{2+} 后,用氯化亚锡将其还原为汞原子,利用汞在室温下有很高的蒸气压这一性质,用氩气、氮气或空气将汞蒸气送入吸收池内测量吸光度。检出限可达 0.2 ng/mL。

（2）氢化物原子化法　对于 As、Se、Te、Sn、Ge、Pb、Sb、Bi 等元素,可在一定酸度下,用 $NaBH_4$ 还原成易挥发、易分解的氢化物,如 AsH_3、SnH_4 等,再由载气送入置于吸收光路中的电热石英管内,氢化物被分解为气态原子,即可测定其吸光度。其检出限比火焰法低 1~3 个数量级,选择性好,干扰少。这种氢化物发生的气体注入进样技术也被应用于 ICP-AES 及 AFS 的测量。

图 2-7 为 AA4520 火焰/石墨炉原子吸收分光光度计实物图。

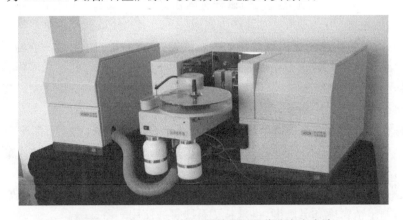

图 2-7　AA4520 火焰/石墨炉原子吸收分光光度计

2.2.3　原子吸收光谱分析

1. 定量分析

（1）定量分析校准方法

根据原子吸收的定量关系式即可进行定量分析。在原子吸收光谱定量分析中常用的校准方法有以下两种。

① 标准曲线法。为减小测量误差,系列标准溶液的吸光度应落在 0.05~0.70。

② 标准加入法。标准加入法可以减少试样与标准溶液之间的差异,如基体、黏度等所引起的误差。其方法是:在若干份同样体积的试样中,分别加入不同量待测元素的标准溶液,稀释到一定体积后,分别测出其吸光度,用测得的吸光度 A 对原始试样(其加入标准溶液的浓度 c 为 0)及加入系列标准溶液的浓度 c 作一直线,求得此直线外延至横轴上的交点到原点的距离便可计算得到原始试样中待测元素的浓度。

(2) 原子吸收光谱分析方法的灵敏度

在原子吸收光谱法中,线性校准函数为式(2-6)。该分析标准曲线的斜率,即为灵敏度,记为

$$S = \frac{\Delta A}{\Delta c} \qquad (2-7)$$

为了便于比较不同元素的分析灵敏度,在原子吸收光谱法中,还常用 1% 吸收灵敏度,定义为当能产生 0.004 4 吸光度(即 1% 透光度)时,试样溶液中待测元素的浓度($\mu g/mL$)见表 2-2。IUPAC 建议将 1% 吸收灵敏度叫做特征浓度 c_0,以绝对量表示的 1% 吸收灵敏度称为特征质量 m_0。特征浓度 c_0 和特征质量 m_0 越小,表示方法越灵敏。

表 2-2 原子吸收光谱的 1% 吸收灵敏度

元素	波长/nm	火焰法/($\mu g \cdot mL^{-1}$)	石墨炉法/g	元素	波长/nm	火焰法/($\mu g \cdot mL^{-1}$)	石墨炉法/g
Ag	328.07	0.05	1.3×10^{-12}	Mo	313.26	0.2	1.1×10^{-11}
Al	309.27	0.8	1.3×10^{-11}	Na	589.00	0.01	1.4×10^{-12}
As	193.64	0.6	1.9×10^{-11}	Ni	232.00	0.1	1.7×10^{-11}
Au	242.80	0.18	1.2×10^{-11}	Os	290.91	1	3.4×10^{-9}
B	249.68	35	7.5×10^{-8}	Pb	283.31	0.20	5.3×10^{-12}
Ba	553.55	0.4	5.8×10^{-11}	Pd	247.64	0.5	1.0×10^{-10}
Be	234.86	0.05	2.5×10^{-13}	Pt	265.95	2.5	35×10^{-10}
Bi	306.77	2.2	3.1×10^{-11}	Rb	780.02	0.5	5.6×10^{-12}
Ca	422.67	0.06	5.0×10^{-12}	Re	346.05	15	1.0×10^{-9}
Cd	228.80	0.01	3.6×10^{-13}	Rh	343.49	0.15	6.7×10^{-11}
Co	240.71	0.08	3.3×10^{-11}	Ru	349.89	2.0	1.4×10^{-10}
Cr	357.87	0.05	8.8×10^{-12}	Sb	217.68	0.5	1.2×10^{-11}
Ca	852.11	0.5	1.1×10^{-11}	Se	196.09	0.1	2.3×10^{-11}
Cu	324.75	0.04	7.0×10^{-12}	Si	251.61	2.0	1.2×10^{-10}
Fe	248.33	0.08	3.8×10^{-11}	Sn	286.33	10	4.7×10^{-11}
Ga	287.42	2.3	5.6×10^{-9}	Sr	460.73	0.04	1.3×10^{-11}
Ge	265.16	1.5	1.5×10^{-10}	Te	214.28	0.5	3.0×10^{-11}

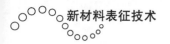

（续　表）

元素	波长/nm	火焰法/(μg·mL^{-1})	石墨炉法/g	元素	波长/nm	火焰法/(μg·mL^{-1})	石墨炉法/g
Hg	253.65	5	3.6×10^{-6}	Ti	364.27		1.8×10^{-10}
In	303.94	0.9	2.3×10^{-11}	Tl	276.79	0.2	1.2×10^{-11}
Ir	264.0	20	6.0×10^{-10}	U	358.46	120	5.0×10^{-11}
K	766.49	0.03	1.0×10^{-12}	V	318.40	1.0	5.0×10^{-11}
Li	670.78	0.01	1.0×10^{-11}	Y	410.24	3.0	3.6×10^{-10}
Mg	285.21	0.005	6.0×10^{-14}	Yb	398.80	0.25	2.4×10^{-12}
Mn	279.48	0.025	3.3×10^{-12}	Zn	213.86	0.01	8.8×10^{-13}

2. 原子吸收光谱分析的其他技术

1）原子捕集技术

在常规的火焰原子吸收法中，雾化效率低，仅有10％的试样进入火焰，而且原子在火焰中的停留时间也较短。

1976年R. Stephens提出了原子捕集技术，方法是将外径为3～4 mm的薄壁石英管按轴向安装于火焰中，并与长度方向相重合，测量光束在石英管上表面掠过，进入单色器。工作时，管内先通冷却水，当试样进入火焰时，火焰中待测元素的原子蒸气就会凝聚于石英管外表面。喷入溶液一定时间后，换喷空白液，同时用压缩空气排除石英管冷却水。此时，石英管在火焰中加热，凝聚于管外表面的待测元素此时迅速蒸发，并原子化，能在石英管表面给出很高的原子密度，供吸收测量。

这是一种在火焰中浓缩待测原子的预富集方法，可使很多元素提高10～50倍的灵敏度。

比上面所说的原子捕集吸收技术更进一步的是，使用开缝石英管火焰原子化装置，方法是将石英缝管架于火焰燃烧器上方，两狭缝相对，并保持一定距离，调节火焰低温条件，使喷雾试样后的分析元素捕集于石英管内，然后停止喷雾试样，改变燃助比，使捕集在缝管内壁的分析元素瞬间释放原子化，形成一脉冲的原子吸收信号。

使用石英捕集管的方法，已测定了Se、Pb、As、Cu、Cd、Zn、Ni、Ta等元素。其中测定Pb、Cu、Cd的特征浓度依次为1.8×10^{-3} μg/mL、1.3×10^{-3} μg/mL、6.7×10^{-5} μg/mL，比常规火焰提高了1～2数量级，接近于石墨炉法。

原子捕集技术已广泛应用于生物样品、环保样品、金属材料样品（如钴、铝、铜基合金、铝合金等）、农产品和食品等。

2）萃取富集技术

以有机溶剂萃取作为预处理的萃取原子吸收光谱法已成为原子吸收光谱法的重要分支。它是利用元素形成配合物，在水相及有机相中分配系数的不同，使试样元素得到分离富集。该方法的优点是：可以直接将已富集待测元素的有机相喷雾喷入火焰后测量；也可经反萃取，将待测元素转移入水相，再引入原子化器测量。

萃取剂一般是醇、酮、酯类有机溶剂，如甲基异丁基酮（MIBK）、乙酸乙酯、乙酸丁酯等。金属离子与有机配位体，如吡咯烷二硫代氨基甲酸铵（APDC）、8-羟基喹啉、铜铁试剂等形成共价化合物，溶于有机溶剂；也可以是金属离子与有机配位体形成阳离子，通过静电吸引阴离

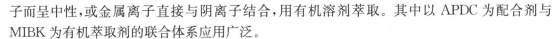

子而呈中性,或金属离子直接与阴离子结合,用有机溶剂萃取。其中以 APDC 为配合剂与 MIBK 为有机萃取剂的联合体系应用广泛。

3)增敏技术

在分析试液中加入某一物质后,就能使被测元素原子吸收信号增强,这一现象被称为增敏效应。能够产生增敏效应使得被测元素灵敏度提高的物质称为增感剂或增敏剂。

应用在火焰原子吸收光谱分析中最多的增敏剂有表面活性剂、有机配合剂、有机溶剂及无机盐等。

(1)表面活性剂 表面活性剂作为原子吸收光谱分析的增敏剂已广泛应用。对于产生增敏的机理通常认为是,表面活性剂的加入降低了试液的表面张力,提高了雾化效率,因此有利于气溶胶粒子在火焰中形成自由原子,也就产生了增敏效应。

(2)有机配合剂 有机配合剂的形成使得热分解和原子化历程均发生了变化。有机配合剂的燃烧既提高了火焰的温度,又增强了火焰的还原性,有利于原子化和自由原子的存在。

(3)有机溶剂 由于大多数有机溶剂的黏度比水小,因此,用有机溶剂代替水或在水溶液中加入有机溶剂,可降低试液黏度,降低表面张力,得到粒径更小的气溶胶。可燃性有机溶剂作为附加的热源,还可以提高火焰温度,加快蒸发速度,使气溶胶通过火焰很短的距离就能完全蒸发,有利于原子化和自由原子的形成。

(4)无机盐 无机盐也能作为增敏剂,这点很早就被注意到。无机盐的增敏效应虽然与有机溶剂一样也有物理作用,但更多的是化学作用,例如能起助熔剂的作用;能减缓气溶胶的扩散;能还原被测原子的氧化物等。本质上都是促进了原子化。在原子吸收光谱分析中,常用的消除干扰的释放剂、保护剂之所以能提高测定灵敏度,也都归根于上述原因。

4)化学改进技术

按照 IUPAC 的建议,化学改进剂可定义为:为了以所希望的方式影响在原子化器内发生的过程而加入的试剂。由此可知化学改进剂的作用有着对电热原子化过程中所有组分多方面的效应。这些效应包括:化学改进剂可以与分析物作用生成稳定的化合物,降低分析物的挥发性,从而可以使用更高的灰化温度以除去基体;可以增加分析元素的挥发性,以阻止或避免分析物生成难熔化合物,降低记忆效应;可以增加基体的挥发性,以促使基体在分析物原子化之前除去;可以改善原子化环境,并起到助熔和分馏的作用。能用作化学改进剂的物质有很多,常用的无机化学改进剂有硝酸钯、氯化钯、硝酸镍、硝酸铵、硫酸铵、磷酸二氢铵、磷酸氢二铵、硝酸镁、硝酸钙等。常用的有机化学改进剂有抗坏血酸、柠檬酸、酒石酸、EDTA 等有机酸及其盐以及 Triton X-100 等。

化学改进技术其实就是一种在线的化学处理技术,它避免了常规化学处理的操作繁琐、易损失和易沾污的缺点,又能达到消除干扰、提高测定灵敏度的目的。作为通用性的化学改进技术目前已获得广泛的应用。

5)联用技术

与其他技术的联用,已是原子吸收光谱法发展的一个重要趋势,目前,最受重视的联用技术是原子吸收光谱与流动注射、氢化物发生及色谱的联用。

(1)与流动注射联用 流动注射技术与原子吸收光谱法的联用,全面提高了该方法的分析性能,实现了样品引入与检测自动化,提高了分析的灵敏度。

(2)与氢化物发生联用 氢化物发生-原子吸收光谱分析的开发,结合氢化物原位富集技术,已使该方法成为测定 As、Bi、Ge、Pb、Se、Sb、Sn 和 Te 等最灵敏和有效的方法之一。其特点是:被测组分与基体分离并得到了富集,因此灵敏度高,背景吸收和检出限低,精密度和准确度也良好。

（3）与色谱联用　色谱-原子吸收光谱联用综合了色谱的高分离效率与原子吸收光谱检测的专一性和高灵敏度的优点,已成了分析元素形态最有效的方法之一。气相色谱与火焰原子吸收光谱联用可将色谱流出组分直接引入火焰上,获得高灵敏度。

3　X射线荧光光谱

3.1　X射线荧光的基本原理

X射线荧光光谱(XRF)分析法是一种重要的化学成分分析手段,可用于各类材料中主量、少量和痕量元素的分析,具有可分析元素范围广(^{4}Be～^{92}U),可分析浓度范围宽(10^{-4}％～100％),可直接分析固体、粉末和液体试样,分析精度高以及可作非破坏分析等特点,因而应用非常广泛。

3.1.1　X射线荧光的产生

1. X射线的本质

X射线是由高能粒子轰击原子所产生的电磁辐射,具有波动和粒子两重性。X射线光子的能量E(keV)和波长λ(nm)之间可以相互转换。

$$E=1.239\ 84/\lambda \tag{3-1}$$

一般将波长在$0.001～50$ nm范围的电磁辐射称为X射线,其短波段与λ射线的长波段相重叠,其长波段则与真空紫外的短波段相重叠。XRF分析最感兴趣的波长范围为$0.01～24$ nm,它覆盖了从超铀元素到K系谱线的波长。

2. X射线管原级谱

X射线管是产生X射线的重要光源,它发出的X射线光谱称为X射线管原级谱,是由连续谱和特征谱两部分组成。图3-1是钨靶X射线管在100 kV时的原级谱强度分布示意图。图3-1中实线为连续谱,虚线为特征谱。特征谱叠加在连续谱上,其波长取决于阳极材料。

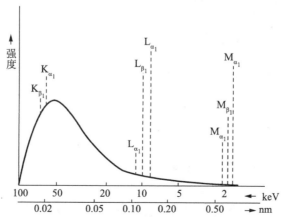

图3-1　钨靶X射线管的原级谱强度分布示意图(100 kV)

连续谱的强度分布曲线存在一个短波限 λ_0，并约在 λ_0 的 1.5 倍波长处强度有最大值。λ_0 取决于 X 射线管内电子的加速电压 $V(kV)$，而与 X 射线管电流 i 和靶材料无关。λ_0 可通过下式计算：

$$\lambda_0 = 1.239\,84/V \tag{3-2}$$

连续谱强度分布的形状主要取决于 X 射线管的加速电压。连续谱在特定波长处的强度 I 与 V^2、i 和阳极材料的原子序数 Z 成正比。

$$I \propto iZV^2 \tag{3-3}$$

Kramers 从理论上推导了连续谱强度分布公式

$$I_\lambda = CZ \frac{1}{\lambda^2} \left(\frac{1}{\lambda_0} - \frac{1}{\lambda} \right) \tag{3-4}$$

式中，C 为常数。

3. X 射线荧光及 Moseley 定律

当原子吸收 X 射线光子而将该原子中的一个内层电子逐出时，原子的内层就出现一个空穴，原子处于高能的激发态，此时原子的外层电子就会跃迁填补该空穴，使原子恢复到低能的基态。电子跃迁前后能量之差以 X 射线光子的形式发射出来就形成了特征谱，这就是 X 射线荧光。各元素的特征谱线的波长不相同，据此可以进行 X 射线荧光光谱的定性分析。同时特征谱线的强度和元素在样品中的含量有关，因此可以进行定量分析。

电子跃迁遵守一定的规则，即 $\Delta n \geqslant 1$、$\Delta l = \pm 1$ 和 $\Delta J = -1$、0、$+1$。Δn 表示电子跃迁前后主量子数的变化；Δl 是角量子数的变化；ΔJ 是进动量子数的变化，进动量子数是角量子数与自旋量子数的向量和。但是，有时也产生不符合规则的跃迁，从而产生所谓的禁线。如果原子产生双重电离（如由于俄歇效应引起的），即一个原子内层出现两个空穴，则电子跃迁产生谱线的波长与单电离原子稍微不同，这种谱线称为卫星线。禁线和卫星线一般都很弱。

Moseley 发现元素特征谱线的波长 λ 与元素原子序数 Z 之间的近似关系，这就是 Moseley 定律。

$$1/\lambda = K(Z - \sigma)^2 \tag{3-5}$$

式中，K 为常数；对于不同的线系 K 值不同；σ 为屏蔽常数，$\sigma < 1$。

3.1.2　X 射线的吸收和散射

X 射线通过物质时，其强度将因为吸收和散射而被衰减。X 射线光子被吸收，即所谓的光电吸收，光电吸收导致互射线荧光的产生。X 射线被衰减的程度可以用质量衰减系数 μ 来描述。

$$\mu = \tau + \sigma \tag{3-6}$$

式中，τ 为光电质量吸收系数；σ 为散射系数。

这些系数在文献中均可以查阅或用经验公式进行计算。如果吸收体由多种元素组成，则该吸收体总的质量衰减系数由各元素的质量衰减系数与该元素相应的质量分数乘积的总和得到。即

$$\mu = \sum_{i=1}^{n} C_i \mu_i \qquad (3-7)$$

式中, C_i 为 i 元素的质量分数; n 为吸收体内元素数。

μ 由原子的特性决定, 且与入射 X 射线的波长有关。 μ 随入射互射线波长变化的曲线在各个吸收限处存在不连续, 也就是说, 在吸收限处质量衰减系数发生陡变。

物质对入射 X 射线的散射分为相干散射和非相干散射。相干散射(又称弹性或 Rayleigh 散射)碰撞过程中光子能量没有损失。而非相干散射(又称非弹性或 Compton 散射)中互射线光子与束缚较松的外层电子碰撞后, 能量损失一部分, 使波长变长且方向发生偏转, 其波长变化可用下式计算:

$$\lambda' - \lambda = 0.002\ 426\ (1 - \cos\varphi) \qquad (3-8)$$

式中, λ'、λ 分别为非相干散射线和入射 X 射线的波长, nm; φ 为散射角, (°)。

非相干散射的谱峰要比相干散射的谱峰宽, 其强度随散射体的平均原子序数或质量衰减系数的增加而减小。

3.1.3　X 射线的衍射和 Bragg 定律

当 X 射线入射到晶体上时会产生衍射。一束平行光入射到面间距为 d 的晶体表面并发生衍射时, Bragg 定律可以描述产生衍射极大的条件。

$$n\lambda = 2d\sin\theta$$

式中, θ 为入射角; λ 为入射线波长; n 为整数。Bragg 定律是波长色散 XRF 中分光的理论依据。

3.2　X 射线荧光光谱仪

X 射线荧光光谱仪根据能量分辨原理不同可分为波长色散 X 射线荧光光谱仪、能量色散 X 射线荧光光谱仪和非色散谱仪。

3.2.1　波长色散 X 射线荧光光谱仪

图 3-2 所示为荷兰帕纳科公司 Venus200 型波长色散 X 射线荧光光谱仪。

波长色散 X 射线荧光光谱采用晶体或人工拟晶体根据 Bragg 定律将不同能量的谱线分开, 然后进行测量。波长色散 X 射线荧光光谱仪一般采用 X 射线管作激发源, 可分为顺序式(或称单道式或扫描式)谱仪、同时式(或称多道式)谱仪和顺序式与同时式相结合的谱仪三种类型。一般波长色散 X 射线荧光光谱仪主要由 X 射线管、滤光片、通道面罩、准直器、分光晶体、探测器、测角仪和脉冲高度分析器等部分组成。

（1）X 射线管　波长色散 X 射线荧光光谱仪所用 X 射线管有侧

图 3-2　荷兰帕纳科公司 Venus200 型波长色散 X 射线荧光光谱仪

窗型、端窗型和透射型三种。

（2）滤光片　使用滤光片的目的是衰减 X 射线管发射的原级谱强度，以消除或降低靶材的特征谱线对待测元素的干扰，且可改善峰背比，提高分析的灵敏度。

（3）通道面罩和准直器　准直器（又称索拉狭缝）的作用是将发散光束变为平行光束。在准直器和试样之间通常装有可供选择的通道面罩，通道面罩的作用相当于光栏，其目的是消除样杯面罩上发射的 X 射线荧光的干扰。谱仪通常配备不同大小的通道面罩。

（4）分光晶体　必须根据不同槽线的波长选择不同面间距的晶体以满足 Bragg 定律。

（5）探测器　探测器的作用是将 X 射线光子转变为电脉冲以便于表征。波长色散谱仪常用探测器及其适用范围见表 3-1。

表 3-1　波长色散谱仪常用探测器及其适用范围

探测器类型	波长范围/μm	能量范围/keV	适用仪器
充 Ar 气	0.15~12	0.1~8	顺序式、多道式、真空扫描
封闭式，充 Ne 气	0.40~0.83	1.5~3	多道式
封闭式，充 Kr 气	0.15~0.40	3~8	多道式
封闭式，充 Xe 气	0.08~0.21	6~15	顺序式、多道式、真空扫描
闪烁	0.04~0.15	8~32	顺序式、多道式、真空扫描

（6）测角仪　测角仪用于精确测量角度，现代测角仪的测量精度可达 ±0.000 2 度。

（7）脉冲高度分析器　正比计数器或闪烁计数器将光信号转换为电脉冲信号，每一个电脉冲的幅度正比于 X 射线光子能量。脉冲高度分析器的作用，是通过选择脉冲幅度的最小和最大阈值，将分析线脉冲信号从某些干扰线和散射线中分辨出来。

3.2.2　能量色散 X 射线荧光光谱仪

能量色散 X 射线荧光光谱采用脉冲高度分析器将不同能量的脉冲分开并测量。高分辨光谱仪通常采用液氮冷却的半导体探测器，如 Si(Li) 半导体探测器和高纯锗探测器等。低分辨便携式光谱仪常常采用正比计数器或闪烁计数器为探测器，它们不需要液氮冷却。近年来，采用电制冷的半导体探测器，高分辨率谱仪已不用液氮冷却。同步辐射光激发 X 射线荧光光谱、质子激发 X 射线荧光光谱、放射性同位素激发 X 射线荧光光谱、全反射 X 射线荧光光谱、微区 X 射线荧光光谱等较多采用能量色散方式。图 3-3 为 Epsilon5-帕纳科能量色散 X 射线荧光光谱仪。

能量色散 X 射线荧光光谱仪中，当 X 射线管产生的原级 X 射线光谱辐照到样品上，或通过次级靶所产生的 X 射线辐照到样品上时，样品所产生的 X 射线荧光直接进入探测器，不同能量的 X 射线经由多道谱仪

图 3-3　Epsilon5-帕纳科能量色散
X 射线荧光光谱仪

等组成的电路处理,可获得特征 X 射线荧光光谱的强度。

与波长色散 X 射线荧光光谱仪相比,能量色散 X 射线荧光光谱仪不需要晶体及测角仪系统,探测器可以紧接样品位置,接受辐射的立体角增大,几何效率可提高 2～3 个数量级,因此使用放射性核素源或小功率 X 射线管作为激发源,仍可获得足够高的计数率。另外谱仪结构紧凑,安装、使用和维修方便。特别是以封闭式正比计数管为探测器的谱仪,由于它价格便宜、质量轻、可靠,并能在恶劣环境下工作,因此广泛用作现场或在线式谱仪。

(1) 激发源　能量色散 X 射线荧光光谱仪所用激发源除 X 射线管外,还有放射性核素源、同步辐射光源、质子、二次靶或偏振光源等。

(2) 滤光片的选用　在能量色散 X 射线荧光光谱仪中,可通过配置滤光片进行能量选择。其作用是改善激发源的能谱成分,同时在进行多元素分析时,滤光片可用来抑制高含量组分的强 X 射线荧光,提高待测元素的测量精度。和波长色散 X 射线荧光光谱仪不同,能量色散 X 射线荧光光谱仪有两种类型的滤光片:初级滤光片和次级滤光片。

初级滤光片是将滤光片置于 X 射线管和样品之间,其目的是为得到单色性更好的辐射和降低待测元素谱感兴趣区内的由原级谱散射引起的背景。虽然,使用 X 射线管激发样品时,选用合适的 X 射线管高压也能使试样中待测元素得到有效的激发,但在许多情况下,选用适当的初级滤光片可获得更好的效果。

次级滤光片是指样品和探测器之间放置的滤光片,其目的是对试样中产生的多元素的 X 射线荧光谱线进行能量选择,提高待测元素测量精度。

(3) 探测器　在能量色散 X 射线荧光光谱仪中,普遍采用的探测器包括半导体探测器,如 Si(Li) 半导体探测器、Ge(Li) 半导体探测器、Si - PIN 半导体探测器、HgI_2 探测器、封闭式正比计数管和闪烁计数管等。

表 3 - 2 中列出不同探测器对不同元素的 K_α 线的分辨率及对相邻原子序数线的能量差值。

表 3 - 2　相邻原子序数元素的 K_α 线的能量差和三种类型探测器的分辨率

元素	K_α 线的能量/eV	K_α 相邻线的能量差/eV	探测器能量分辨率/eV		
			Si(Li)半导体探测器	封闭式正比计数管	闪烁计数管
Al	1 490	253	117	425	3 000
Fe	6 400	527	160	660	6 200
Sn	25 300	1 087	275	1 750	12 200

(4) 谱峰位和谱强度数据的提取　与波长色散 X 射线荧光光谱仪相比,能量色散 X 射线荧光光谱仪分辨率较低,因此通常需要对谱进行处理分析,以获得测量谱的峰位和净强度,用于定性和定量分析。能量色散互线荧光光谱仪测量谱由连续谱背景、特征 X 射线谱及其逃逸峰、和峰及脉冲堆积等组成,一般通过谱平滑、解谱或拟合等方法获取谱峰位和谱强度。

3.2.3　非色散谱仪

非色散谱仪不是采用将不同能量的谱线分辨开来,而是通过选择激发、选择滤波和选择探测等方法测量分析线而排除其他能量谱线的干扰,因此一般只适用于测量一些简单和组成基

本固定的样品。

3.3 X射线荧光光谱分析

3.3.1 定性分析

在波长色散 XRF 中,通过晶体分光,根据 Bragg 定律可将不同波长的特征谱线分开来。通常将常用晶体分光的 X 射线特征谱线的波长及其对应的 2θ 角列表。定性分析时可以对扫描谱图中的谱峰逐一在 2θ 表中检索,以确定样品中存在的元素。现代 XRF 谱仪的分析软件,一般能进行自动定性分析。

3.3.2 定量分析

X 射线荧光强度可以根据元素浓度、测量条件和一些基本参数计算得到,所以通过测量荧光强度就可以计算出元素在样品中的含量。然而,由于理论计算没有考虑仪器因素,基本参数的不准确性、理论模型的近似、样品本身的特性(如颗粒度、表面粗糙度、共存元素及元素存在的化学态等)等,使 XRF 定量分析需要标准样品对这些因素进行校正。定量分析通常采用一定浓度范围的一系列标准样品,将浓度对测量的谱线强度作图,即得到所谓的校正曲线或工作曲线,对未知样测量强度后,根据该曲线即可求出浓度。然而由于基体效应的影响,谱线强度和相应元素浓度常常不成正比。一般将标准样品和未知样在尽量相同的条件下处理,使它们的颗粒度、表面粗糙度、元素存在的化学态等都一致,但是元素间的吸收-增强效应还必须有一些专门的措施进行校正。

3.3.3 半定量分析

半定量分析能对样品中的元素进行普查,样品仅经过简单处理或完全不处理,就能在很短的时间内获得一个近似定量的结果。目前有一些商业软件可用于半定量分析,这些半定量分析软件的共同特点是:用一组设定标样在软件安装时使用一次;待测试样可以是不同大小、形状和状态;分析元素的范围为从氟到铀;分析一个试样仅需 2～20 min。

4 核磁共振技术

4.1 核磁共振基本原理

核磁共振(Nuclear Magnetic Resonance,NMR)是研究物质结构的一个非常重要的工具。它是在 1946 年由哈佛大学的 E. M. Pucel 和斯坦福大学的 F. Bloch 两个研究小组首次各自独立观察到核磁共振信号而正式诞生的,20 世纪 50 年代初就有了连续波核磁共振谱仪,到了 60 年代出现了脉冲傅里叶变换 NMR 技术(PFT-NMR)和磁场超导化技术。随着核磁共振理论的不断发展和完善,再加上计算机技术的飞速发展,到了 70 年代后期、80 年代又有了多维核磁共振技术(2D-NMR,3D-NMR 等)和其他许多新的实验方法。磁场强度也越来越高,目前 900 MHz 的商品谱仪已经问世。NMR 能够给出结构变化很敏感的信号,而且具有很好的唯一性。它对解决高聚物的微结构、序列分布、立体规整性、数均序列长度、组成分析、相变等问题都有其独到之处,特别是对高分子序列分布的测定,是其他方法如 IR、GPC 无法比拟的。随着科技的发展,核磁共振技术在物理、化学、生物、医学、材料等研究领域中的应用越来越广泛、深入。

4.1.1 原子核的磁矩

大量实验事实表明,在各元素的同位素中有一半左右的原子核有自旋现象,即有磁性。凡自旋量子数 $I>0$ 的原子核都具有磁性,但研究较多的是 $I=1/2$ 的核。比较好的 NMR 谱仪都能测 ^1H, ^{13}C, ^{15}N, ^{19}F, ^{31}P 这五种核。

$I=1/2$ 的原子核可以粗略地看作是由正电荷均匀分布在表面上的一个圆球,当它自旋时电荷随之运动产生一个环流(好比电流通过线圈),这样就必然产生一个磁场。这样的核可以看成是一个小磁体叫做核磁,产生磁场的方向用右手法则来确定,核磁矩 μ 由下式确定。

$$\mu = \gamma \cdot P \tag{4-1}$$

式中,γ 为旋磁比,各种自旋核都有自己的定值,如 $\gamma^{1H}=26.752$ rad/(s·Gs),$\gamma^{13C}=6.726$ rad/(s·Gs);P 为自旋角动量。原子核是个有质量的物体,当它作旋转运动时必然产生机械能,这就是自旋角动量。

$$P = \frac{h}{2\pi} \sqrt{I(I+1)} \approx \frac{hI}{2\pi} \tag{4-2}$$

式中,h 为普朗克常数。将式(4-2)代入式(4-1)得

$$\mu = \gamma \frac{hI}{2\pi} \tag{4-3}$$

4.1.2　核磁在外磁场中的行为

以^{1}H 核为例进行讨论,它在外磁场中会发生下述几种行为。

1. **核磁与外磁场 H_0 之间的作用能**

在无外磁场时,^{1}H 核的排列是杂乱无章的,磁性相互抵消;当加上外磁场 H_0 时,^{1}H 核便有序排列。排列方式应有 $(2I+1)$ 种。^{1}H 核的自旋量子数 $I=1/2$,所以它有两种排列方式,即有两种取向。这两种取向是量子化的,两个自旋磁量子数为 $M_I=\pm 1/2$。

外磁场 H_0 与 ^{1}H 核之间存在一个相互作用能。

$$E=\mu H_0 \tag{4-4}$$

^{1}H 核的两种取向相应于两个能级(图 4-1)。当 μ 与 H_0 同向时为低能级,$E_1=-\mu H_0$;当 μ 与 H_0 反向时为高能级,$E_2=+\mu H_0$。两能级差为

$$\Delta E=E_2-E_1=2\mu H_0=\frac{\mu}{I}H_0 \tag{4-5}$$

将式(4-3)代入式(4-5)得

$$\Delta E=\gamma\frac{H_0 h}{2\pi} \tag{4-6}$$

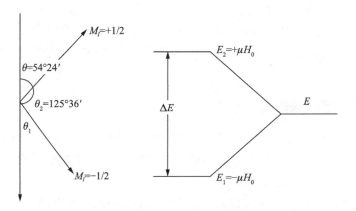

图 4-1　^{1}H 在外磁场中的取向能级

2. **拉摩(Larmor)进动**

把核磁放到强大的外磁场中,核的自旋轴与外磁场方向之间有一个倾角 θ(图 4-2)。外磁场的作用使核磁受到一个垂直于核磁矩的扭力,这样核磁就围绕外磁场的方向回旋,好比一个在重力场中的陀螺,核磁的这种回旋运动就叫做拉摩进动。

进动频率由拉摩方程给出,拉摩进动角频率为

$$\omega_l=\gamma H_0 \tag{4-7}$$

拉摩进动线频率为

$$\nu_l=\omega_l/2\pi \tag{4-8}$$

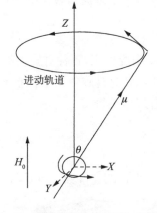

图 4-2　自旋核在外磁场 H_0 中的进动

将式(4-7)代入(4-8)得

$$\nu_l = \gamma H_0 / 2\pi \qquad (4-9)$$

4.1.3 核磁共振条件

用一个波长比红外光更长的电磁波(波长为 10~100 mm,频率为 $\nu_{电}$),在垂直于外磁场 H_0 的方向,即图 4-2 中的 X 轴方向辐照样品。使核磁得到一量子化 $h\nu_{电}$,当 $h\nu_{电}$ 满足相邻两能级的能量差 ΔE 时有

$$h\nu_{电} = \Delta E = \gamma \frac{hH_0}{2\pi}$$

$$\nu_{电} = \gamma \frac{H_0}{2\pi} \qquad (4-10)$$

比较式(4-9)与式(4-10)可知

$$\nu_{电} = \nu_l = \gamma \frac{H_0}{2\pi} \qquad (4-11)$$

当满足式(4-11)条件时,便发生核磁的磁能级取向跃迁,核磁自旋轴的方向翻转,这是量子化的。这就是核磁共振,相邻两能级跃迁的规律是 $\Delta M_I = \pm 1$。^{1}H 核 $I=1/2$,$M_I = \pm 1/2$,所以 $\Delta M_I = \pm 1$。

对于同一种核来说 γ 是定值,所以 $\nu_{电}$ 与 H_0 有对应关系。对 ^{1}H 核,外磁场 H_0 的单位强度为 MGs,对应电磁波的频率 $\nu_{电}$ 应是 4.3 Hz,这时便发生核磁共振。60 MHz 对应的磁场强度为 14 092 Gs。

4.2 核磁共振谱仪

4.2.1 连续波核磁共振谱仪(CW-NMR)

核磁共振谱仪是检测磁性核核磁共振现象的仪器。图 4-3 是核磁共振谱仪的示意图。一台高分辨连续波核磁共振谱仪应由下列几个主要部件组成:①能产生强而稳定磁场的磁体;②射频和音频发射单元;③用于放置样品管的探头,磁场和频率源通过探头作用于样品;④频率和磁场扫描单元;⑤信号放大和显示单元。

1. 磁体

磁体是核磁共振谱仪最基本的组成部分。它可由永久磁铁、电磁铁和超导磁体三种方法提供强而稳定、均匀的磁场。

(1)永久磁铁　操作简便,磁场长时间稳定并节约能源。但由于磁铁极隙较小,限制了探头的尺寸和样品管的直径,难于实现 ^{13}C 的测定。而且由于磁场固定不变,不能改变磁场进行多核及某些弛豫的研究。

(2)电磁铁　它可使磁场在一定范围内连续变化,适于进行多核及弛豫的研究。由于磁铁极隙较大,磁场容易均匀且均场范围较大,旋转边带亦较小。但电磁铁需要一套制冷设备冷却磁铁,且磁场强度不可能做得很高。因此用电磁铁作磁体的谱仪,最多只能达到 100 MHz。

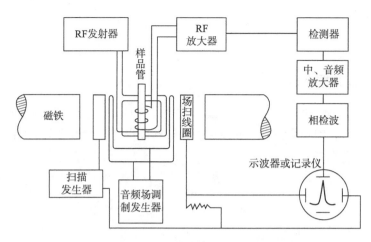

图 4-3 连续波三交叉线圈核磁共振波谱仪方块图

(3) 超导磁体 超导磁体可使磁场强度达到 100 kGs 以上。制得的谱仪可以达到 200 MHz、400 MHz 和 600 MHz。目前已制得 900 MHz 的商品谱仪。超导磁体的特点是磁场强度高、稳定、不耗电,缺点是制造技术要求高,消耗液氦和液氮,因此维持费用较高。超导磁体是用铌-钛超导材料绕成螺旋管线圈,置于液氦杜瓦瓶中,然后在线圈上逐步加上电流(俗称升场),待达到要求后,即撤去电源。由于超导材料在液氦温度下电阻等于零,所以电流始终保持原来的大小,形成稳定的永久磁场。为减少液氦的蒸发,所以使用双层杜瓦,在外层放液氮以利于保持低温。

2. 探头

探头置于磁极间隙内,是用来使样品管保持在磁场中某一固定位置的器件,是仪器的心脏部分。除样品管外,还有发射、调制、接收等线圈,预放大器和变温元件,以保证测量条件一致。待测试样放在试样管内,再置于绕有接线圈和发射线圈的套管内,磁场和频率源通过探头作用于试样。为了使磁场的不均匀性产生的影响平均化,试样探头还装有一个气动涡轮机,以便试样管能沿其纵轴以几百转每分钟的速度旋转。

3. 谱仪部分

(1) 射频源和音频调制 高度稳定的射频频率和功率也是组成高分辨谱仪必不可少的条件。仪器多用稳定的石英晶振产生一基频,倍频调谐获得所需的射频频率 ν_r,经放大后用高频电缆输至探头发射线圈。为了提高基线稳定性和磁场锁定能力,磁场必须用音频(5~40 kHz)调制,在音频磁场的调制下,产生调制边带。当频率满足共振条件时,将产生共振信号。一般多用上边带作为观察频率,除观察通道外,锁定通道和去耦通道也必须用音频信号调制。

(2) 扫描单元 核磁共振图谱可通过扫频或扫场来获得,多数实验是用扫场来实现的。它是使锯齿波电流通过与磁场平行的扫描线圈来实现的,在扫描线圈内加上一定电流,产生 10^{-5} 个磁场变化来进行核磁共振扫描。

(3) 接收单元 从探头预放大器得到载有核磁共振信号的射频输出,经高频电缆到射频放大器放大,再经中频检波放大,音频相检波放大,相位调节,得到所需的纯吸收或色散型信号,它可直接进入示波器显示或输入记录仪记录。

(4) 信号累加 利用信号累加技术可提高灵敏度。通过 N 次扫描,可使信号增加 N 倍。

而噪声是随机变化的,N次累加后所得的噪声将是单次扫描的$N^{1/2}$倍,总的效应将使信噪比增加$N^{1/2}$倍。

4.2.2　脉冲傅里叶变化核磁共振谱仪(PFT-NMR)

CW-NMR的不足之处是它在某一时刻只能记录波谱中很窄部分的信号,它是单频发射和接受,要逐个记录信号才能组成一张完整的谱图。为了提高单位时间信息量,可用多道发射机同时发射多种频率,使不同化学环境的核同时激发,相应地用多道接收机同时获得所有核的共振信息。这样就可大大提高灵敏度和分析速度。PFT-NMR以等距方脉冲调制的射频信号作为多道发射机(强而短的射频脉冲),以快速傅里叶变换作为多道接收机,实现这一设想。它能从核的自由感应衰减(FID)(属于时间域)信号中变换出谱线在频率域中的位置及其强度,这就是脉冲傅里叶变换核磁共振谱仪的基本原理(图4-4)。

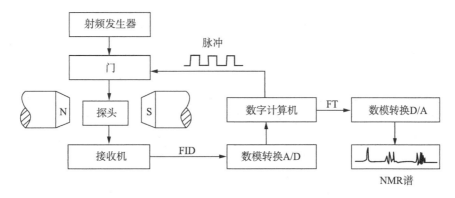

图4-4　脉冲傅里叶变换NMR谱仪示意图

PFT-NMR谱仪的优点如下。

(1)大幅度提高了仪器的灵敏度,一般PFT-NMR的灵敏度要比CW-NMR的灵敏度提高两个数量级以上。因此可以对丰度低、旋磁比亦比较小的核进行核磁共振测定。

(2)测定速度快,脉冲作用时间为微秒数量级。若脉冲需重复使用,时间间隔一般只需几秒,可以较快地自动测量高分辨谱及与槽线相对应的各核的弛豫时间,可以研究核的动态过程、瞬变过程、反应动力学等。

(3)使用方便,用途广泛。可以做CW-NMR不能做的许多实验,如固体高分辨谱,自旋锁定弛豫时间$T_{1\rho}$的测定及各种多维谱等。

图4-5为Bruker AVANCE Ⅲ 500 MHz全数字化傅里叶超导核磁共振谱仪,具有54 mm标腔 Long Hold Time 超屏蔽磁体,三通道系统,提供高精度和高稳定性的数字信号处理,建立了创新的程序标准,具有长期的稳定性,使用更方便。

图4-5　瑞士 Bruker 公司 AVANCE Ⅲ 500 MHz 全数字化傅里叶超导核磁共振谱仪

4.3 核磁共振的应用

核磁共振的应用十分广泛,而且越来越深入。在化学、化工、物理、生物、医药、材料工业等各方面都有独特的用途,在化学方面用得最早且最多,如在有机化学、无机化学、物理化学、分析化学、生物化学、高分子化学、材料化学等各方面都有独到的应用。如在有机化学中,有机化合物的结构鉴定,区分构象、构型的差异,如顺反异构、几何异构、差向异构等。许多不稳定的反应中间体、游离基、有机正负离子等,一般很难直接测定,可以用核磁共振来证实它们的存在。在某些特定的条件下,如在超强酸 $SbCl_5 - SO_2ClF$ 溶液中,在低温下可以用核磁共振研究正碳离子、游离基及一些其他有机正负离子,得到很多很有价值的结构和动态信息。在高分子化学中,核磁共振可以简便地计算聚合物中各种单体含量的组成、链长、分支多少;了解共聚物的序列分布,均聚物的空间结构:全同、间同和混乱分布,并进一步地了解聚合过程的机理。在石油化工方面,可以用 NMR 分析石油及它的各种馏分,得到各种不同类型的氢和碳的定量分布,如饱和氢、芳氢,烯氢,饱和碳、芳碳等,再求出各种平均分子参数,如平均环烷环数、平均芳环数、平均芳烃取代基数等,这样为估计裂解产品含乙烯、丙烯的产量及其他预测,提供了有用的参数。核磁共振在生命科学中也发挥着越来越大的作用,如生命物质中 ATP 等含磷化合物可以用 ^{31}P NMR 进行研究,生命基础物质——蛋白质,可用 ^1H、^{13}C、^{15}N NMR 来进行研究。随着高场仪器的发展和三维、四维异核核磁共振波谱技术的发展,使得用核磁共振方法测定蛋白质结构的分子量有可能由 25 kDa 提高到 40 kDa。核磁共振在生命科学中的主要应用包括:测定生物大分子的空间结构以及研究大分子与配基的相互作用;测定生物大分子的动力学性质;跟踪蛋白质的折叠过程,捕获折叠过程中瞬态的中间物;测定可滴定基团的 pH 值;跟踪细胞的代谢过程;医学成像和脑功能成像等。在材料科学研究中,NMR 亦是从结构的角度上来考虑进行研究,如研究反应机理,分子间的相互作用等与结构有关的内容,例如对催化剂材料,可以用 NMR 研究催化剂的酸性质、催化机理、积炭原因、孔道堵塞情况等。在金属材料上的应用很少,但并非没有。如在 $Y_1Ba_2Cu_3O_{7\sim8}$ 超导材料的研究中,亦可用 ^{63}Cu NMR 来研究 Cu 在超导材料中的化学环境,计算 ^{63}Cu 的四极耦合常数 C 和不对称性系数 η 等。

第 2 篇

材料的结构表征技术

　　任何材料的性能均是由材料的结构决定的,材料的结构包括材料内部的原子、分子的电子结构和能量分布,原子或离子间的结合方式,晶体点阵类型以及材料内部的不完整性和缺陷。通过对材料结构的表征能预测材料的性能。而 X 射线衍射技术就是通过对材料进行扫描,分析其衍射图谱,获得材料的成分、材料内部原子或分子的结构或形态等信息的研究手段。

　　本篇旨在让学生在了解 X 射线的衍射原理、X 射线的性质等基本知识的基础上,利用 X 射线衍射的分析方法,分析获得材料的成分、内部结构等信息。其中利用 X 射线进行定性分析较为简单,也最为常用,其重点在于根据 PDF 卡片及样品的 X 射线衍射图,掌握物相定性分析的过程和步骤。要求学生能够独立操作 X 射线衍射仪进行物相分析,并正确分析图谱,使其日后能更好地开展研究工作。希望学生可以掌握更多、更精确的 X 射线衍射分析方法,例如线性分析方法和 Rietveld 方法等。

5 X射线衍射原理与方法

5.1 X射线及其与物质的相互作用

5.1.1 X射线的性质

X射线是1895年德国物理学家伦琴在研究阴极射线时发现的。由于当时对它的本质还不了解,故称之为X射线。后来,为了纪念这一重大发现,人们也把它称为伦琴射线。

X射线用人的肉眼是看不见的,但它却能使铂氰化钡等物质发出可见的荧光,使照相底片感光,使气体电离,利用这些特性人们可以间接地发现它的存在。实际观测表明,X射线沿直线传播,经过电场或磁场时不发生偏转,它具有很强的穿透能力,通过物质时可以被吸收使其强度衰减,还能杀伤生物细胞。

在X射线被发现后,只有几个月的时间,在人们对它的本质还不是很了解的情况下,它就被应用到医学方面,用来检查人体的内伤,其后不久又被用于工程技术方面,用来检验金属部件的内部缺陷。

对X射线本质的认识是在X射线衍射现象被发现之后。1912年德国物理学家劳厄等在总结前人工作的基础上,利用晶体作衍射光栅成功地观察到了X射线的衍射现象,从而证实了X射线的本质是一种电磁波。它的波长很短,大约与晶体内呈周期排列的原子间距为同一数量级,在 10^{-8} cm左右。对X射线本质的认识为研究晶体的精细结构提供了新方法,如可以利用X射线在结构已知的晶体中的衍射现象对晶体结构以及晶体结构有关的各种问题进行研究。在劳厄实验的基础上,英国物理学家布拉格父子首次利用X射线衍射方法测定了NaCl的晶体结构,从而开始了X射线晶体结构分析的历史。

X射线是电磁波的一种。究其本质而言,它和可见光、红外线、紫外线、γ射线以及宇宙射线等是相同的,均属电磁辐射。

X射线波长的度量单位常用埃(Å)或晶体学单位(kX)来表示。在通用的国际计量单位中用纳米(nm)表示,1 nm=10 Å= 10^{-9} m。

在电磁波谱中,X射线的波长范围为100~0.01 Å。用于X射线晶体结构分析的波长一般为2.5~0.5 Å。金属部件的无损探伤希望用更短的波长,一般为1~0.5 Å或更短。

X射线和可见光以及其他微观粒子(如电子、中子、质子等)一样,都同时具有波动及微观双重特性,简称为波粒二象性。它的波动性主要表现为以一定的频率和波长在空间传播;它的微粒性主要表现为以光子形式辐射和吸收时具有一定的质量、能量和动量。

波粒二象性是X射线的客观属性。但是,在一定的条件下,可能只有某一方面的属性表现得比较明显。例如,X射线在传播过程中发生的干涉、衍射现象就突出地表现出它的波动特性;而在和物质相互作用交换能量时,就突出地表现出它的微粒特性。从原则上讲,对同一个

辐射过程所具有的特性,可以用时间和空间展开的数字形式来描述,因此必须同时接受波动和微粒两种模型。强调其中的哪一种模型来描述所发生的现象要视具体的情况而定。

5.1.2 X射线的产生

伦琴用阴极射线管偶然发现 X 射线后,经大量实验证明:在高空中,凡高速运动的电子碰到任何障碍物时,均能产生 X 射线,对于其他带电的基本粒子也有类似现象发生。电子式 X 射线管中产生 X 射线的条件可归纳为:(1)以某种方式得到一定量的自由电子;(2)在高真空中,在高压电场作用下迫使这些电子作定向高速运动;(3)在电子运动路径上设置障碍物,以急剧改变电子的运动速度。

近代采用的 X 射线发生装置,就能满足上述条件,它由 X 射线管和 X 射线仪两部分组成。

1. X 射线管

X 射线管分为冷阴极和热阴极两种类型,前者又叫离子式 X 射线管,后者称为电子式 X 射线管。

离子式 X 射线管价格低廉,阳极可拆卸,阳极靶面不易受污染,但因发出的 X 射线的强度和连续谱波长难于控制而被淘汰。目前电子式 X 射线管被大量采用,分封闭式和可拆式两种。除旋转阳极 X 射线管和细聚焦 X 射线管为可拆式外,一般情况下多为封闭式管。

图 5-1 为封闭电子式 X 射线管结构示意图。电子式 X 射线管实际上是一个真空二极管,阴极是发射电子的灯丝,而阳极是阻碍电子运动的金属靶面,阴、阳极都密封在高真空($1.3 \times 10^{-3} \sim 1.3 \times 10^{-4}$ Pa)管内。阴极通电加热至白热后放出电子,在 $30 \sim 50$ kV 高压电场作用下,电子高速向阳极轰击而产生 X 射线。为聚焦电子束,在灯丝外设金属聚焦罩,其电位较阴极低 $100 \sim 400$ V,并用高熔点金属钼或钽制成。

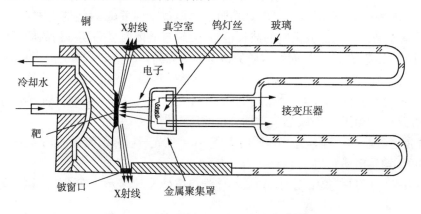

图 5-1 封闭电子式 X 射线管结构示意图

阳极又称靶,由熔点高、导热好的铜制成。为了获得各种波长的 X 射线,常在电子束轰击的阳极靶面镀(或镶)一层 Cr、Fe、Ni、Cu、Mo、Ag 和 W。因高速电子的动能仅 1%左右转变成 X 射线,99%都转变成热能,为避免烧熔靶面,常用水冷却。

X 射线管的焦点是指阳极靶面被电子束轰击而发出 X 射线的地方。焦点的形状、大小是管子的重要特征之一,它主要取决于灯丝的形状。采用螺线灯丝时,得长方形焦点,因 X 射线从这块长方形面积上发出。管中发出的 X 射线在各方向不相同,越接近电子束垂直的方向,强度越高。因此,在直角靶面的情况下,最好沿靶面方向接受X射线。但靶面不可能绝对光滑平整,大部分X射线将被吸收而减弱,故常在与靶面成6°的方向接受,如图5-2所示。从不同的方向接受长方形焦点的X射线,将得到不同的有效焦点,X射线衍射仪常配用线焦点。焦点小,能提高分辨率。

X射线管的窗口,是X射线从管内出射的地方,通常开设两个或四个窗口。窗口材料要有足够的强度,还应尽可能少吸收X射线,目前常用铍作窗口材料。

上述常用X射线管的功率为$500 \sim 3\,000$ W。目前还有旋转阳极X射线管、细聚焦X射线管和闪光X射线管。

旋转阳极X射线管如图5-3所示,因阳极不断旋转,电子束轰击部位不断改变,故提高功率也不会烧熔靶面。目前有100 kW的旋转阳极X射线管,其功率比普通X射线管大数十倍。

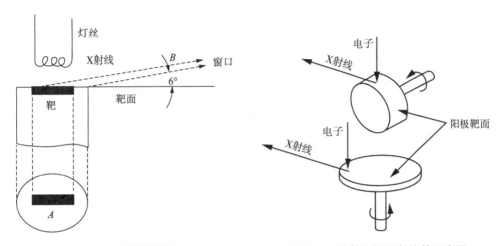

图5-2　X射线接受方向　　　　图5-3　旋转阳极X射线管示意图

细聚焦X射线管,是采用一套静电透镜或电磁透镜使电子束高度聚焦。电子束的线度减小时,焦点的线度减小,管子的比功率(单位面积上的功率)可显著提高。目前细聚焦X射线管的焦点尺寸可小至几微米,比功率可高达10 kW/mm^2,而普通X射线管的比功率仅为$50 \sim 200$ W/mm^2。细聚焦X射线管不是提高总功率,而是提高比功率,比功率提高了,曝光时间可大大缩短。

闪光X射线管,是20世纪60年代以后发展起来的新型X射线管,其中一种是利用高压大电流瞬时放电,以获得瞬时强功率的X射线。如有的闪光X射线管的参数为50 kV,管流为50 kA,曝光时间为30 s,用这种X射线管可进行瞬时衍射分析。利用高功率激光打靶产生等离子体,也能获得瞬时强度极高的脉冲X射线。

2. X射线仪

X射线仪是供给X射线管电能的电气设备,它必须满足以下要求:(1)供给稳定的高压;(2)供给稳定的灯丝加热电流;(3)具有必要的保护装置和指示仪表。满足了条件(1)和(2),就能保证发出稳定的X射线。设置保护装置,是为了保护人体和仪器的安全,如水冷保护装置,当无水时使高压无法接通,以保护X射线仪主要电路。图5-4为X射线仪主要电路原理。由图可见,220 V的交流电源经自耦变压器控制后与X射线管两极相连。调节自耦变压器的输出,可使高压从0开始连续可调。因阴极为电子源,只有当阴极为负、阳极为正的半周时,管内才有电流通过,故称半波自整流电路。调节灯丝变阻器,能改变灯丝加热电流,从而控制电子发射数量,也就控制了管电流和 X 射线束的强度。

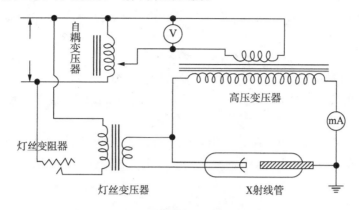

图 5-4　X 射线仪主要电路原理

3. 其他 X 射线源

同步辐射是 20 世纪 70 年代以来最有发展前途的 X 射线源。当电子在同步加速器中加速时,就能辐射 X 射线波段的强电磁波。同步辐射具有通量大、亮度高、频谱宽和光谱纯等优点,其亮度比 60 kW 转靶所产生的标识谱和连续谱的亮度分别高出 3～5 个数量级。

在放射性物质的衰变过程中,也有 X 射线产生,如 ^{65}Fe 就能发出 Mn 的 $K_{\alpha1}$(2.1Å)标识 X 射线。放射源 X 射线比较弱,目前用于 X 射线光谱分析。

5.1.3　X 射线谱

X 射线管中发出的 X 射线有两种不同的波谱,一种是连续 X 射线谱,另一种是标识 X 射线谱。连续 X 射线谱由波长连续变化的 X 射线构成,它和白光相似,也是多种波长的混合体,故也称白色 X 射线或多色 X 射线。标识 X 射线谱由有一定波长的若干 X 射线叠加在连续 X 射线谱上构成,它和单色的可见光相似,具有一定的波长,故称单色 X 射线。每种元素只能发出一定波长的单色 X 射线,它是元素的标识,故也称为特征 X 射线。

1. 连续 X 射线谱

现研究钼靶 X 射线管中发出的 X 射线,此时使管电流恒定,而将管电压从 5 kV 逐渐增加到 25 kV,并用仪器测定所发出的 X 射线的波长和相对强度,可得到如图 5-5 所示的曲线。所谓 X 射线束的强度,是指单位时间内垂直通过单位面积上的光子的总数量,其单位为 $J/(m^2 \cdot s)$;而相对强度则是用某种规定的标准去比较所得的相对比值。

从图 5-5 可见,每条曲线都有一强度最大值,并在短波方面有一波长极限,称短波限,用 λ_0 表示。随着管电压的增加,各种波长的 X

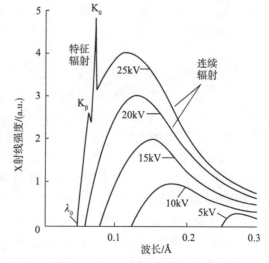

图 5-5　连续 X 射线谱

射线的相对强度一致增加,和最大强度对应的射线波长逐渐变短,短波限 λ_0 也相应变短。

用经典物理学和量子理论可以解释连续谱的变化规律和产生机理。因为 X 射线的产生过程,是成千上万的微观粒子参与的过程。当 X 射线管两极间加高压时,上述大量电子在高压电场的作用下,以极高的速度向阳极轰击,由于阳极的阻碍作用,电子将产生极大的负加速度。根据经典物理学的理论,一个带负电荷的电子作加速运动时,电子周围的电磁场将发生急剧变化,此时必然要产生一个电磁波,或至少一个电磁脉冲。由于极大数量的电子射到阳极上的时间和条件不可能相同,因而得到的电磁波将具有连续的各种波长,形成连续 X 射线谱。

量子理论认为,当能量为 1 eV 的电子和阳极靶的原子碰撞时,电子损失自己的能量,其动能的一部分以 X 射线光子的形式辐射出来,其余部分转变为热能。在与阳极靶相碰的众多电子中,有的辐射一个光子,有的则多次碰撞辐射多个能量各异的光子,它们的综合就构成了连续谱。

2. 特征(标识)X 射线谱

以钼靶 X 射线管发出的 X 射线为研究目标:维持管电流一定而改变管电压,结果表明,当管电压低于 20 kV 时,得到的仍然是连续谱;但当管电压等于或高于 20 kV 时,则除连续 X 射线谱外,位于一定波长处另有少数强谱线产生,它们就是特征 X 射线谱(图 5 - 6)。因此,当管电压超过某临界值时,特征谱才会出现,该临界电压称为激发电压。

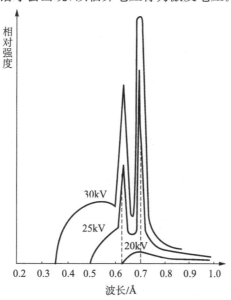

图 5 - 6 钼的标识 X 射线谱

当管电压增加时,连续谱部分和叠加其上的标识谱强度都增加,而特征谱的横坐标(即波长)保持不变。对于钼靶 X 射线管,其标识 X 射线分别位于 0.63 Å 和 0.71 Å 处,后者的强度约为前者强度的五倍。这两条谱线称为钼的 K 系辐射线,波长为 0.63 Å 的称为 K_β 辐射,0.71 Å 的称为 K_α 辐射。K_α 又细分为 $K_{\alpha 1}$ 和 $K_{\alpha 2}$,称为 K_α 双线,其波长相差仅为 0.004 Å 左右,$K_{\alpha 1}$ 与 $K_{\alpha 2}$ 的强度比约为 2:1。

特征 X 射线的产生机理,与靶物质的原子结构密切相关。根据原子物理学理论,原子系统内的能级是不连续的,与原子壳层相对应,按其能量大小分为数层,通常用 K、L、M、N 等字

母代表它们的名称。如图 5-7 所示,K 层最靠近原子核,最先被电子填满,它的能量最低,其次是 L、M、N 等层。

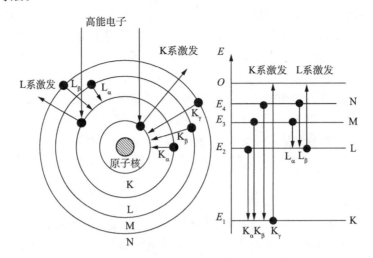

图 5-7　特征 X 射线谱的产生示意图

当管电压比较低时,阴极发出的热电子在电场中获得的能量,还不足以将靶物质原子深层的电子轰击出原子外,此时无特征谱出现。但当管电压达到某一临界值或超过某一临界值时,则阴极发出的电子在电场加速下,可以将靶物质原子深层的电子轰击到能量较高的外部壳层,或者将电子击出原子外,使原子电离。阴极电子将自己的能量给予受激发的原子,而使它的能量增高,原子处于激发状态。如果 K 层电子被击出 K 层,称为 K 激发,L 层电子被击出 L 层,称为 L 激发,其余各层依次类推。

处于激发状态的原子有自发回到稳定状态的倾向,此时外层电子将填充内层空位,相应伴随着原子能量的降低。原子从高能态变成低能态时,多出的能量以 X 射线形式辐射出来,即高速电子把原子核外内层电子击出的过程中伴随的标识 X 射线的电磁辐射,称为标识辐射。因物质一定,原子结构一定,两特定能级间的能量差一定,故辐射出特征 X 射线波长一定。

当原子 K 层的电子被击出现空位时,其外面的 L、M、N 等层的电子均有可能回跃到 K 层来填补空位,由此将产生 K 系特征 X 射线,包括 L 层电子回跃到 K 层产生的 K_α 特征 X 射线,M 层电子回跃到 K 层产生的 K_β 特征 X 射线和 N 层电子回跃到 K 层产生的 K_γ 特征 X 射线。产生 K 系激发要使阴极电子的能量 eV_K 至少等于击出一个 K 层电子所做的功 W_K。V_K 就是激发电压。

与此相似,当原子 L 层的电子被击出,L 层出现空位时,其外面的 M、N、O 等层的电子也会回跃到 L 层来填补空位,由此产生 L 系特征 X 射线。

同理,当原子 M 层的电子被激发时,N、O 等外层电子回跃到 M 层来填充空位将会产生 M 系特征 X 射线。

3. 莫色莱定律

特征 X 射线谱的频率(或波长)只与阳极靶物质的原子结构有关,而与其他外界元素无关,是物质的固有特性。1913—1914 年莫色莱发现物质发出的特征谱波长与它本身的原子序数间存在以下关系

$$\sqrt{\frac{1}{\lambda}} = K(Z - \sigma) \qquad\qquad (5-1)$$

式中，λ 为波长；Z 为靶材原子序数；K 为与主量子数、电子质量和电子电荷有关的常数；σ 为屏蔽常数，随谱线的系别和线号而异。该式称为莫色莱定律，是进行 X 射线光谱分析的基本依据。

根据莫色莱定律，将实验结果所得到的未知元素的特征 X 射线谱线波长，与已知的元素波长相比较，可以确定它是何种元素。它是 X 射线光谱分析的基本依据。

5.1.4　X射线与物质的相互作用

X 射线与物质的相互作用，是一个比较复杂的物理过程，可以概括地用图 5-8 来表示。一束 X 射线通过物体后，其强度将被衰减，它是被散射和吸收的结果，并且吸收是造成强度衰减的主要原因。

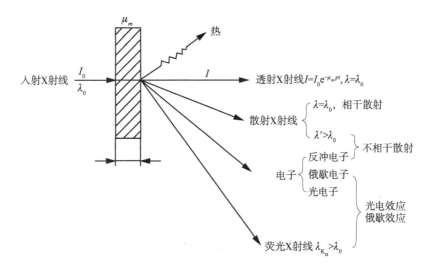

图5-8　X射线与物质的相互作用

1. X射线的散射

X 射线与物质相遇时会受到刺激，并分为相干散射和非相干散射两种。

（1）相干散射

当 X 射线通过物质时，物质原子的电子在电磁场的作用下将产生受迫振动，其振动频率与入射 X 射线的频率相同。任何带电粒子作受迫振动时将产生交变磁场，从而向四周辐射电磁波，其频率与带电粒子的振动频率相同。由于散射线与入射线的波长和频率一致，位相固定，在相同方向上各散射波符合相干条件，故称为相干散射。相干散射是 X 射线在晶体中产生衍射现象的基础。

晶体中的原子，在入射 X 射线的作用下都产生这种散射，且原子的规则排列使散射之间有确定的相位关系，于是在空间形成了相干散射。

（2）非相干散射

X 射线经束缚力不大的电子（如轻原子中的电子）或自由电子散射后，可以得到波长比入

射X射线长的X射线,且波长随散射方向的不同而改变,称之为非相干散射。这是康普顿和我国物理学家吴有训等发现的,亦称康普顿效应。非相干散射突出地表现出X射线的微粒特性,只能用量子理论来描述,亦称量子散射。它会增加连续背影,给衍射图像带来不利的影响,特别是对轻元素影响最大。

图5-9为X射线非相干散射产生示意图,入射X射线遇到松约束电子时,将电子撞至一方,成为反冲电子。入射线的能量对电子做功而消耗一部分后,剩余部分以X射线向外辐射。散射X射线的波长(λ')比入射X射线的波长(λ)长,其差值与角度α之间存在如下关系

$$\Delta\lambda = \lambda' - \lambda = 0.024\,3(1-\cos\alpha) \tag{5-2}$$

式中,α为入射线方向与散射方向之间的夹角。非相干散射在衍射图像上成为连续的背底,其强度随($\sin\alpha/\lambda$)的增加而增大,在底片中心处(入射线与底片相交处)强度最小;α越大,强度越大。

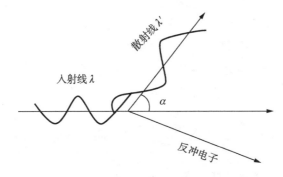

图5-9 X射线的非相干散射产生示意图

2. X射线的吸收

物质对X射线的吸收,是指X射线通过物质时光子的能量变成了其他形式的能量。有时将X射线通过物质时造成的能量损失称为真吸收。X射线通过物质时产生的光电效应和俄歇效应,使入射X射线能量变成光电子、俄歇电子和荧光X射线的能量,使X射线强度被衰减,是物质对X射线的真吸收过程。

(1)光电效应

光电效应是物质在光子作用下放出电子的物理过程。X射线与物质的相互作用,也有光电效应产生。X射线与物质的相互作用,可以看成是X射线光子与物质中原子的相互碰撞。和特征X射线产生过程相似,一个具有足够能量的X射线光子从原子内部打出一个K电子,原子处于K激发状态。外层电子填充K空位时,将向外辐射K系X射线。这种由X射线光子激发原子产生自由电子的过程,称为光电效应。上述过程中被打出的电子称为光电子,所辐射出的次级特征X射线称为荧光X射线或二次特征X射线。

激发K系光电效应时,入射光子的能量必须等于或大于将K电子从K层移至无穷远时所做的功W_K,即

$$h\nu_K = \frac{hc}{\lambda_K} = W_K \tag{5-3}$$

式中,ν_K和λ_K分别为K系的激发频率和激发限波长。

光电效应在 X 射线分析工作中起到了非常重要的作用。在进行 X 射线衍射分析时,荧光 X 射线会增加衍射花样的背底,应尽量避免。但在 X 射线荧光光谱分析中,要利用荧光 X 射线进行成分分析,此时希望产生尽可能多的强荧光 X 射线。

(2) 俄歇效应

俄歇在 1925 年发现,原子中 K 层的一个电子被打出后,它就处于 K 激发状态,其能量为 E_K。如果一个 L 层电子来填充这个空位,K 电离就变成了 L 电离,其能量由 E_K 变成 E_L,此时将释放出 E_K-E_L 的能量。释放出的能量,可能产生荧光 X 射线,也可能给予 L 层的电子,使其脱离原子产生二次电离。即 K 层的一个空位被 L 层的两个空位所代替,这种现象称为俄歇效应,从 L 层跳出原子的电子称为 KLL 俄歇电子。

每种原子的俄歇电子均具有一定的能量,测定俄歇电子的能量,即可确定该原子的种类。所以,可以利用俄歇电子能谱作元素的成分分析。不过,俄歇电子的能量很低,一般为几百个电子伏特。其平均自由程非常短,能够检测到的只是表面两三个原子层发出的俄歇电子,因此,俄歇谱仪是研究物质表面微区成分的有力工具。

3. X 射线的衰减规律

如图 5-10 所示,一束强度为 I_0 的 X 射线束,通过厚度为 H 的物体后,强度被衰减为 I_H。为得到强度的衰减规律,取离表面为 x 的一薄膜进行分析。设 X 射线束穿过厚度为 x 的物体后,强度被衰减为 I,而穿过厚度为 $x+dx$ 的物质后的强度为 $I-dI$,则通过 dx 厚的一层引起的强度衰减为 dI。

实验证明:X 射线通过物质时引起的强度衰减与所通过的距离成正比,即

$$\frac{(I-\mathrm{d}I)-I}{I}=-\frac{\mathrm{d}I}{I}=\mu\mathrm{d}x \qquad (5-4)$$

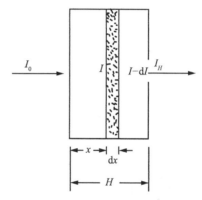

图 5-10 X 射线通过物质后的衰减

式中,μ 为线吸收系数,对于一定波长和一定状态下的物质,μ 为常数。式中负号说明随距离的增加,强度逐渐减小。

为求出强度为 I_0 的 X 射线从物体表面(即 $x=0$)穿透厚度 H 后的强度 I_H,应对式(5-4)积分:

$$\int_{I_0}^{I_H}\frac{\mathrm{d}I}{I}=-\int_0^H\mu\mathrm{d}x \qquad (5-5)$$

得到:

$$\ln\left(\frac{I_H}{I_0}\right)=-\mu H \qquad (5-6)$$

$$I_H=I_0\mathrm{e}^{-\mu H} \qquad (5-7)$$

式中,I_H/I_0 为穿透系数。

线吸收系数 $\mu=-\ln(I_H/I_0)/H$ 表示单位体积物质对 X 射线的衰减程度,它与物质的密度 ρ 成正比,即与物质的存在状态有关。

先将式(5-7)改写成：$\quad I_H = I_0 e^{-\mu H} = I_0 e^{-(\mu/\rho)\rho H} = I_0 e^{-\mu_m \rho H}$ （5-8）

式中，$\mu_m = \mu/\rho$ 为质量吸收系数，cm^2/g。质量吸收系数代表 X 射线穿透截面积为 $1~cm^2$ 的 $1~g$ 物质时的衰减程度。当物质的状态发生改变时它保持不变，故用它描述 X 射线的衰减比 μ 更合适。

图 5-11 为质量吸收系数与波长的关系曲线。质量吸收系数与波长和元素的原子序数的三次方成正比，因此有

$$\mu_m \approx K\lambda^3 Z^3 \qquad (5-9)$$

式中，K 为常数。

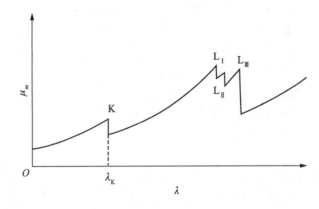

图 5-11　质量吸收系数与波长的关系曲线

可见吸收系数反应了不同物质对 X 射线的吸收程度。因此，可以通过它来研究 X 射线通过某一物质时衰减的规律，通过固定原子序数 Z 或固定入射 X 射线波长 λ 研究吸收系数的变化规律。

通过固定 Z 时的吸收系数随波长的变化规律为：(1)吸收系数随波长的增大而增大，且在一定区间内是连续变化的，因为 X 射线的波长越长越容易被物质所吸收。(2)在某些波长的位置上产生跳跃式的突变，这是由上述的光电效应(光电吸收)引起的。突变的峰所在的波长就是该物质的吸收限(吸收边)或激发限。当入射 X 射线的波长达到该物质某一壳层电子的激发限，也就是说，它的能量恰好达到该电子的逸出功时，就将大量吸收 X 射线，并产生强烈的光电效应。进一步减小入射 X 射线的波长，这时 X 射线的能量已超出电子逸出功的范围，使光电效应达到饱和，多余的能量穿透吸收体。随着波长的进一步减小，吸收系数进一步下降，直至达到下一个吸收限。

吸收限对 X 射线分析是十分重要的，尤其是其中的 K 系吸收限。

4. 吸收限的应用

吸收限的应用主要有两个：选滤波片和选靶材。

(1) 滤波片的选用

在 X 射线分析中，在大多数情况下都希望所使用的 X 射线波长单一，即"单色"X 射线。但实际上，如上所述，K 系特征谱线包括两条谱线。在 X 射线分析时，它们之间会互相干扰。我们可以应用某些材料对 X 射线吸收的特性，将其中的 K_β 线过滤掉。因此，在 X 射线分析

中,在 X 射线管与样品之间设置一个滤波片,以滤掉 K_β 线。滤波片的材料以靶的材料而定,一般采用比靶材的原子序数小 1 或 2 的材料。

$$当 Z_靶 < 40 时, Z_滤 = Z_靶 - 1;$$
$$当 Z_靶 > 40 时, Z_滤 = Z_靶 - 2。$$

利用滤波片获得的单色辐射,往往不够纯净,易造成粉末衍射图上较深的背景,弱的衍射线往往被埋没。为了得到高质量的衍射图,现在衍射仪多数使用晶体单色器。晶体单色器实际上就是一种反射本领强的晶体,其表面做成与某个反射本领大的晶面平行。当一束多色 X 射线照射到此单晶片上时,就只有符合布拉格条件的单色射线才能被反射,因而就得到了纯的单色 X 射线。当然某些谐波也可能会反射出来,但可用选择适当的晶体与晶面的办法来消除,例如萤石(CaF_2)的(111)衍射的结构因子比(222)衍射的结构因子要大得多,因此其二次谐波就反射得很少了。表 5-1 列出了常用的几种单色器材料及有关数据,从中可见石墨的反射本领要比石英强十倍多。

表 5-1　常用的单色器材料及相关数据

晶体	衍射面指数	晶面间距/nm	对 Cu-K$_\alpha$ 的相对反射强度
石英	1011	0.333 3	43
萤石	111	0.316	
方解石	200	0.304	
氟化锂	200	0.201	93~110
石墨	0002	0.334 5	500~600
硅	111	0.314	

平晶单色器是以一块良好的单晶体薄片,使晶体表面与某一面族[如(100)面族]平行。该面族的晶面间距为 d,若一束白色 X 射线以掠射角投射到此晶面上,则其中只有符合布拉格方程的某一波长的 X 射线才能被反射,其他的都被吸收或透过。利用晶体的衍射性质,得到了纯净的单波长辐射。这不仅可将 K_α 和 K_β 分开,还可能将 $K_{\alpha 1}$ 和 $K_{\alpha 2}$ 分开,所获射线宽度是相当窄的,只能反射入射光束中互相平行的一小部分,因而效率低。采用弯晶单色器,可使入射光束中一定发射角内的光线都得到利用,因而效率可大大提高。

弯晶单色器是按以下方法制成的。首先将选用的晶体切成薄片,并使其表面与反射本领强的晶面平行。然后将晶片表面研磨成曲率半径为 $2R$ 的柱面,并使柱面的母线与所选择的晶面平行。最后再将此晶片弯曲成曲率半径为 R 的柱面,这时所选晶面的曲率半径将等于 $2R$,如图 5-12 所示,半径为 R 的圆称为聚焦圆。

现在假设将 X 射线源的焦点置于聚焦圆的某一点 S,则从 S 点投射到单色器表面上的射线与反射面的夹角将都是相等的,等于聚焦圆上圆弧 SM 所指的圆周角的余角。再则由于反射线与反射面法线的夹角就等于入射线和反射面法线的交角,因此反射线也必定会聚于聚焦圆的 F 点上,其中圆弧 MF 等于 SM,即 F 点和 S 点对称地处在 M 点的两侧,故称为对称聚焦的弯晶单色器(图 5-12)。

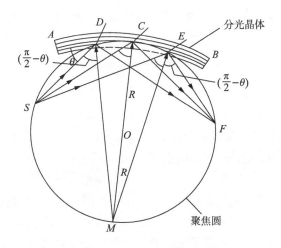

图 5-12 弯晶单色器晶面关系

（2）不同阳极靶 X 射线管的选择

由上述已知，被吸收的 X 射线将会激发荧光 X 射线，因此，吸收限又称为激发限，也就是说当吸收体中的元素对单一 X 射线吸收最强的时候，也是它产生荧光 X 射线最强的时候，这种荧光 X 射线会造成较高的背景水平，对分析结果产生干扰，应尽量避免。因此我们必须根据所测样品的化学成分选用不同靶材的 X 射线管。

对于给定波长的 X 射线，它会使一部分的元素产生强的荧光辐射，从吸收系数随 Z 的变化规律就可以看出。以 Cu(29) 的 K_α 线为例，Co(27) 对 $Cu-K_\alpha$ 的吸收最强，在此之前的 Fe(26)、Mn(25)、铬(24)、钒(23) 等元素对其也有较强的吸收。此外，钐(Sm)、钆(Gd)、镝(Dy) 等稀土元素的吸收也很强，但它激发的是这些元素的 L 系辐射，波长很长，很容易被样品所吸收，对测定结果影响不大。

因此，为了避免或减少产生荧光辐射，应当避免使用比样品中的主元素的原子序数大 2～6（尤其是 2）的材料作靶材的 X 射线管。

例如，分析以铁为主的样品，应该选用 Co 或 Fe 靶的 X 射线管，而不能选用 Ni 或 Cu 靶。

实际工作中最常用的 X 射线管是 Cu 靶的管，其次是 Fe 和 Co。Cu 靶适用于除 Co、Fe、Mn、Cr 等元素为主的样品，而以这些元素为主的样品用 Co 靶。

应注意的是，对不直接从事 X 射线分析的使用者来说，靶的选择比滤波片的选择更为重要。因为，只要靶一确定，测试者会自动选择相应的滤波片。除非相应的滤波片损坏了，如 Mn 的滤波片易损。但分析者有时对样品的主要成分是一无所知的，因此需要送样者提供有关的信息，或告知应用哪种靶的 X 射线管。

（3）X 射线的折射及其他效应

X 射线的波长很短，因此在 1919 年以前都没有观察到它由一种介质进入另一种介质时的折射现象，但用经典物理学理论推算出它由真空进入某一种介质中的折射率为

$$\mu = 1 - \frac{ne^2}{2\pi m\nu^2} = 1 - \frac{ne^2\lambda^2}{2\pi mc^2} = 1 - \delta$$

其中
$$n=\frac{N_A Z\rho}{A}$$

式中,n为每一立方厘米介质中的电子数;A、Z和ρ分别为介质的相对原子质量、原子序数和密度;N_A为阿伏加德罗常数;e和m为电子电荷和电子电量;λ和c为X射线的波长和速度。

计算表明,$\delta=10^{-6}$数量级;μ非常接近1,约在0.999 99~0.999 999。由于X射线的折射率非常接近于1,在一般工作中可以不必考虑,但在精确测定点阵常数时,需进行折射校正。

X射线通过物质时会被吸收和散射,在从一种介质进入另一种介质时会产生折射,而在固体表面还会发生全反射。因X射线的全反射角非常小,故在X射线发现后的一段时间内并没有观察到X射线的全反射现象。

X射线被散射后将产生偏振;X射线通过物质时还有微弱的热效应。

5.2 X射线衍射的实验方法

X射线的衍射分析方法较多,按研究对象分,可分为单晶法和多晶法(粉晶法),按记录X射线的方式不同,又可分为照相法和衍射仪法两类,其中照相法又有多种。具体的分类如图5-13所示。在此只介绍最常用的单晶法中的劳埃法和多晶法中的粉末衍射仪法。

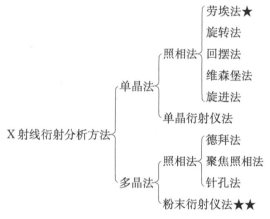

图5-13 X射线衍射分析方法分类

5.2.1 劳埃法

劳埃法是用连续X射线投影到不同的单晶体试样上产生衍射的一种试验方法,所用的连续X射线应当具有较高的强度,以便能在较短的时间内得到清晰的衍射花样。连续X射线的强度除随管电压的增加而增加外,还与阳极靶的原子序数成正比。因此,劳埃法一般选用原子序数较大的钨($Z=74$)靶X射线管作辐射源,工作电压在30~70 kV。劳埃法所用的试样可以是独立的单晶体,也可以是多晶体中的粗大晶粒。

用连续X射线照射固定的单晶,用垂直入射X射线的照相底片来记录衍射花样。根据照相底片放置的位置,可以将其分为透射法和背射法,如图5-14所示。

劳埃法具体的特点为:(1)分析的样品是单晶体。对于透射法来说,其厚度为0.2~1 mm,一般是线吸收系数的倒数$1/\mu_1$(mm),如铝为1 mm,铁为0.2 mm;背射法对晶体厚度

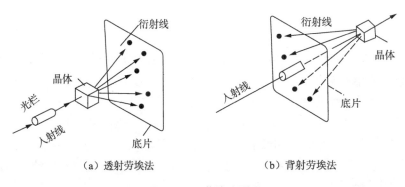

（a）透射劳埃法　　　　　　　　（b）背射劳埃法

图 5－14　劳埃法原理

没有要求。（2）晶体固定不动（θ 不变），故又称固定晶体法。（3）以连续 X 射线为光源（λ 变化），一般用 W、Mo 作 X 射线管的阳极材料。（4）用平板状照相底片来记录 X 射线的衍射花样。

劳埃法的实验装置主要包括 X 射线管、准直光栏、晶托和照相底片盒，如图 5－15 所示。准直光栏使入射 X 射线成为一束细而近于平行的光束。晶托上有三根互相垂直的轴和平移装置，可以把固定在其上面的单晶体调整到任何方位。一般是使晶体的某一晶轴平行于入射 X 射线。照相底片盒一般采用平板相盒，照相底片垂直入射线，可以放在晶体的后面，也可以放在晶体之前。

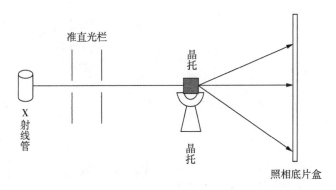

图 5－15　劳埃法的实验装置

劳埃法的工作原理：由 X 射线管发出的连续 X 射线，穿过准直光栏的细孔，成为一束细而近于平行的光束照射到固定在晶托上的晶体，由于晶体中存在着许多不同方向和不同间距的面网，这些面网以不同的角度 θ 与入射 X 射线相交，而入射 X 射线是连续 X 射线，其波长 λ 是连续变化的。这样就必须会有一些面网满足布拉格方程而产生衍射，这些衍射线使照相底片感光。将底片冲洗定影后，就会看到许多由衍射线造成的斑点。这些斑点称为劳埃斑，有劳埃斑的照片（图片）称为劳埃图（图 5－16）。

劳埃图上的劳埃斑的分布具有以下规律：在透射劳埃图上，劳埃斑分布在通过底片中心的二次曲线和直线上；在背射劳埃图上，劳埃斑分布在不通过底片中心的双曲线或通过底片中心的直线上；分布在同一条二次曲线或直线上的劳埃斑是由同一晶带的面网衍射而形成的。劳埃斑分布如图 5－17～图 5－19 所示。

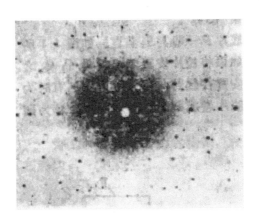

图 5－16　劳埃图

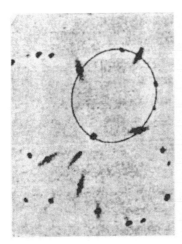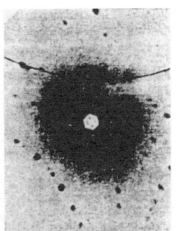

（a)铝单晶的透射劳埃图样　　　　（b)铝单晶的背射劳埃图样

图 5－17　劳埃斑的分布

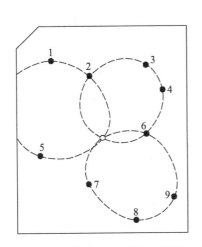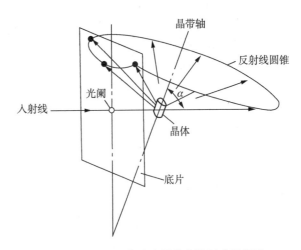

图 5－18　透射相中晶带曲线上的劳埃斑　　　　图 5－19　背射劳埃法晶带曲线形成示意图

对于劳埃斑和面网,具有以下关系:一组具有特定方位的面网在劳埃图上只能形成一个劳埃斑;劳埃图上的每一个劳埃斑都代表了一组面网的取向方位;劳埃斑的位置只与面网在空间的取向有关,而与面网间距无关。目前劳埃法主要应用于晶体的定向和对称性研究。

1. 极矩角和方位角的求解方法

根据劳埃图可以求出衍射面极点的球面坐标 $M(\varphi,\rho)$。如图 5-20 所示,S_0O 为通过晶体 K 的一束 X 射线,ABC 为晶体中的某一面网,QB 为该面网产生的衍射线,Q 为该面网的劳埃斑,O 为劳埃图中心的透射斑点,θ 为半衍射角。由几何关系得:

$$\tan 2\theta = R/D$$

式中,R 为劳埃图上 ABC 面网的衍射斑点与中心透射斑点的距离,R 值可在劳埃图上直接测量;D 为晶体到照相底片之间的距离,这是衍射装置上固定的已知的值。

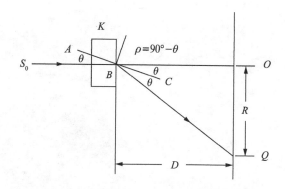

图 5-20 劳埃图衍射面极点的球面坐标关系

根据上式,求出 θ 角,便可求出该衍射面极点的极矩角 $\rho=90°-\theta$;衍射面极点的方位角 φ 可直接在劳埃图上测定。劳埃图上一般都有一条参考线,这是照相时在照相底片前挂的一根铅丝留下的。以这根参考线作为南北基线,量出衍射斑与中心透射斑的连线和南北基线的夹角,即为衍射面极点的方位角 φ。

用这种方法求出每个衍射斑所代表的每组衍射面网的球面坐标,并将其投影到吴氏网栅,就可研究晶体的对称性和定向问题。

2. 晶体定向的过程

晶体定向的一般过程为:拍摄劳埃图;选定同一晶带的若干个劳埃斑,求出其代表的各个衍射面极点的球面坐标;利用吴氏网栅将衍射面极点投影到一张透明纸上;将这些极点的投影点转到同一大圆上,在离该大圆 90°的东西轴上找到该晶带轴的投影点;利用标准投影图标定晶面指数(X 射线衍射分析实验室一般都具有不同晶系的晶面标准投影),确定晶带轴的行列符号;将晶带轴的投影点转到南北轴上,读出该晶带轴的球面坐标,就知道该晶体相对于入射 X 射线的方位了。图 5-21 为劳埃斑点的极射赤面投影的作法;图 5-22 为晶带轴的极射赤面投影的求法。

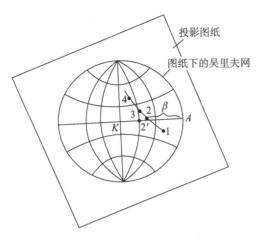
图 5-21 劳埃斑点的极射赤面投影的作法

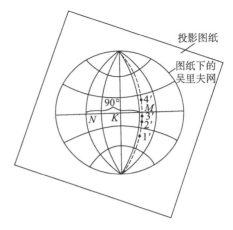
图 5-22 晶带轴的极射赤面投影的求法

5.2.2 X射线衍射仪法

早期晶体分析采用的常规方法是多晶衍射粉末照相法,它的优点是所需设备简单,对设备的稳定度要求不高。但拍照时间太长,对实验结果分析手续复杂,不宜快速分析。近代采用了新型设备X射线衍射仪,从而克服了照相法的缺点。利用X射线衍射仪获得晶体衍射信息的方法叫做衍射仪法。

1. 衍射仪原理

在粉末法实验中,粉末样品呈细圆柱状。一束X射线投影到圆柱样品上,可得到由各种取向晶面反射的一系列衍射圆锥。现在从射线被晶面反射的观点出发,让射线从窄缝中射出投射到平板样品上。根据布拉格反射关系,在与晶面法线对称方向可得到衍射线。图5-23给出了该实验的原理。平板样品是用粉末压在长方形槽中制成的,见图5-24(a),如把平板样品加以放大。由图5-24(b)可以看出,样品中粉末晶体在各方向的取向机会均等。当平板样品绕其表面中心轴匀速转动时,入射束方向一定,衍射束随反射角 θ 从小到大连续扫描。在被X射线照射的一定深度处,平行于平板表面的各种晶面中,凡符合布拉格条件的那些晶面都会依次被反射且不会遗漏。X射线衍射仪就是根据这一思路设计的。图5-25给出了连续扫描经过 θ_1、θ_2、θ_3 三种角度时,对应面间距 d_1、d_2、d_3 三种晶面的反射情况。

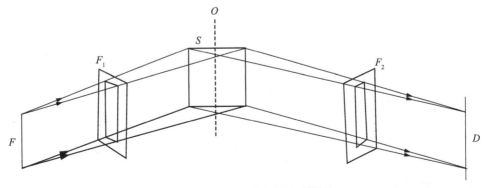
图 5-23 粉末晶体衍射实验原理

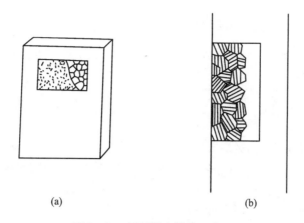

图 5-24　平板粉末样品示意图

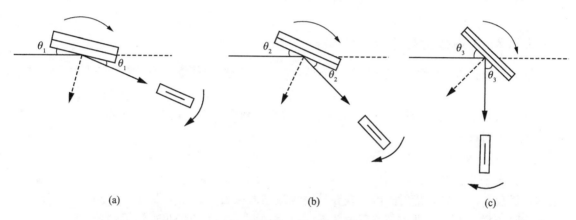

图 5-25　平板样品转动时不同晶面所产生的衍射线

通过进一步考察发现,θ 角连续改变,但反射线并非在任何位置都能发生。而且 d 大的晶面在低角区反射,d 小的出现在高角区。能发生反射线的最小角度应当满足 $\theta_0 \geqslant \sin^{-1} \dfrac{\lambda}{2d_{(hkl)}}$。如果在与入射线 2θ 方向严格同步地跟随一计数器,便可以把反射线的位置和强度记录下来,从而获得与照相法底片上相同的衍射花样。

2. X 射线衍射仪

X 射线粉末衍射仪(简称 X 射线衍射仪)是利用探测器和测角仪来探测试样对 X 射线的衍射强度和衍射角的 X 射线衍射装置。

现在的衍射仪一般都与计算机联机使用,可以自动处理各种衍射数据。

使用粉末衍射仪法一般具备以下特点:①分析样品是多晶材料,一般是粉末,粒径为 $1 \sim 10~\mu\mathrm{m}$,质量为 $0.5 \sim 1~\mathrm{g}$,无定向排列的细晶粒组成的块状样品也可以,但要将表面磨平,体积不能太大,一般不超过 $2~\mathrm{cm} \times 2~\mathrm{cm} \times 1~\mathrm{cm}$;②采用具有一定发散度的单色 X 射线光源;③用探测器、测角仪和电子仪器来探测、记录、显示样品对 X 射线的衍射强度和衍射角;④与计算机联机使用,可直接给出 d 值和衍射强度值,可自动检索;⑤分析速度快,分析精度高。

1) X 射线衍射仪的构成及其工作方式

X 射线衍射仪主要由 X 射线发生器、测角仪、探测器和自动记录显示系统等四部分组成

（图5-26）。

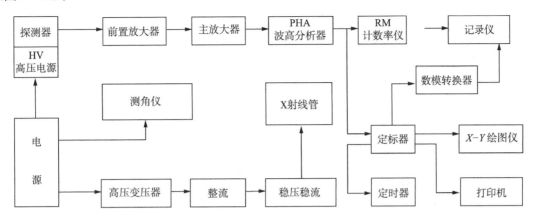

图5-26 X射线衍射仪的结构示意图

（1）X射线发生器

X射线发生器的作用是产生X射线，为衍射分析提供X射线源。由于同一试样不同面网的衍射线强度不是在同一时间测出的，所以要求X射线发生器提供的X射线强度必须相当稳定。X射线发生器由X射线管、供给X射线管高电压的高压发生器、冷却X射线管阳极的送水装置、控制和稳定X射线管电流和电压的稳压线路以及各种安全保护电路所组成。

（2）测角仪

测角仪是衍射仪的核心，是一个精密的圆盘状机械部件，其作用是支承试样。探测器和光路狭缝系统，使试样与探测器相关地转动并给出它们的角度位置。如图5-27所示，测角仪上的光路狭缝系统由梭拉光栏A、发散狭缝DS、防散射狭缝SS、梭拉光栏B和接受狭缝RS组成。

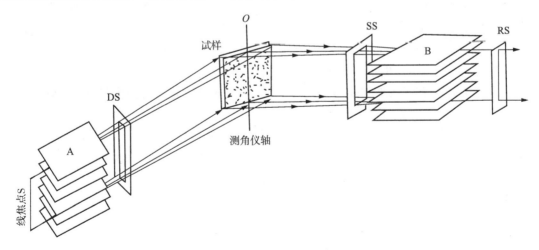

图5-27 衍射仪光路

图5-28为测角仪的结构示意图。外面的大圆是衍射仪圆，试样P安放在衍射仪圆中心的试样台H上。X光源的线焦点S和接受狭缝都在衍射仪圆上。防散射狭缝SS固定在支架

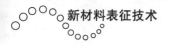

E 上。X 射线源 S 和发散狭缝 DS 固定不动。支架 E 可沿以 O 为中心的衍射仪圆转动,其角度可以从边缘的刻度尺读出。试样 P 也是以 O 为中心转动,其角位置由试样台的刻度给出。试样台和探测器支架既可单独转动,又可联合转动。联合转动时,两者的角度比为 1:2,即试样转动 θ,探测器转动 2θ。这种 $\theta - 2\theta$ 联动方式,可保证探测器始终处于衍射线方向。

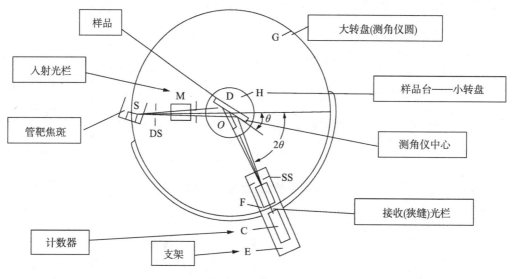

图 5 - 28   测角仪的结构示意图

(3) 探测器

探测器的作用是探测 X 射线并将接受到的 X 光子转变为电脉冲。目前,探测器有正比计数器、盖革计数器、闪烁计数器和硅(锂)探测器等。其中最常用的是闪烁计数器和正比计数器。

正比计数器:正比计数器和盖革计数器都是以气体电离为基础的,它和早期使用的电离室有类似之处,但是所施加的电压不同。其构造示意图如图 5 - 29 所示,它是由一个充气的圆筒形金属套管(作阴极)和一根与圆筒同轴的细金属丝(作阳极)所构成的。在圆筒的一端盖有一层对 X 射线具有高度透明的窗口材料(云母或铍片)。若在它的阳极和阴极间维持 200 V 左右稳定的电位差,当有 X 射线自窗口射入时,将有一部分能量通过;而大部分被气体吸收,其

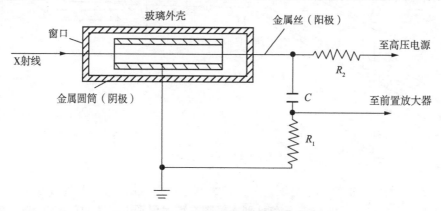

图 5 - 29   充气计数器(正比或盖革计数器)

结果使圆筒中的气体产生电离。在电场的作用下,电子向阳极丝运动,而带正电的离子则向阴极圆筒运动。因而当 X 射线强度恒定时,便有一个微小而恒定的数量级不到 10^{-12} A 的电流通过,这种电流就成为衡量 X 射线强度的参量。这种装置即为电离室。

若把这种装置的电压提高到 $600 \sim 900$ V 左右,就可以起到正比计数器的作用,在圆筒中发生多次电离或气体放大作用的新现象。因为这时电场强度很高,可使原来电离时所产生的电子在向阳极丝运行的过程中得到加速。并且离阳极丝越近,电场强度越高,电子的加速度也就越来越大。当这些电子再与气体分子碰撞时,将引起进一步的电离,如此反复不已。这样,吸收一个 X 射线光子所能电离的原子数要比电离室多 $10^3 \sim 10^5$ 倍,这种现象称为气体放大作用,其结果即产生所谓的"雪崩效应"。每个 X 射线光子进入计数器产生一次电子雪崩,于是就有大量的电子涌到阳极丝,从而在外电路中产生一个易于探测的电流脉冲,这种脉冲的电荷瞬时地加到电容器 C 上,经过连接在电容器上的脉冲速率计或定标器的探测后,再通过一个大电阻 R_1 漏掉。

正比计数器本质上是一种非常迅速的计数器,它能分辨输入速率高达 10^6 脉冲/秒的分离脉冲。

闪烁计数器:这种类型计数器是利用 X 射线激发某种物质产生可见的荧光,这种可见荧光的多少与 X 射线强度成正比。由于所产生的可见荧光量很小,因此必须利用光电倍增管才能获得一个可测的输出电信号。闪烁计数器中用来探测 X 射线的物质一般是用少量(约 0.5%)铊活化的碘化钠(NaI)单晶体。这种晶体经 X 射线照射后能发射出可见的蓝光。将碘化钠晶体紧贴在光电倍增管的光敏阴极面上,除窗口外,其他部分均与可见光隔绝。光敏阴极是用光敏物质制成的。当晶体中吸收一个 X 射线光子时,便在晶体上产生一个闪光。这个闪光射入光电倍增管的光敏阴极上激发出许多电子。在光电倍增管内装有好多个加速电子的联极。从第一个联极向后,每个联极递增 100 V 的正电压,最后一个联极接到测量线路上。从光敏阴极激发出来的电子,立即被吸引到第一个联极,任何一个电子撞到联极上,都从联极表面激出几个电子,从第一个联极出来的电子又被吸引到第二个联极,于是每个电子又从第二个联极表面激出几个电子,依次类推。当联极的递增电压为 100 V 时,每个电子从联极表面可激出 $4 \sim 5$ 个电子。这样,当晶体吸收一个 X 射线光子时,便可在最后一个联极上收集到数目巨大的电子,从而产生一个像盖革计数器那样大的脉冲。这种倍增作用的整个过程所需要的时间还不到一微秒。因此,闪烁计数器可以在高达 10^5 脉冲/秒的技术速率下使用,而不会有漏记损失。

(4)记录显示系统

记录显示系统包括前置放大器、主放大器、波高分析器、技术率仪、定标器、定时器、模数转换器、记录仪、绘图仪、监视器、打印机、计算机等。其作用是将探测器测得的 X 射线衍射强度和测角仪测得的衍射角度记录下来,形成一张 X 射线衍射图。

(5)粉末衍射仪的工作方式

粉末衍射仪的工作方式主要采用连续扫描和步进扫描两种。连续扫描时样品和探测器以 $1:2$ 的比例作匀速转动的过程中连续测量各个角度的衍射强度,其工作效率高。但是容易出现滞后和平滑效应,造成衍射峰位移、分辨率降低、线性畸变等缺陷。步进扫描则是样品和探测器按($\Delta\theta / \Delta 2\theta$)的步长转动,每转动一个角度停顿一定时间,逐个测量各个角度的衍射强度。其优点是无滞后和平滑效益,衍射峰位置准确、分辨率高,但是耗时较多。

2）X射线衍射图的基本特征

X射线衍射图的横坐标是衍射角（2θ），纵坐标是衍射强度。衍射图上有若干个衍射峰。衍射峰的位置反映了对应面网的衍射角，衍射峰的面积（高度）反映了该组面网的衍射强度。

结晶程度高、晶粒较大的物质，其衍射峰窄而尖；结晶程度低、晶粒细小（纳米级）的物质，衍射峰宽而钝；结晶程度越低，粒度越细，衍射峰越宽越钝；非晶态物质没有明显的衍射峰。

（1）衍射线的强度

衍射线的强度是指晶体中某面网衍射的X射线的总量。同一种晶体不同方向的面网衍射的X射线的强度常常有很大的差别（图5-30）。

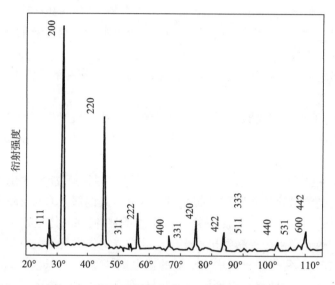

图5-30　同一种晶体不同方向的面网衍射强度

根据布拉格方程 $2d\sin\theta=\lambda$，用单色X射线作光源时，各组面网产生衍射的角度都应该是固定的。也就是说，各组面网衍射的X光应该落在同一个角度位置，在衍射图上应该形成一条线，但实际上并非如此。

由于入射的X射线不是严格平行的光束，而是具有一定发散度的光束；晶体不是严格的格子状晶体，而是由若干不严格平行的镶嵌块构成的。因此，由某组面网衍射的X光不是落在某一角度位置上，而是落在一定角度范围内（图5-31）。某面网衍射的X光的总量是衍射峰范围内所有衍射线强度的累积。这个累积的衍射线强度称为衍射线的积分强度。

衍射线的积分强度主要取决于晶体的内部结构，包括晶体的空间格子类型，原子种类、原子数量、空间位置以及面网指数或衍射指数等。原子位置不同引起衍射峰强度的变化见图5-32。

衍射线的强度还与样品中不同物相的含量有关。含量高的物相产生的衍射线强度较大，含量低的物相产生的衍射线强度较小（图5-33）。

对于衍射强度的确定方法，目前主要有峰高法和积分法两种。峰高法是用衍射峰的高度（即最大值）作为衍射强度，简单易行，但精度低，适用于衍射峰窄而尖或精度要求不高的情况。积分法是用扣除了背底的衍射峰面积作为衍射强度。这种方法比较麻烦，但精度高，适用于衍

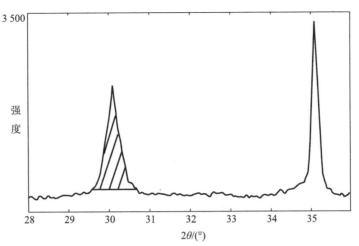

图 5 - 31   面网衍射 X 光的角度范围

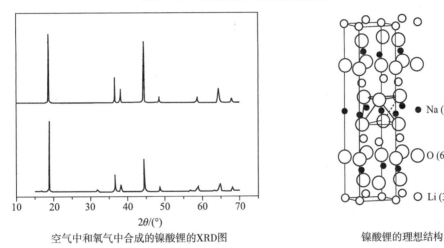

空气中和氧气中合成的镍酸锂的XRD图   镍酸锂的理想结构

图 5 - 32   原子位置不同引起衍射峰强度的变化

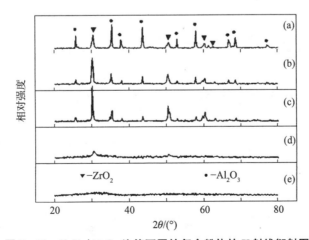

图 5 - 33 ZrO_2/Al_2O_3 比值不同的复合粉体的 X 射线衍射图

(a) $ZrO_2/Al_2O_3 = 1 : 9$;(b) $ZrO_2/Al_2O_3 = 3 : 7$;(c) $ZrO_2/Al_2O_3 = 5 : 5$;

(d) $ZrO_2/Al_2O_3 = 7 : 3$;(e) $ZrO_2/Al_2O_3 = 9 : 1$

射峰宽而钝或精度要求很高的情况。

（2）衍射峰峰位的确定及 d 值的计算

衍射峰峰位的确定方法主要有以下七种（图5-34）。

① 峰顶法：以衍射线形的表观极大值 P_0 的角位置为峰位，适用于线形尖锐的情况。

② 交点法：将峰两侧的直线部分延长，取其焦点 P 作为峰位，适用于线形顶部平坦但两侧直线性好的情况。

③ 半高宽中点法：先连接衍射峰两侧的背底，作出背底线 ab。然后，从强度极大点 P 作记录纸边线的垂线 PP'，它交 ab 与 P' 点。则 PP' 的中点 O' 即是与峰值高度一半对应的点。过 O' 作 ab 的平行线与衍射峰形相交于 M 和 N 点。直线 MN 的中点 O 的角位置即定作峰位。当衍射峰线形光滑、高度较大时，此法定峰重合性好、精度高。

④ 7/8 高度法：这种方法与半高宽中点法相似，只是与背底平行的线作在 7/8 高度处。当有重叠峰存在，但峰顶能明显分开时可用此法。

⑤ 中点连线法：在强度最大值的 1/2、3/4、7/8 等处作背底线的平行线，并把这些线段的中点连接起来并延长，取此延长线与峰顶的交点为峰位。

⑥ 抛物线拟合法：此法是用抛物线来拟合衍射线峰顶的线形，然后取抛物线的对称轴的位置作峰位。常用的有三点抛物线法和五点抛物线法。

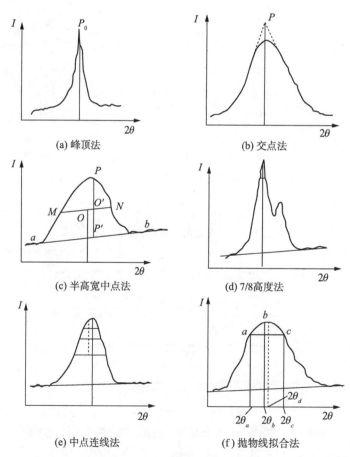

图 5-34　衍射峰峰位的确定方法

⑦ 重心法:利用了衍射峰的全部数据,因此所得峰位受其他因素的干扰小,重复性好。但此法计算量大,宜配合计算机使用。

d 值的计算:在衍射图上根据已经确定的衍射峰位读出衍射角(2θ),将各衍射峰的半衍射角(θ)代入布拉格公式:$2d\sin\theta=\lambda$,即可求出各衍射峰所代表的各面网族的面网间距$d=\lambda/(2\sin\theta)$。

3) 实验条件的选择

(1) 样品

样品可以是粉末、薄片或具有一定研磨平面的晶块。以消除应力的粒度约 $1\sim10$ μm(可通过 325 目筛子)的粉末最好。为避免黏结剂的影响最好不用黏结剂而将粉末直接压入样品架的凹槽中。压样时不要用力过大和向一个方向擦抹,以免出现择优取向。当要求高分辨率时样品应尽量薄些,当要求衍射线有正确的强度关系时样品的厚度为

$$\frac{3.45}{\mu} \cdot \sin\theta$$

式中,μ 为样品的线吸收系数,θ 为掠射角。

(2) 狭缝宽度

测角仪狭缝宽度影响峰位、强度及峰形。当试样被水平发散角为 β 的 X 射线照射时,试样被辐照宽度 A 与 β 的关系是

$$A \approx R\beta/\sin\theta \qquad (5-10)$$

式中,R 为测角仪圆半径(通常为 185 mm)。可见 β 越大,θ 越小则照射宽度越大。通常使用的样品槽宽为 20 mm,当 DS 宽度(β)过大时,照射宽度过大,虽可增加强度,但低角时将照到样品外,这不但破坏强度关系而且增加背底。为提高衍射线强度而又不照到样品以外,通常按照表 5-2 来选择发散狭缝 DS 宽度,但是,因平板样品并不严格满足聚焦条件,β 越大偏离该条件越严重,致使衍射线变宽且移向低角侧,所以当需要提高分辨率和准确测定峰位时,应使用小的 DS,当需提高强度时则使用大的 DS,选择时应两者兼顾。

表 5-2 不同 θ 区间应选择的发散狭缝 DS 宽度

2θ 角范围	$4°\sim6°$	$10°$以上	$20°$以上	$40°$以上	$80°$以上
发散角 β(DS 宽度)	$1/6°$	$1/2°$	$1°$	$2°$	$4°$

接受狭缝 RS 是一个重要参数,它对衍射线峰值强度 I_p,背底强度 I_B,峰背比 I_p/I_B 和半峰宽 $W_{1/2}$ 有直接的影响。RS 增大 I_p 可增加,但 I_B 也增加,同时 I_p/I_B 降低,对探测弱峰反而不利。此外,RS 增大 W 也增大,角分辨率变差,对分辨率靠近的峰也不利。RS 通常为 0.15 $\sim$0.30 mm。

防散射狭缝 SS 通常与 DS 对应使用,一样大小。

(3) 时间常数和扫描速度

当使用计数率计和记录仪所记录的强度是一定时间间隔内计数率的平均值,通常用时间常数来表示这一时间间隔。相对标准统计误差 ε 与时间常数 τ 及计数率 n 乘积的平方根成反比。若 n 相同,τ 越小 ε 就越大,记录曲线上背底的抖动越大,造成识别弱峰的困难。但时间常

数过大,记录仪反应计数率的变化落后于实际计数率的变化,即出现"滞后",会降低峰高,使衍射线不对称宽化,使峰位拖后。常用时间常数为 0.5 或 1。

测角仪扫描速率 ω 对峰形的影响与时间常数相同,即 ω 增大峰值下降,峰形不对称宽化,峰位拖后。所以当要求准确测定峰位和强度时,应考虑减小 ω。通常使用的测角仪扫描速率 ω 为 $(2° \sim 8°)/\mathrm{min}$。

综上所述,当进行测量时测角仪扫描速度 ω,计数率计时间常数与 RS 的宽度 D 应满足:

$$\omega \cdot \tau / 30D \leqslant 1 \qquad\qquad (5-11)$$

6 X射线衍射分析方法

6.1 衍射线的宽化

6.1.1 谱线的宽化

在X射线衍射分析中,实测线形或综合线形,是由衍射仪直接测得的衍射线形,所以衍射仪的参数和被测样品的参数能导致被测的衍射线形发生变化,衍射线的宽化便是一种。影响谱线宽化的主要因素包括:(1)仪器光源及衍射几何光路等试验条件所导致的几何宽化效应(图6-1);(2)实际材料内部组织结构所导致的物理宽化效应,凡是破坏晶体完整性的因素,均会导致衍射谱线宽化;(3)衍射线形中K_α双线及有关强度因子等所导致的宽化效应。

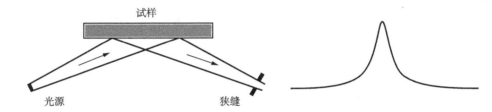

图6-1 试验条件所引起的几何宽化效应

宽化效应的类型主要有以下几种。

(1)几何宽化效应

几何宽化效应也称仪器宽化效应,主要与光源、光栏及狭缝等仪器实验条件有关。例如X射线源具有一定几何尺寸、入射线发散、平板样品聚焦不良、接受狭缝较宽及衍射仪调整不良等,均造成谱线宽化。

即使是其他实验条件都相同,仅接受狭缝发生变化,同一试样的衍射谱线则存在很大区别。如果采用不同仪器测试,对于同一试样的相同衍射面,且狭缝参数完全相同,测得的衍射谱线也有所不同。

图6-2给出了这些影响因素的六种近似函数形状,称为衍射仪的权重函数。如果只考虑$g_1 \sim g_5$五个因素,许多情况下的合成函数与实际标样线并不一致,为此引入不重合函数g_6,使最终线形与实际情况相符。

(2)物理宽化效应

衍射谱线的物理宽化效应,主要与亚晶块尺寸(相干散射区尺寸)和显微畸变有关。亚晶块越细或显微畸变越大,则X射线衍射谱线越宽。此外,位错组态、弹性储能密度及层错等,也具有一定的物理宽化效应。

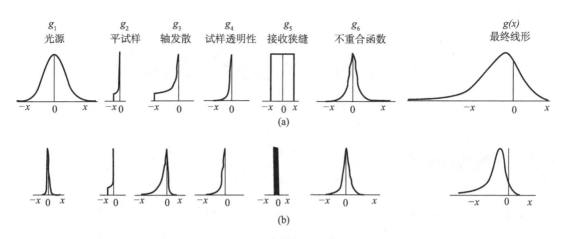

图 6-2 几何宽化效应影响因素的六种近似函数形状

亚晶块尺寸具体为细晶宽化，对于多晶试样而言，当晶块尺寸较大时，与每个晶块中的某一晶面$\{hkl\}$相应的倒易点近似为一几何点。由无数晶块中同族晶面$\{hkl\}$相应的点组成了一个无厚度的倒易球面。材料中亚晶块尺寸较小时，相应于某晶面组$\{hkl\}$的倒易点扩展为倒易体，则由无数亚晶块相应的倒易体组成了具有一定厚度的倒易球，即衍射球与反射球相交的范围也就越大。此时在偏离布拉格角的方向上也存在衍射现象，造成衍射线的宽化。

对于谢乐（Scherrer）公式，也可表示为

$$D = 0.89\lambda/(\beta\cos\theta) \approx \lambda/(\beta\cos\theta)$$

式中，β为积分宽度，rad；D为亚晶块尺寸；λ为射线波长。对于晶粒尺寸测量值，仅代表晶粒沿试样法线方向的尺寸。

（3）其他宽化效应

除了细晶和显微畸变因素外，晶体中的各类缺陷也可导致谱线宽化效应，包括空位、间隙原子、位错、层错等。

6.1.2 仪器宽化及其校正

在精密测量晶胞参数时仪器方面的一系列误差来源导致了衍射峰位置的移动和峰形的不对称。实际上也同时导致了衍射峰的宽化，这种宽化即称为仪器宽化。

选用一种其本身的样品宽化可以忽略的标准样品，在与测试样品完全相同的实验条件下收集其 X 射线衍射数据。所选用的标准样品应满足如下几个条件。

① 标准样品内的晶粒尺寸不能太小，一般应大于 3 000 Å；② 晶粒内无第二类晶格畸变，各晶粒的晶胞参数相同；③ 与待测样品的吸收系数相同或相近。在衍射技术中最常用的标准样品就是 α-SiO_2，将单晶体的 α-SiO_2 敲碎、研磨、用 325 目筛子过筛后就可满足上述前两项要求。

用待测样品测得衍射强度曲线，设其宽度为 B，B 包含着样品宽化与仪器宽化两部分贡献。仪器宽化的贡献用 b 表示，可以得自标准样品。其目的就是由 B 与 b 推导出样品宽化的贡献。

首先，在可能的范围内，应从实验上尽量采取措施使仪器宽化降低。例如，尽可能地用小

狭缝,特别是接受狭缝;如果可采用投射,亦可采用反射几何安排时,就采用后者。

6.1.3 衍射峰形宽化的分离

由衍射峰的宽化效应可知,引起 X 射线衍射线的宽化的主要原因是仪器本身的线形宽度以及晶粒细化和晶体内有晶格畸变。因此,计算晶粒尺寸或晶格畸变,应从测量的衍射线宽度中扣除仪器的宽度(通常以它的 $K_{\alpha1}$ 对应的缝宽作为校正仪器宽化因子的依据),得到晶粒细化或晶格畸变引起的真实加宽。但是,线形加宽效应不是简单的机械叠加,而是它们形成的卷积。所以,得到一个样品的衍射谱以后,需要从中解卷积,得到样品因晶粒细化或晶格畸变引起的加宽。

为了解开仪器宽化及物理宽化的卷积,首先建立实测线性积分宽度与仪器及物理宽度之间的关系式。令 $h(x)$ 为实测线性的强度分布函数,$g(y)$ 为仪器宽化线性函数,$f(y-x)$ 为物理宽化线性函数;$h(x)$ 是 $g(y)$ 及 $f(y-x)$ 的卷积,即

$$h(x) = \int_{-\infty}^{+\infty} g(y) f(y-x) \mathrm{d}y \qquad (6-1)$$

图 6-3 中曲线 1 代表仪器宽化的线形,它的基元 $y\mathrm{d}y$ 经物理宽化后称为曲线 2。所有宽化后的 $y\mathrm{d}y$ 曲线叠加起来得到实测线形 3。

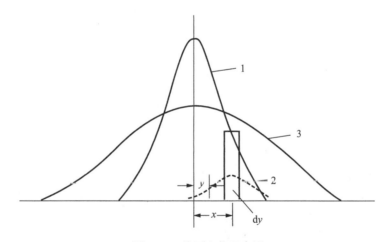

图 6-3 线形宽化示意图

令 b 为仪器宽度,β 为物理宽度,B 为实测宽度,这些宽度均是各线形的积分宽度。每一谱线的积分强度(曲线下面的积分总面积)除以线形的峰值定义为积分宽度。假设在线形宽化时,积分强度不变,图 6-3 中线形 1 的强度分布为(为便于演算,用 x 代替 y)

$$I_1(x) = I_{1(\max)} g(x) \qquad (6-2)$$

式中,$I_{1(\max)}$ 为峰值,其积分宽度按定义为

$$b = \frac{\int I_{1(\max)} g(x) \mathrm{d}x}{I_{1(\max)}} = \int g(x) \mathrm{d}(x) \qquad (6-3)$$

同样,可以求得物理宽度

$$\beta = \int f(x)\mathrm{d}x \qquad (6-4)$$

按上述假定,线形 1 的 $I_1(x)\mathrm{d}x$ 基元强度宽化后等于线形 2 的积分强度,以 β 除之,即为线形 2 的峰值。

$$I_{2(\max)} = \frac{I_{1(\max)}g(x)\mathrm{d}x}{\beta} = \frac{I_{1(\max)}g(x)f(y-x)\mathrm{d}x}{\int f(x)\mathrm{d}x} \qquad (6-5)$$

线形 2 上 $y-x$ 点的强度为

$$I_2 = I_{2(\max)}f(y-x) = \frac{I_{1(\max)}\int g(x)f(-x)\mathrm{d}x}{\int f(x)\mathrm{d}x} \qquad (6-6)$$

分子中用 x 代替 $-x$ 时对积分无影响,可将负号省去。$I_{3(\max)}$ 相当于实测线形峰值,将它去除线形 1(亦即线形 3)的积分强度 $\int I_{1(\max)}g(x)\mathrm{d}x$ 即为实测线形宽度 B。

$$B = \frac{\int f(x)\mathrm{d}x\int g(x)\mathrm{d}x}{\int g(x)f(x)\mathrm{d}x} \qquad (6-7)$$

即

$$B = \frac{\beta b}{\int g(x)f(x)\mathrm{d}x} \qquad (6-8)$$

此式首先由琼斯(F. W. Jones)导出,通常称为琼斯关系式。

物理宽度 β 与亚晶细化宽度 m 及点阵畸变宽度 n 之间的关系式,可用相似的步骤导出。

$$\beta = \frac{mn}{\int M(x)N(x)\mathrm{d}x} \qquad (6-9)$$

式中,$M(x)$ 及 $N(x)$ 分别为亚晶细化及点阵畸变宽化线形的强度分布函数。式(6-8)与式(6-9)为积分宽度法的两个基本公式。为了将 β、b 及 m、n 从两式中分别加以分离,将两式中 $g(x)$、$f(x)$、$M(x)$ 及 $N(x)$ 代以适当的近似函数,从而得到 $B=f(\beta,b)$ 与 $\beta=f(m,n)$ 关系式。

常用的函数为高斯(Gauss)函数 $e^{-a^2 x^2}$、柯西(Cauchy)函数 $\frac{1}{1+\beta^2 x^2}$ 及 $\frac{1}{(1+\gamma^2 x^2)^2}$ 三种钟罩函数,试验中测得的谱线多为 K_α 谱线,需要从中分离出 $K_{\alpha 1}$,实际计算中一般直接求出 $K_{\alpha 1}$ 线的宽度 B_0。

积分宽度法(又称为近似函数法)的主要步骤如下。

(1) 从实测谱线宽度求 $K_{\alpha 1}$ 线的宽度 B_0,需测定一个试样的两条谱线。

(2) 选择适当的 $g(x)$ 及 $f(x)$ 线形近似函数,从相应的 $B=f(\beta,b)$ 求得 β。

（3）选择适当的 $M(x)$ 及 $N(x)$ 线形近似函数，从相应的 $\beta=f(m,n)$ 求出 m 和 n（因有两条谱线数据，故可求出）。

（4）从 m,n 数据分别计算亚晶粒大小及点阵畸变（或微观应力）。

6.2 线形分析方法

6.2.1 k_α 双线的分离

前面已经介绍过，X衍射谱线的实测线形与真实线形有区别。所谓真实线形是能反映试样内部情况的线形。真实线形是由实测线形经过一系列因素校正后获得的线形。当衍射线的宽度很小，k_α 双线又能完全分离的情况下，也可以用实测线形代替真实线形。多数情况下，必须经过校正获得真实线形，才能获得试样的真实情况。通常仅需要作一种或两种校正，即可获得真实线形。

其一便是 k_α 双线的分离。k_α 双线分离是真实线形不可缺少的重要步骤，k_α 双线分离的基础是 $k_{\alpha1}$ 与 $k_{\alpha2}$ 分布一样，且 $k_{\alpha1}$ 的强度是 $k_{\alpha2}$ 强度的两倍。

$$I_2(2\theta)=\frac{1}{2}I_1(2\theta-\Delta2\theta) \tag{6-10}$$

$$I(2\theta)=I_1(2\theta)+I_2(2\theta)=I_1(2\theta)+\frac{1}{2}I_1(2\theta-\Delta2\theta) \tag{6-11}$$

$\Delta2\theta$ 可以由 $k_{\alpha1}$ 与 $k_{\alpha2}$ 波长差和布拉格定律计算。

$$k_{\alpha1}\quad 2d\sin\theta=\lambda \tag{6-12}$$

$$k_{\alpha2}\quad 2d\sin(\theta+\Delta\theta)=\lambda+\Delta\lambda \tag{6-13}$$

所以

$$\frac{\sin(\theta+\Delta\theta)}{\sin\theta}=\frac{\lambda+\Delta\lambda}{\lambda}$$

$$\frac{\sin\theta\cos\Delta\theta+\cos\theta\sin\Delta\theta}{\sin\theta}=\frac{\lambda+\Delta\lambda}{\lambda}$$

$$\Delta\theta=\frac{\Delta\lambda}{\lambda}\tan\theta\rightarrow\Delta2\theta=\frac{2\Delta\lambda}{\lambda}\tan\theta \tag{6-14}$$

对于 k_α 双线的分离，主要采用图形分离法、Rachinger 法和傅里叶级数分离法。图形分离法可以通过已知晶体结构/点参数来求，在 $2\theta_1$ 和 $2\theta_2$ 不能确定的情况下，采用式（6-14）的方法确定 $\Delta2\theta$。

Rachinger 法的依据为式（6-11），将整个衍射线 n 等分，其中 $\Delta2\theta$ 相当于为 m 等分，则 $I^i=I_1^i+I_2^i=I_1^i+\frac{1}{2}I_1^{i-m}$，$I_1^i=I^i-\frac{1}{2}I_1^{i-m}$。

如果：$n=20,m=4$，则 $I_1^1=I^1$；$I_1^2=I^2$；$I_1^3=I^3$；$I_1^4=I^4$；$I_1^5=I^5-\frac{1}{2}I_1^1$；$I_1^6=I^6-\frac{1}{2}I_1^2$；…；$I_1^{20}=I^{20}-\frac{1}{2}I_1^{16}$，列表或作图即可获得各自的线形。

傅里叶级数分离法是利用任何满足 Dirichlet 条件的函数都可以描述为三角函数：

$$I(2\theta) = \frac{A_0}{2} + \sum_{n=1}^{\infty} \left[A_n \cos\left(\frac{2\pi n}{2N} 2\theta\right) + B_n \sin\left(\frac{2\pi n}{2N} 2\theta\right) \right]$$

$$I_1(2\theta) = \frac{a_0}{2} + \sum_{n=1}^{\infty} \left[a_n \cos\left(\frac{2\pi n}{2N} 2\theta\right) + b_n \sin\left(\frac{2\pi n}{2N} 2\theta\right) \right] \qquad (6-15)$$

利用计算机可方便地计算出 k_α 双线各自的线形。

其二是吸收、温度和角因素的校正。吸收因素的校正满足：$A(\theta) = \frac{1}{\mu}\left(\frac{\sin\beta}{\sin\alpha + \sin\beta}\right) = (1 - \tan\varphi \cot\theta)$，其中 φ 为试样表面与衍射角的夹角。当 $\alpha = \beta = \theta$ 时，$A(\theta) = \frac{1}{2\mu}$，此时与 θ 无关，无需校正。而角因素的校正则是由于洛伦兹-偏振因素的影响。

6.2.2 线形近似函数的选择

线形分布函数所用近似函数需作适当选择，列举几种常用的选择方法。

(1) B_0'/B_0 比值判定法　令 B_0' 代表线形的半高宽度，计算实测线形的 B_0' 与积分宽度 B_0 的比值，将比值与三种近似函数的 B_0'/B_0 相比。以函数 $e^{-a^2 x^2}$ 为例，其积分宽度

$$B_0 = \int_{-\infty}^{\infty} e^{-a^2 x^2} dx = \frac{\sqrt{\pi}}{a} \qquad (6-16)$$

求 B_0' 值，解 $e^{-a^2 x^2} = \frac{1}{2}$；$x = \sqrt{\ln 2}/a$；$B_0 = 2x = 2\sqrt{\ln 2}/a$；$B_0'/B_0 = 2\sqrt{\ln 2}/\sqrt{\pi} \approx 0.939$。

同样可以算出分布函数 $1/(1+\beta^2 x^2)$、$1/(1+\gamma^2 x^2)$ 各自的 B_0'/B_0 值。表 6-1 列出了三种分布函数的 B_0'/B_0 值。将实测线形 B_0'/B_0 值与表中三个 B_0'/B_0 值比较，与哪一个函数的值最接近，即选用此种近似函数。有时实测的 B_0'/B_0 处于两个 B_0'/B_0 之间，则就难以判定了。

表 6-1　三种分布函数的 B_0'/B_0 值

函数种类	$e^{-a^2 x^2}$	$1/(1+\beta^2 x^2)$	$1/(1+\gamma^2 x^2)$
B_0 表达式	$\sqrt{\pi}/a$	π/β	$\pi/2\gamma$
B_0'/B_0 表达式	$2\sqrt{\ln 2}/\sqrt{\pi}$	$2/\pi$	$4\sqrt{\sqrt{2}-1}/\pi$
B_0'/B_0 值	0.939	0.636	0.819

(2) 实测线形与计算线形作比较　从表 6-1 中可知三种分布函数的 x^2 系数分别等于 $-\pi/B_0^2$、π^2/B_0^2 及 $\pi^2/4B_0^2$。将这些系数分别代入相应的函数，则有

$$\begin{cases} I_1(x) = I_0 e^{-\frac{\pi}{B_0^2} x^2} \\[2mm] I_2(x) = \dfrac{I_0}{1 + \dfrac{\pi^2}{B_0^2} x^2} \\[4mm] I_3(x) = \dfrac{I_0}{\left(1 + \dfrac{\pi^2}{4B_0^2} x^2\right)^2} \end{cases} \qquad (6-17)$$

按式(6-17)以 x 为变量,代入已经求得的 B_0 值分别计算并绘出 $I_1(x)$、$I_2(x)$ 及 $I_3(x)$ 曲线,与实测线形相拟合,与实测线形最为接近的线形所代表的近似函数即可以选用。

另一种比较方法是将各函数的计算曲线与实测线形曲线相比较,用面积仪量出两条曲线之间所夹的小块面积 ΔS,求出 $\Delta S/S$,S 为线形曲线与背底之间的总面积。具有最小的 $\Delta S/S$ 值的相应的近似函数即可选用。

(3) 均方差值比较法　按照近似函数线形上各点的 $I_i(x_i)$ 值,求出此值与实测曲线上相应点 $I(x_i)$ 的差值,进行平方并算出平均值,即

$$S_j^2 = \frac{1}{n}\sum_{i=1}^{n}\left[I(x_i) - I_0 f_d(x^i)\right]^2 \tag{6-18}$$

式中,$j=1、2、3$,为三种近似函数的顺序号。三个 S_j^2 中数值最小的,其相应的函数即为所选定的近似函数类型。

6.3　Rietveld 方法

Rietveld 方法是一种完全在正空间中利用粉晶衍射数据和图形拟合来测定和修正晶体结构的方法。由于粉晶衍射数据的局限性,利用 X 射线粉晶衍射测定完全未知的结构仍有困难,但对于不太复杂的结构,通过改进试验方法,提高 X 射线粉晶衍射数据的质量,仍然可以获得其结构。粉晶衍射结构测定方法有:同构模型法、傅里叶差值法、尝试法、计算机模拟的蒙特-卡洛法、体系能量最小法、最大熵法、从头计算法等。粉晶衍射晶体结构测定通常遵循如下步骤:新相衍射线的测定,衍射图谱的指标化,晶胞参数的精确测定,单胞的原子数、理想分子式和空间群的确定,等效点系组合和原子参数的测定,Rietveld 峰型拟合修正晶体结构和可信度因子的计算,结构键长和键角的计算,对于离子晶体用键价理论评估结构的合理性,绘制晶体结构图和重要的原子配位多面体,以及讨论新相结构的物性和其他晶体结构的关系等。

对于 Rietveld 方法的应用更多的是利用粉晶衍射图形拟合来精修晶体结构,它利用计算机程序对衍射仪器扫描的数据逐点比较计算强度和观测强度数据,并用最小二乘法精修结构参数和峰形参数,以使计算峰形和观测峰形趋于一致,即图形的加权剩余方差因子 R_{wp} 为最小。这对于难以获得单晶样品的结构精修具有重要的意义。Rietveld 方法最早是用中子衍射图谱来进行结构精修,20 世纪 70 年代后期开始应用于 X 射线衍射的结构精修,但由于 X 射线的峰形函数的复杂性,至今也未能找到一种理想的峰形函数表达式。尽管如此,Rietveld 全谱拟合法结构精修仍然是目前在无法得到单晶的情况下结构精修的最好方法,对于结构中的原子占位、原子参数的确定都是一种重要的手段。

利用粉晶 X 射线衍射方法来精修结构,首先要选定单相的初始结构模型和线形函数,根据初始结构模型计算粉晶衍射谱,再用全谱拟合方法,在对结构模型(结构参数)进行调整的情况下,用最小二乘法使计算图谱拟合实测谱,以精确确定单相物质的晶体结构参数。Rietveld 全谱拟合法精修的参数有两类:一类是通常的结构参数,包括晶胞参数、原子坐标、各向异性和各向同性温度因子、占位度等;另一类是峰形参数,包括峰形半高宽、仪器零点、背景参数、峰形的不对称参数和择优取向等参数。

6.3.1　Rietveld 方法的实验数据

利用 Rietveld 全谱拟合法精修结构,首先必须在衍射实验中获得高质量的衍射数据才能保证结果精修的可靠性。影响实验的主要因素有仪器的分辨率和衍射数据的测量精度。

在衍射实验中,影响衍射仪实验的六个几何因素有:光源宽度、接受狭缝宽度、光束的轴向发散、样品的形状(平板状样品)、样品的透明性以及校正不良等。前两项主要引起峰形变宽,其他各项均引起峰形的畸变和位移,造成 θ 测定的误差;K_α 双重线的重叠程度影响峰形宽度,也会引起峰的位移。

影响衍射数据准确度的因素有峰位和强度。

峰位:每台测角仪,由于制造方面的原因,其角度刻度总是不可避免地带有误差,即刻度盘与游标显示的读数和真正转过的角度不会绝对相同,一般测角仪的角度准确度只保证 ±0.01°。测角仪测角的机械准确度可以用光学方法(标准多面棱柱体或经纬仪)进行校准,校准值可精确至 ±1″,测角仪转角位置的重现性能保证 0.002 5°。由于光束发散度、波长色散、样品吸收等对峰位也有影响,试验中通过零点校正、标样校正来消除。

强度:X 射线衍射强度测量值的误差来源主要有以下几种。

(1) 样品中晶粒取向的机遇性造成的误差,具有统计性。

(2) 样品中晶粒可能存在一定程度的择优取向,影响相对强度的测量。

(3) 强度测量系统的计数损失(漏计)造成的系统误差。

(4) 量子计数的自然起伏造成的计数统计误差。

除此之外,还与制样方法有关,背压、侧装、撒制、圆柱样品,都会对强度产生影响。样品习性造成的择优取向对强度也有重要的影响。消除强度误差可以用以下方法。

(1) 样品平面安放的基准面相对测角仪轴的偏离,引入修正值加以修正。

(2) 样品平面的平面度不够(微有弯曲或变形)或样品平面制作不良,因此,每一样品平面的平面度都要经常细心检查。

(3) 由于计数器转动与试样转动比(2:1)跟随起点位置($\theta = 0.01°$)不准确造成的 2θ 误差,对于零位校正精确的测角仪,此偏差不会引起线的位移,但会引起线的宽化和峰高的显著下降(对积分强度的影响无固定规律,有增无减)。

除了峰位的精度和强度影响 Rietveld 全谱拟合法精修结构外,仪器分辨率也是重要的影响因素。高分辨率的仪器可以获得更多的衍射信息,特别在高角度区,由于大量衍射峰的重叠,如果仪器分辨率不高会导致数据不可靠。

6.3.2　粉晶 X 射线衍射峰形函数

在 Rietveld 全谱拟合法结构精修中,对衍射峰的拟合是核心,粉晶 X 射线衍射图的线形与样品自身的特性以及实验条件和仪器的几何特征都有密切的关系,由此形成的衍射谱具有特定的复杂的衍射峰形。尽管目前尚未找到一种满意的峰形函数,但可供选择的函数有表 6-2 所列的几种。正确选择峰形函数是 Rietveld 法精修结构获得满意结果的关键。

表 6 - 2　**Rietveld 全谱拟合法常用峰形函数**

	表现形式	名称	可调参数
1	$\dfrac{C_0^{1/2}}{w_i \pi^{1/2}} \exp \dfrac{-c_0 (2\theta_i - 2\theta_j)^2}{w_i^2}$ $c_0 = 4\ln 2$ $w^2 = U\tan^2\theta + V\tan\theta + W$ W 为衍射的半高宽	Gaussian (G)	U, V, W
2	$\dfrac{C_i^{1/2}}{\pi w_i} \left[1 + \dfrac{c_i (2\theta_i - 2\theta_j)^2}{w_i^2} \right]^{-1}$	Lorentzian (L)	U, V, W
3	$\dfrac{2C_i^{1/2}}{\pi w_i} \left[1 + \dfrac{c_2 (2\theta_i - 2\theta_j)^2}{w_i^2} \right]^{-2}$ $c_2 = 4(2^{1/2} - 1)$	Mod 1 Lorentzian	U, V, W
4	$\dfrac{C_3^{1/2}}{\pi w_i} \left[1 + \dfrac{c_3 (2\theta_i - 2\theta_j)^2}{w_i^2} \right]^{-\frac{3}{2}}$ $c_3 = 4(2^{2/3} - 1)$	Mod 2 Lorentzian	U, V, W
5	$\eta L + (1 - \eta) G$ $\eta = NA + NB(2\theta)$	Pseudo—Voigt (pv)	U, V, W, NA, NB
6	$\dfrac{c_4}{w_i} \left[1 + 4(2^{1/m} - 1) \dfrac{(2\theta_i - 2\theta_j)^2}{w_i^2} \right]^{-m}$ $m = NA + NB/2\theta + Nc/(2\theta)^2$ $c_4 = \dfrac{2\sqrt{m}(2^{1/m} - 1)^{1/2}}{(m - 0.5)^{1/2} \pi^{1/2}}$	Person Ⅶ	U, V, W, NA, NB, NC

6.3.3　Rietveld 结构精修方法与精炼结果评价

1. Rietveld 结构精修步骤

① 结构模型的构建。通过检索有关晶体结构数据库获得结构模型参数,或通过已知结构的变形得到结构模型。初始结构模型的准确与否直接关系到 Rietveld 结构精修的成败,因此初始模型应基本正确,必要时还要根据晶体化学数据、同晶结构分析、高分辨透射电子显微镜(HRTEM)观察等辅助手段确定结构模型。

② 根据选定的峰形函数、晶胞参数、空间群等计算粉晶图谱。

③ 调整初始模型参数及对线形参数进行精修,使精修 R 因子符合要求。

④ 计算键长、键角等结构数据。所有参数必须符合现有的晶体化学理论,若不合理则返回调整参数再修正。

2. 精修策略

① 先分步精修,后整体精修。

② 引入约束:键长、键角的变化范围;从其他方法得到的结构信息。

③ 采用择优取向校正、峰形不对称修正等手段调整线形拟合参数。

④ 多组数据同时精修,不同实验条件下的数据组、不同实验方法(X 射线衍射、中子衍射等)的数据组互补,可增加结构信息量。

当以上述方法对待求解参数进行叠加时,可以通过偏离因子 R 的数值来判断修正是否正常进行或接近于完成,可以停止。常用的 R 因子有下列几种。

$$R_\text{F} = \frac{\sum \left| \left| F_0(hkl) \right| - \left| F_\text{c}(hkl) \right| \right|}{\sum \left| F_0(hkl) \right|} \tag{6-19}$$

式中,F_c 为计算结构因子;F_0 为观察结构因子。

$$R_\text{B} = \frac{\sum \left| \left| I_0(hkl) \right| - \left| I_\text{c}(hkl) \right| \right|}{\sum \left| I_0(hkl) \right|}$$

$$R_\text{p} = \frac{\sum \left| Y_{i,\text{o}} - Y_{i,\text{c}} \right|}{\sum \left| Y_{i,\text{o}} \right|}$$

$$R_\text{wp} = \left\{ \frac{\sum w_i \left[Y_{i,\text{o}} - Y_{i,\text{c}} \right]^2}{\sum w_i \left[Y_{i,\text{o}} \right]^2} \right\}^{\frac{1}{2}} \tag{6-20}$$

以上四种偏离因子中,R_F,R_B 是从单晶结构分析的方法中移植过来的,事实上,在多晶 XRD 谱图拟合修正结构参数时,不可能从实验中直接得到 $\left| F_0(hkl) \right|$ 和 $\left| I_0(hkl) \right|$。因此 R_p 和 R_wp 的数值越小,说明衍射强度的观察值和计算值相符越好。

修正工作结束之前,还应该计算拟合度 GOF(Goodness of Fit)。

$$\text{GOF} = \frac{\sum w_i \left[Y_{i,\text{o}} - Y_{i,\text{c}} \right]^2}{N - P} \tag{6-21}$$

式中,N 为全图逐点求强度时所取的点数;P 为待修正参数的数目。当 N 的数值足够大且与 P 的差值越大时,最小二乘法可靠性越大。计算值与观察值越接近,$w_i \left[Y_{i,\text{o}} - Y_{i,\text{c}} \right]^2$ 越小,修正结果越好。因此,一般 GOF 的数值接近于 1 较好。

7　多晶体物相分析

7.1　物相定性分析

7.1.1　概述

一种结晶物质称为一个相,广而言之,一种均匀的非晶态物质,如水、空气等也是一个相。

X射线物相分析就是鉴定材料中的结晶相。X射线物相分析有定性分析和定量分析两种,这里首先介绍定性分析。

X射线物相分析是以X射线衍射效应为基础的。任何一种晶体物质,都具有特定的结构参数(包括晶体结构类型、晶胞参数、晶胞中原子、离子或分子数目的多少以及它们所在的位置等),它在给定波长的X射线辐射下,呈现出该物质特有的多晶体衍射花样(衍射线条的位置和强度)。因此,多晶体衍射花样就成为晶体物质的特有标志。多相物质的衍射花样是各相衍射花样的机械叠加,彼此独立无关;各相的衍射花样表明了该相中各元素的化学结合状态。根据多晶体衍射花样与晶体物质这种独有的对应关系,便可将待测物质的衍射数据与各种已知物质的衍射数据进行对比,借以对物相作定性分析。

应该强调指出,在利用X射线作物相分析时,必须同时考察两个判据,即多晶体衍射线条的位置和强度。因为在自然界中,确实存在着晶体结构类型和晶胞大小相同的物质,它们的衍射线条位置是相同的,但由于原子性质不同,其衍射强度却不相同。在这种情况下,如果把衍射线条的位置作为物相分析的唯一依据,就会得出错误的结论。

7.1.2　X射线物相定性分析的原理与方法

X射线物相定性分析的原理如图7-1所示。

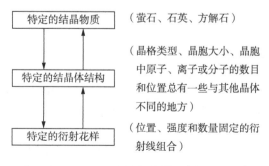

图7-1　X射线物相定性分析原理

X射线物相定性分析的方法一般不是直接利用衍射的绝对强度(I)和衍射角(2θ)来进行

的。这是因为衍射角不仅与面网间距 d 有关，而且与 X 射线的波长也有关。为了消除波长的影响，必须利用布拉格公式计算出衍射面的面网间距 d。同时衍射线的绝对强度与实验条件有关，为了消除实验条件的影响，必须将衍射线的绝对强度转化为相对强度。

X 射线物相定性分析的一般方法是：用待测物质的衍射数据——衍射线的相对强度 (I/I_1) 和衍射面的面网间距 (d)，与已知物质的标准衍射数据进行对比。如果被测物质的衍射数据与某已知物相的标准衍射数据相同，则被测物质就是该已知物相。

7.1.3　物相定性分析的工具

标准衍射数据、PDF 卡及卡片索引为物相定性分析的工具。标准衍射数据就是对已知结晶物质进行 X 射线衍射分析所测定的衍射线的相对强度值 (I/I_1) 和衍射面的面网间距 (d)。用这些数据制成的卡片称为粉末衍射卡 (PDF 卡)。

早在 1938 年，哈纳瓦特 (J. D. Hanawalt) 等就开始收集和测定各种已知结晶物质的衍射数据，并将其进行科学的整理与分类。1942 年，美国材料试验协会 (The American Society for Testing Materials, ASTM) 整理出版了 1 300 张卡片，称为 ASTM 卡片。1969 年，美国、加拿大、英国、法国等国的有关组织成立了名为"粉末衍射标准联合委员会" (The Joint Committee on Powder Diffraction Standards, JCPDS) 的国际机构，专门负责卡片的收集、校订、整理和出版工作。这些卡片又称 JCPDS 卡。目前这类卡片已有几万张，并且每年以约 2 000 张的速度增加。卡片分为有机物和无机物两大类，每类又分若干组，称为"粉末衍射卡组" (The Powder Diffraction File)。这些卡片现在称为 PDF 卡。

图 7-2 是 PDF 卡的式样图。卡片上方标有该物相的化学分子式、英文名称和矿物名称。右上角标有符号："★"标识卡片的数据高度可靠，"○"标识可靠程度低，"i"标识已经指标化，数据相当可靠，"C"标识数据来自计算，无标号者标识可靠性一般。卡片的右半部是该物相各衍射线所对应的相对强度、面网间距和衍射指数，这是衍射分析的主要依据。卡片左半边的表

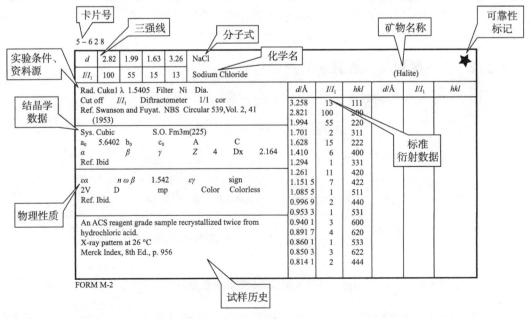

图 7-2　PDF 卡式样

头是卡片的编号,左半边的上部是三条最强线的面网间距值和相对强度值,第四列数据是最大面网间距及其相对强度值。左半边的下部依次是测试衍射数据时的实验条件与资料来源,物相的晶体学数据,物理性能数据和试样历史情况等。

要从几万张卡片中找到与实验数据相符的卡片是很困难的。为了便于检索,晶体工作者编制了几种卡片索引。卡片索引与卡片一样分有机物和无机物两类,每一类又分字母索引和数字索引。

字母索引(Alphabetical Index)是按物相的英文化学名称的字母顺序排列的。名字后面列出该物相的化学分子式,三根最强线的面网间距和相对强度以及该物相的 PDF 卡片号码(File No.)和微缩胶片号(Fiche No.),其中相对强度值在面网间距值的右下角,以 X 表示100,9 表示 90,8 表示 80…依次类推。字母索引的形式如表 7-1 所示。

表 7-1　字母索引的形式

名称	化学式	面网间距和相对强度	File No.	Fiche No.
Carbide Tungsten	W_2C	$2.27 \times 1.49_6 \ 2.60_5$	2-1134	I-9-E5
Carbide Tungsten	WC	$1.8 \times 2.51_6 \ 2.83_5$	5-728	I-19-D12
Carbide Tantalum	TaC	$2.57 \times 2.23_6 \ 1.58_5$	19-1292	I-114-E5

若对所分析的样品有所了解,比如知道样品的化学成分、处理工艺等,就有可能估计出样品中可能存在哪些物相。这种情况下,利用字母索引查找卡片,可缩短分析时间,能比较准确、迅速地完成分析工作。

若对分析样品的物相和化学成分一无所知,则可利用数字索引查找卡片。数字索引有哈那瓦特索引(Hanawalt Index)和芬克索引(Fink Index)。

哈那瓦特索引按最强线对应的面网间距 d_1 值分为若干组,按最强线的 d_1 值范围从大到小依次排列(表 7-2),d_1 值的数值范围写在每一组的开头和每一页的顶部。在每一组内,按次强线对应的面网间距 d_2 值从大到小排列,而不是按最强线的面网间距 d_1 值排列。每一种物相占一行,依强弱顺序列出八根最强线的面网间距、相对强度、化学分子式、卡片号和微缩胶片号。相对强度值的表示方法与字母索引法相同。

表 7-2　哈那瓦特索引的形式

面网间距及相对强度	物相	File No.	Fiche No.
$2.34_x \ 2.02_5 \ 1.22_2 \ 1.43_2 \ 0.93_1 \ 0.9_5 \ 0.83_1 \ 1.17_1$	A1	4-787	I-16-E2

对于哈那瓦特索引的使用,衍射线较少,强度数据可靠,可用此索引进行检索。

芬克索引也是按 d 值的大小分组和排序的,也是每行列出一种物相的八根最强线的 d 值、卡片号和微缩胶片号。但它不是只按最强线的 d 值来分组和排序,而是按四根强线的 d 值来分组和排序。这四根强线的 d 值均会排在首位一次,每一物相可在索引中出现 4 次。在同一行中,它不是按衍射线的强度大小排列,而是按 d 值递减的顺序排列。

芬克索引把 d 值作为主要分析依据,而把强度作为次要依据。利用芬克索引可以避免由于强度数据不准确导致选错最强线而找不到卡片的问题。当试样含有多种物相时,由于各种物相的衍射线的相互重叠干扰,强度数据往往不太可靠。另外,试样的吸收以及晶粒的择优取

向,也会使相对强度发生很大的变化。这时采用哈那瓦特索引查找卡片就相当困难,而用芬克索引则比较有效。

7.1.4 X射线物相定性分析的步骤

获得高质量的粉末衍射图是物相定性分析成功的首要条件。用衍射仪法、德拜法、聚焦法等都可以获得粉末衍射图。目前一般采用衍射仪法。X射线源的选择,应尽量避免荧光X射线的产生,并使吸收对强度的影响尽可能小,一般使用Cu、Fe、Co、Ni等元素的K_α辐射。试样的粒度要适当,一般以$10\sim40~\mu m$较为合适,还要尽量避免试样中晶粒的择优取向。

测定衍射线的相对强度和面网间距(I/I_1和d值)。用衍射仪法时,可用衍射线的峰高比(最强线的峰高比为100)代表相对强度。衍射角2θ可根据衍射线的峰顶位置来确定,然后查表或按布拉格方程$2d\sin\theta=\lambda$求出d值。

查索引、对卡片。当已知试样的化学组成和加工工艺,有可能推测其中的物相组成时,查字母索引。若对试样的化学组成一无所知,查数字索引。衍射图中的线条不多,相对强度值又比较准确时,可查哈那瓦特索引。用哈那瓦特索引检索时要特别注意三强线的正确选择。当衍射线条多,衍射强度数据又不十分可靠时,可查芬克索引。

查数字索引时,要注意d值是有误差的。实测值与卡片上的数值有一定的偏离是允许的,一般是d值越大,允许偏差越大。由于存在误差,要找的卡片就有可能不在查询的那个组中。比如,实测的$d_1=3.34$,按理应查$3.34\sim3.30$那一组,但由于d值存在误差(假如误差为0.01 Å),实际上它可能是3.35 Å,应该在上一组,即在$3.39\sim3.35$那一组。如果不考虑误差,在$3.34\sim3.30$那个组查,就有可能找不到要找的卡片。

如果索引中某一物相的数据与实测数据基本相符,即可根据索引中列出的卡片号找到卡片,将实测数据与卡片上的标准衍射数据逐一比较,如果完全相符或偏差在允许范围内,就可确定被测试样中含有该物相。

对于多相混合物的鉴定,要注意两个问题。一是多相混合物的衍射花样中的三根最强线(图7-3)可能不属于同一物相。物相分析要用尝试法多选几种d值组合去查索引。如果索引中的数据与实测数据中的部分数据基本符合,即可根据索引上提供的卡片号找到卡片进行核对。当确定了一种物相后,要将剩余的衍射线重新进行强度归一化处理,即以剩下的最强线

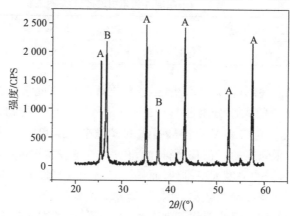

图7-3 多相混合物的衍射花样中的三根最强线

的相对强度(100),求出其他衍射线的相对强度,再去查索引、对卡片、确定第二相、第三相
……,直到所有物相查出为止。二是不同物相的衍射线可能重叠,其强度为两者之和。若将这
种叠加在一起的衍射线作为某一物相的最强线,就很可能查不到卡片或者查错卡片。

多相混合物鉴定相当困难和繁琐。近二十年来,越来越多的实验室采用计算机检索,将 X
射线衍射仪与计算机联用,使实验过程和检索过程全部实现自动化,缩短了分析时间,也减少
了测量误差。但是,计算机检索也不可能完全避免错误,计算机也不是总能给出一个确切的鉴
定结果。分析者需要从计算机提供的众多可能的卡片中选出最有可能的几种。这要根据试样
成分和加工工艺等因素确定。

7.1.5 定性物相分析应注意的几个问题

(1) d 值比强度数据重要。因为吸收、测量误差、实验误差、试样中晶粒的择优取向、不同
物相衍射线的重叠等都会影响强度数据的准确性,使强度数据产生较大的偏差,d 值的误差一
般不会太大。所以将实验数据与卡片上的数据对比时,d 值数据必须相当吻合,一般要到小数
点后第二位才允许有偏差。

(2) 低角度区衍射数据比高角度区的数据重要。这是因为低角度区的衍射线对应于 d 值
较大的面网,不同晶体的 d 值差别较大,衍射线相互重叠的机会较少,不易相互干扰。高角度
区的衍射线对应于 d 值较小的面网,不同晶体的 d 值相近的机会较多,衍射线容易重叠,容易
相互混淆。特别是当试样中晶体的完整性较差、晶格扭曲、有内应力或晶粒太小时(如小于
100 nm 时),往往使高角度区的衍射线宽化、漫散,甚至无法测量。

(3) 了解试样的来源、化学成分和物理特性有助于做出正确的结论。

(4) 多项试样中的所有物相并非总能被测出来。

(5) 应尽量将 X 射线物相分析法与其他分析方法结合起来,互相验证。

7.1.6 实例实验

根据样品的 X 射线衍射图(图 7-4)确定其中的物相。

(1) 根据衍射图上各衍射线的衍射角(2θ)计算 d 值(实验用的 X 射线的波长为 1.540 56

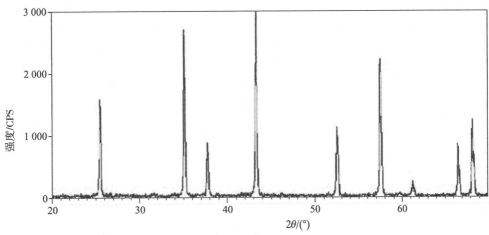

图 7-4 实例图

Å);

(2) 根据衍射图上各衍射线的衍射绝对强度(I)计算相对强度(I/I_1);

(3) 将实验数据及结果以表格形式列出;

(4) 查找与实验数据最接近的 PDF 卡;

(5) 将实验数据与 PDF 卡上的标准衍射数据逐一对比。如果两者的相差非常小,则可确认待测的样品与 PDF 卡的物相相同。

表 7-3 即为该实例图的结果。

表 7-3　实例图结果

实验数据		卡片号		
		标准衍射数据		
2θ	$d/\text{Å}$	I/I_1	$d/\text{Å}$	I/I_1
25.56	3.482 241 5		3.480 0	70
35.08	2.555 981 2	92	2.551 0	97
37.7	2.384 153		2.379 0	
43.32	2.086 979 6	100	2.085 0	100
52.48	1.742 239 3		1.739 8	42
57.42	1.603 533 6	80	1.601 4	82
61.24	1.512 343 9		1.510 9	7
66.46	1.405 653 7		1.404 5	30
68.16	1.374 676 8		1.373 8	45

7.2　物相定量分析

多相物质经定性分析后,若要进一步知道各个组成物相的相对含量,就得进行 X 射线物相定量分析。根据 X 射线衍射强度公式,某一物相的相对含量的增加,其衍射线的强度亦随之增加,所以通过衍射线强度的数值可以确定对应物相的相对含量。由于各个物相对 X 射线的吸收影响不同,X 射线衍射强度与该物相的相对含量之间不成正比关系,必须加以修正。德拜法中由于吸收因子与 2θ 角有关,而衍射仪法的吸收因子与 2θ 角无关,所以 X 射线物相定量分析常常使用衍射仪法进行。

7.2.1　历史

1936 年,矿粉中石英含量的 X 射线定量分析。

1945 年,弗里德曼发明衍射仪后,1948 年由亚历山大完成内标法,科恩等完成直接比较法。

1974 年,F. H. Chung 完成了 K 值法、基本清洗法、绝热法和无标样法。

7.2.2　基本原理

衍射强度理论指出,各相衍射线条的强度随着该相在混合物中相对含量的增加而增强。当用衍射仪测定衍射强度时,单相粉末试样的衍射强度遵循式(7-1)和式(7-2)。

$$I = \frac{I_{环}}{2\pi R \sin 2\theta} = \frac{1}{32\pi R} I_0 \ \frac{e^4}{m^2 c^4 V_0^2} F_{hkl}^2 p V \ \frac{1 + \cos^2 2\theta}{\sin^2 \theta \cos \theta} e^{-2D} A(\theta) \tag{7-1}$$

$$A(\theta) = \frac{1}{2\mu} \tag{7-2}$$

需要测定 $\alpha + \beta$ 两相中 α 相的含量时,只要将上述衍射强度公式的右侧乘以 α 相的体积分数 C_α,即可得到 α 相的强度表达式,将与 α 相含量无关的因子用一个常数 K_1 来表示。

$$I_\alpha = K_1 \frac{C_\alpha}{\mu} \tag{7-3}$$

式中,K_1 为未知常数。

为使用方便起见,常用 α 相的质量分数 W_α 来表达 C_α 和 μ。若单位体积混合物的质量为 ρ(即混合物的密度),则在混合物单位体积中 α 相的质量为 $W_\alpha \rho$。于是,α 相的体积分数

$$C_\alpha = \frac{W_\alpha \rho}{\rho_\alpha} \tag{7-4}$$

式中,ρ_α 为 α 相的密度。混合物的质量吸收系数 $\dfrac{\mu}{\rho}$ 是组成相的质量吸收系数的加权平均值,即

$$\frac{\mu}{\rho} = W_\alpha \left(\frac{\mu}{\rho} \right)_\alpha + W_\beta \left(\frac{\mu}{\rho} \right)_\beta \tag{7-5}$$

将式(7-3)和式(7-4)代入式(7-5),得

$$I_\alpha = K_1 W_\alpha \Big/ \left\{ \rho_\alpha \left[W_\alpha \left(\frac{\mu_\alpha}{\rho_\alpha} - \frac{\mu_\beta}{\rho_\beta} \right) + \frac{\mu_\beta}{\rho_\beta} \right] \right\} \tag{7-6}$$

由式(7-6)可知,待测相的衍射强度随着该相在混合物中的相对含量的增加而增强;但是,衍射强度还与混合物的总吸收系数有关,而总吸收系数又随着浓度发生变化。因此,一般来说,强度和相对含量之间的关系并非直线关系。只有当待测试样是由同素异形体组成的特殊情况下 $\left(\text{此时} \dfrac{\mu_\alpha}{\rho_\alpha} = \dfrac{\mu_\beta}{\rho_\beta} \right)$,待测相的衍射强度才与该相的相对含量成直线关系。

在物相定量分析中,即使是对于最简单情况(即待测试样为两相混合物),要直接从衍射强度计算出 W_α 也是很困难的,因为在方程式中还含有未知常数 K_1。所以,在物相定量分析的各种方法中,常常是首先建立起待测相某根衍射线条强度和标准物质参考线条强度的比值与待测相含量之间的关系,然后在它的帮助下进行待测相的定量分析。按照标准物质的不同,物相定量分析的具体方法有内标法(单线条法)、外标法(掺和法)和直接比较法。

7.2.3　X 射线物相的定量分析方法

1. 内标法(单线条法)

把多相混合物中待测相的某根衍射线强度与该相纯物质试样的同指数衍射线条强度相比

较而获得待测物相含量的方法。倘若待测试样为 $\alpha+\beta$ 两相混合物由

$$I_\alpha = K_1 \frac{C_\alpha}{\mu}, \text{得} \ (I_\alpha)_0 = K_1 \frac{1}{\mu_\alpha} \tag{7-7}$$

两式相除得

$$\frac{I_\alpha}{(I_\alpha)_0} = \frac{C_\alpha \mu_\alpha}{\mu} \tag{7-8}$$

消除未知常数 K_1，便得到内标法物相定量分析的基本关系式

$$\frac{I_\alpha}{(I_\alpha)_0} = \frac{C_\alpha \mu_\alpha}{\mu} = \frac{W_\alpha \dfrac{\mu_\alpha}{\rho_\alpha}}{W_\alpha \left(\dfrac{\mu_\alpha}{\rho_\alpha} - \dfrac{\mu_\beta}{\rho_\beta} \right) + \dfrac{\mu_\beta}{\rho_\beta}} \tag{7-9}$$

利用这个关系式，在测出 I_α 和 $(I_\alpha)_0$ 以及知道各种相的质量吸收系数后，就可计算出 α 相的相对含量 W_α。若不知道各种相的质量吸收系数，可以先把纯 α 相样品的某根衍射线条强度 $(I_\alpha)_0$ 测量出来，然后在实验条件完全相同的情况下，分别测出已知各种 α 相的含量下同一根衍射线条的强度 I_α，以描绘如图 7-5 所示的定度曲线。

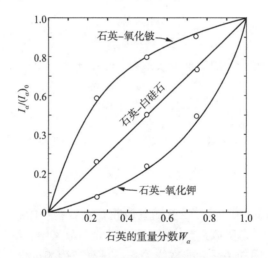

图 7-5　几种两相混合物的定度曲线

(实线为理论计算获得，圆圈为实验测量值，适应的衍射强度采用 $d=3.34$ Å 的衍射线)

2. 外标法

若混合物中含有 n 相(n 大于 2)，各相的 μ_m 不相等，此时可往试样中加入标准物质，把试样中待测相的某根衍射线条强度与标准物质的某根衍射线强度相比较，从而求得待测相含量，仅适用于粉末试样。设加入的标准物质用 S 表示，其质量分数为 W_S。被分析的相在原试样中的质量分数为 W_1，加入标准物质后为 W_1'。在复合试样中 A 相的某根衍射线条的强度应为

$$I_A = K_A \left(\frac{W_1' \rho}{\rho_1} \right) \bigg/ \sum_{i=1}^{n} W_i (\mu_m)_i \tag{7-10}$$

复合试样中标准物质 S 的某根衍射线条的强度为

$$I_S = K_S \left(\frac{W_S \rho}{\rho_S}\right) \bigg/ \sum_{i=1}^{n} W_i (\mu_m)_i \tag{7-11}$$

在所有复合试样中,都将标准物质的质量分数 W_S 保持恒定,则

$$\frac{I_A}{I_S} = \frac{K_A}{K_S} \left(\frac{W'_1}{W} \frac{\rho_S}{\rho_1}\right) = KW'_1 \tag{7-12}$$

A 相在原始试样中的质量分数 W_A 与在复合试样中质量分数 W'_A 之间有下列关系

$$W'_1 = W_1(1 - W_S) \tag{7-13}$$

于是得出外标法物相定量分析的基本关系式

$$I_A/I_S = K_S W_A \tag{7-14}$$

由式(7-14)可知,在复合试样中,A 相的某根衍射线条的强度与标准物质 S 的某根衍射线条的强度之比,是 A 相在原始试样中的质量分数 W_A 的线性函数。

若事先测量一套由已知 A 相浓度的原始试样和恒定浓度的标准物质所组成的复合试样,作出定度曲线之后,只需对复合试样(标准物质的 W_S 必须与作定度曲线时相同)测出比值 I_A/I_S,便可得出 A 相在原始试样中的含量。

图 7-6 为在石英加碳酸钠的原始试样中,以萤石(CaF_2)作为内标物质($W_S = 0.20$)测得的定度曲线。石英的衍射强度采用 $d = 3.34$ Å 的衍射线,萤石采用 $d = 23.16$ Å 的衍射线。

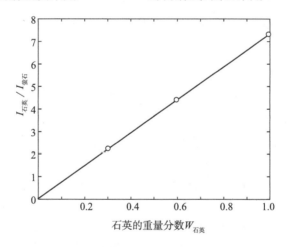

图 7-6　用萤石作为内标物质的石英定度曲线

3. 直接比较法

由 X 射线物相的定量分析的原理[式(7-15)和式(7-16)],对于两相或多相的定量分析,可以采用直接比较法,基本原理如下。

由式(7-15)和(7-16),可代入指数 K,R 简化,令

$$K = \frac{1}{32\pi R} I_0 \frac{e^4}{m^2 c^4} \frac{\lambda^3}{V_0^2} \tag{7-15}$$

$$R = F_{hkl}^2 p \frac{1 + \cos^2 2\theta}{\sin^2 \theta \cos \theta} e^{-2D} A(\theta) \tag{7-16}$$

于是,由衍射仪测定的多晶体衍射强度可表达为

$$I = \frac{KR}{2\mu} V \tag{7-17}$$

式中,K 为与衍射物质种类及含量无关的常数;R 取决于 θ、hkl 及待测物质的种类;V 为 X 射线所照射的该物质的体积;μ 为试样的吸收系数。

对于由两相组成的物质的 X 射线衍射定量分析,$C_1 + C_2 = 1$

则:
$$\frac{I_1}{I_2} = \frac{R_1}{R_2} \frac{C_1}{C_2} \tag{7-18}$$

式中,$\dfrac{I_1}{I_2}$ 可以直接由实验测出,$\dfrac{R_1}{R_2}$ 可以计算求得,因此根据式(7-18)可测算出物质1与物质2的体积分数之比 $\dfrac{C_1}{C_2}$。然后根据补充关系式 $C_1 + C_2 = 1$,即可得出

$$C_1(\%) = \frac{100}{1 + \dfrac{R_1}{R_2} \dfrac{I_2}{I_1}} \times 100\% \tag{7-19}$$

7.2.4 定量物相分析标准物质的选择与样品的制备

1. 标准物质的选择

任何一种 X 射线物相定量分析方法,为消除可变因素吸收因子的影响,一般都要采用强度对比法。标准物质的选择是定量分析的一项重要工作。通常,选择时主要要注意以下几方面。

(1) 具有良好稳定性,使用或长期放置不氧化、不吸水、不分解、不腐蚀,也不与样品起化学作用。

(2) 在常用 K 辐射下,不产生 K 系荧光,以免增加背底而影响微量相检测。

(3) 衍射线数目应尽可能少,被选用的衍射线强度较大,与被测物相选用的衍射线组成的线对应靠近,但不能叠加或受其他物相谱线干扰。

(4) 线吸收系数与被测物相尽量接近。相对密度要适当,不能与被测物相相差太大,以免影响混合的均匀性。

(5) 价格便宜、易获得、无毒性。

通常,可作为标准物质的有 α-Al_2O_3、ZnO、TiO_2、Cr_2O_3、NiO、α-SiO_2、CaF_2 等。

2. 平板样品的制备及厚度、尺寸的控制

(1) 衍射仪对平板样品的要求　通常平板样品应满足下述要求:①样品表面应呈严格平面,不能凹凸不平或呈其他不规范形状;②粒度适宜,通常小于 15 μm;③加入标准物质时混合要均匀,混合时的研磨时间、条件等应一致;④无择优取向,最好采用背压法制样;⑤厚度满足无穷厚条件,宽度应大于入射光束的样品表面处的截面宽度。

(2) 厚度　要使测量衍射线强度与角度 θ 无关,样品在理论上应是无穷厚的。一般认为

当 $K=\Delta I_t/I_\infty=1/1\,000$ 时就可以认为样品实际上是无穷厚了。

（3）样品的宽度和高度　样品宽度应大于照射到样品表面的线束宽度（2A）。当样品量少时，应首先保证样品具有足够的厚度和宽度，而样品的高度可适当减小，以保证强度测量的准确性。衍射仪通常使用的样品槽高为 15 mm，宽为 20 mm。

3. 样品的研磨、混合与过筛

粒度在 $1\sim15~\mu m$ 的样品，衍射线强度的重现性较好。但一般的粉末，如矿物、盐类等，颗粒都较大，衍射线强度的重现性较差。在定量分析中，对这些样品需进行研磨和过筛（通过 325 目的筛孔）。当试样加入内标后也要研磨均匀。由于研磨的条件和时间对衍射线的强度有影响，故对同一组样品应尽量保持时间和条件一致。

当粒度小时，适合布拉格条件参与反射的晶粒数目增多，使晶粒取向分布的统计性波动减小，强度的再现性误差减小。但也不能过小，当粒度小于 $0.1~\mu m$ 时会出现谱线的宽化，使积分强度测量不准而造成误差。

当入射 X 射线射入含 j 相的多相混合物样品时，j 相的颗粒产生衍射，入射线和衍射线都会因吸收而降低强度。强度的降低可由总程长 x 及混合样品的线吸收系数算出。但在总程长 x 中，有一部分位于 j 相产生衍射的颗粒内部，因为 j 相的吸收系数与混合样品的线吸收系数不同，所以 j 相的衍射强度要受到 j 相颗粒大小的影响。这种效应叫做颗粒显微吸收效应。

8　单晶体的定性分析

单晶体是指样品中所含分子(原子或离子)在三维空间中呈规则、周期排列的一种固体状态。由于单晶体的特殊性能,特别是各向异性在产品中的广泛应用,使单晶体的研究成为目前的热门和重点。对单晶体的定性分析目前主要采用单晶衍射法。

8.1　X射线单晶衍射法

晶体点阵结构的周期(点阵常数)和X射线的波长为同一个数量级(10^{-10} m),这样原子或电子间产生的次级X射线就会相互干涉,可将这种干涉分成两大类。一类为次生波加强的方向就是衍射方向,而衍射方向是由结构周期(即晶胞的形状和大小)所决定的。测定衍射方向可以决定晶胞的形状和大小。二是晶胞内非周期性分布的原子和电子的次生X射线也会产生干涉,这种干涉作用决定衍射强度。测定衍射强度可确定晶胞内原子的分布。

8.1.1　晶体结构

晶体是指原子、离子、分子在空间周期性排列而构成的固态物,具有三维空间点阵结构。晶胞是晶体中空间点阵的单位,晶体结构的最小单位。主要的晶胞参数有三个向量 a、b、c 及夹角 α、β、γ 和晶面在三个晶轴上的截距和倒易截距 $1/r : 1/s : 1/t = h : k : l$。

8.1.2　衍射方向和晶胞参数

此节主要介绍劳埃方程和布拉格方程对衍射方向和晶胞形状和大小的影响。

由图 8-1 可知,光程差 $\Delta = OA - PB = a\cos\alpha - a\cos\alpha_0 = a(\cos\alpha - \cos\alpha_0) = h\lambda$,即 $\Delta = a \cdot S - a \cdot S_0 = a \cdot (S - S_0) = h\lambda$,其中 $h = 0, \pm 1, \pm 2$。

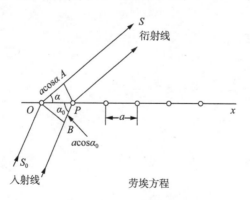

图 8-1　X射线衍射光路

对晶胞(三维)的劳埃方程满足:

$$a \cdot (S-S_0) = h\lambda \qquad a(\cos\alpha - \cos\alpha_0) = h\lambda$$
$$b \cdot (S-S_0) = k\lambda \quad \text{或} \quad b(\cos\beta - \cos\beta_0) = k\lambda \qquad (8-1)$$
$$c \cdot (S-S_0) = l\lambda \qquad c(\cos\gamma - \cos\gamma_0) = l\lambda$$

衍射指标 h、k、l 的整数性决定了衍射方向的分立性。

联系两点点阵的平移群 $T_{m,n,p} = ma + nb + pc$

则两点的光程差

$$\Delta = T_{m,n,p} \cdot (S-S_0) = ma \cdot (S-S_0) + nb \cdot (S-S_0) + pc \cdot (S-S_0)$$
$$= mh\lambda + nk\lambda + pl\lambda = (mh + nk + pl)\lambda \qquad (8-2)$$

对于布拉格方程,平面点阵组方程为

$$h^* x + k^* y + l^* z = N \qquad (8-3)$$

式中,h^*、k^*、l^* 为晶面指标;x、y、z 为面上点阵点在 a、b、c 方向的坐标。通过坐标原点的平面对应 $N=0$,相邻的面 N 相差 ± 1。

所以对于 h、k、l($h=nh^*$,$k=nk^*$,$l=nl^*$)衍射,N 平面上任一点 $P(x,y,z)$ 与原点的光程差

$$\Delta = OP \cdot (S-S_0) = (xa + yb + zc) \cdot (S-S_0)$$
$$= xa(S-S_0) + yb(S-S_0) + zc(S-S_0) \qquad (8-4)$$

由劳埃方程可知,$a(S-S_0) = nh\lambda$;$b(S-S_0) = nk\lambda$;$c(S-S_0) = nl\lambda$,所以

$$\Delta = xh\lambda + yk\lambda + zl\lambda = xnh^*\lambda + ynk^*\lambda + znl^*\lambda = n(h^* x + k^* y + l^* z)\lambda = nN\lambda$$

如图 8-2 所示,相同 N 值面的点阵点到原点有相同光程差;h^*、k^*、l^* 点阵面对于 hkl 的衍射是等程面。如果面上任意两点 P、Q 的光程差都为零,即有 $\Delta = PQ \cdot (S-S_0) = 0$,说明了向量 $(S-S_0)$ 和面上任意向量 PQ 互相垂直,h^*、k^*、l^* 点阵面对于 hkl 的衍射是反射面,即:

$$\Delta = MB + BN = 2d_{h^* k^* l^*} \sin_{hkl}\theta = 2d_{h^* k^* l^*} \sin_{nh^* nk^* nl^*}\theta$$

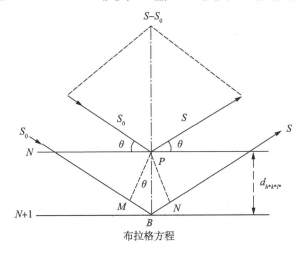

图 8-2 X射线衍射光路

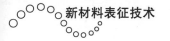

$$\Delta = n(N+1)\lambda - nN\lambda = n\lambda; 2d_{h^*k^*l^*}\sin_{nh^*nk^*nl^*}\theta = n\lambda \qquad (8-5)$$

衍射级数 $n = \dfrac{2d\sin\theta}{\lambda} \leqslant \dfrac{2d}{\lambda}$ 只有有限几个值。

下面以正交晶系和立方晶系为例,介绍晶胞参数与晶面间距 d 的关系。

正交晶系,

$$\alpha = \beta = \gamma = 90°, d_{h^*k^*l^*} = \frac{1}{\sqrt{(h^*/a)^2(k^*/b)^2 + (l^*/c)^2}} \qquad (8-6)$$

立方晶系,

$$a = b = c, \ d_{h^*k^*l^*} = \frac{a}{\sqrt{h^{*2}k^{*2}/a^2 + l^{*2}}} \qquad (8-7)$$

所以,布拉格方程和劳埃方程一样,都能决定衍射方向与晶胞大小和形状的关系。

8.1.3 衍射强度和晶胞内原子分布

1. 原子散射强度

原子内的电子和原子散射遵循汤姆逊公式。对于电子散射强度

$$I_e = \frac{I_o e^4}{r^2 m^2 c^4}\left(\frac{1 + \cos^2 2\theta}{2}\right) \qquad (8-8)$$

而原子散射强度

$$I_a = \frac{I_o(Ze)^4}{r^2(Zm)^2 c^4}\left(\frac{1 + \cos^2 2\theta}{2}\right) = I_e Z^2 \qquad (8-9)$$

引入原子散射因子 f,则 $I_a = I_e f^2, 0 < f < Z, f = f(\sin\theta/\lambda)$。

2. 晶胞衍射强度

对 hkl 衍射,晶胞中第 j 个原子核原点之间光程差是:

$$\Delta_j = r_j \cdot (S - S_0) = (x_j a + y_j b + z_j c) \cdot (S - S_0) \qquad (8-10)$$

式中,r 为原子坐标向量;j 为原子坐标;a, b, c 为晶胞参数。

利用劳埃方程 $\quad \Delta_j = \lambda(hx_j + ky_j + lz_j)$

则对应位相差 $\quad \varphi_j = (2\pi\Delta_j/\lambda) = 2\pi(hx_j + ky_j + lz_j)$

已知振幅与强度的关系 $\quad E_e \propto I_e^{1/2}, E_a = E_e f$

则整个晶胞散射波振幅为 $\quad E_c\exp(i\varphi) = \sum_{j=1}^{N} E_e f_j\exp(i\varphi_j)$

原子散射因子 $f_j = E_{aj}/E_e$。定义结构因子(数)为:E_c/E_e,则

$$F_{hkl} = \sum_{j=1}^{N} f_j\exp[2x_j(hx_j + ky_j + lz_j) \qquad (8-11)$$

衍射强度与振幅平方成正比,即

$$I_{hkl} = K|F_{hkl}|^2$$

$$I_{hkl} = KF \cdot F^* = K\left\{\left[\sum_j f_j\cos2\pi(hx_j + ky_j + lz_j)\right]^2 + \left[\sum_j f_j\sin2\pi(hx_j + ky_j + lz_j)\right]^2\right\}$$

$$(8-12)$$

比例常数 K 与晶体大小、入射光强弱、温度高低等因素有关。

8.2 系统消光

晶体结构如果是带心点阵型式或存在滑移面和螺旋轴时，往往按衍射方程而产生的一部分衍射会成群地消失，这种现象称为系统消光。表8-1～表8-3分别列出了带心点阵型式、存在滑移面和螺旋轴时的消光规律。

表8-1 带心点阵型式的消光规律

带心点阵 I	$h+k+l=$奇数,不出现
A 面带心点阵(A)	$k+l=$奇数,不出现
B 面带心点阵(B)	$h+l=$奇数,不出现
C 面带心点阵(C)	$h+k=$奇数,不出现
面心点阵(F)	h、k、l 奇偶混杂着,不出现

表8-2 滑移面的消光规律

类型	方向	滑移面	$0kl$	$h0l$	$hk0$	不出现
a	$\perp b$	$a/2$		$h=$奇		不出现
a	$\perp c$	$a/2$			$h=$奇	不出现
b	$\perp a$	$b/2$	$k=$奇			不出现
b	$\perp c$	$b/2$			$k=$奇	不出现
c	$\perp a$	$c/2$	$l=$奇			不出现
c	$\perp b$	$c/2$		$l=$奇		不出现
n	$\perp a$	$(b+c)/2$	$k+l=$奇			不出现
n	$\perp b$	$(a+c)/2$		$h+l=$奇		不出现
n	$\perp c$	$(a+b)/2$			$h+k=$奇	不出现
d	$\perp a$	$(b+c)/4$	$k+l\neq 4n$			不出现
d	$\perp b$	$(a+c)/4$		$h+l\neq 4n$		不出现
d	$\perp c$	$(a+b)/4$			$h+k\neq 4n$	不出现

表8-3 螺旋轴的消光规律

a	$2_1\ 4_2$	$h00$ 中	$h=$奇	不出现
	$4_1\ 4_3$		$h\neq 4n$	不出现
b	$2_1\ 4_2$	$0k0$ 中	$k=$奇	不出现
	$4_1\ 4_3$		$k\neq 4n$	不出现
c	$2_1\ 4_2\ 6_3$	$00l$ 中	$l=$奇	不出现
	$4_1\ 4_3$		$l\neq 4n$	不出现
	$3_2\ 6_2\ 6_4$		$l\neq 3n$	不出现

　　当晶体存在带心结构时,在 hkl 型衍射中可能产生消光,如表 8-1 所示。当存在滑移面时,只有在 $hk0,h0l,0kl$ 等类型衍射中才能产生消光,而消光条件则取决于滑移面取向及滑移量,如表 8-2 所示。当存在螺旋轴时,一般只有在 $h00,h0l,0kl$ 等类型衍射中才能产生消光,而消光条件则取决于滑移面取向及滑移量,如表 8-3 所示。注意超点阵线,有序使衍射花样在无序固溶体花样基础上,增加了额外的指数为奇偶混合衍射线,称为超点阵线。

8.3　单晶衍射实验方法简介

　　一般空间衍射方向 $S(\alpha,\beta,\gamma)$ 必须满足四个条件:

$$
\begin{aligned}
&a \cdot (S-S_0)=h\lambda \qquad\quad a(\cos\alpha-\cos\alpha_0)=h\lambda \\
&b \cdot (S-S_0)=k\lambda \quad 或 \quad b(\cos\beta-\cos\beta_0)=k\lambda \\
&c \cdot (S-S_0)=l\lambda \qquad\quad c(\cos\gamma-\cos\gamma_0)=l\lambda
\end{aligned} \qquad (8-13)
$$

$$
f(\cos\alpha,\cos\beta,\cos\gamma)=0
$$

　　一般条件下四个方程不一定能得到满足。解决的方法有两个:一是晶体不动(α_0、β_0、γ_0 固定)而改变波长,即用白色 X 射线;二是波长不变,即用单色 X 射线,转动晶体,即改变 α_0、α、β_0、β、γ_0、γ。

　　最初使用的单晶衍射实验方法包括劳埃法和回旋晶体法,劳埃法实验采用连续 X 射线衍射,固体单晶样品,能够测定晶体的对称性,确定晶体的取向和单晶的定向切割(图 8-3)。

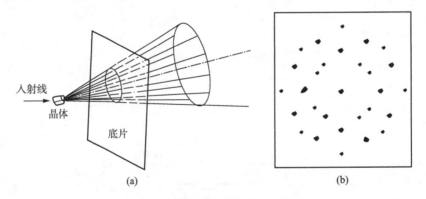

图 8-3　劳埃法测定单晶样品示意

　　如图 8-4 所示,回旋晶体法采用单色 X 射线,转动单晶样品,入射线 S_0 垂直于 c 轴,即 $\gamma_0=90°$,得

$$
\cos\gamma_0=\cos90°=0;c\cos\gamma_l=l\lambda,l=0,1,2,\cdots;\cos\gamma_l=H_l/\sqrt{R^2+H_l^2};
$$

$$
c=l\lambda/\cos\gamma_l=l\lambda\sqrt{(R/H_l)^2+1} \qquad (8-14)
$$

　　对于单晶样品的制备,首先要理解和掌握单晶的概念及识别,主要包括晶体结构特性、几何外形特征和光学性质特征。上机的样品尽可能选择呈球形(粒状)的单晶体或晶体碎片,直径大小在 0.1~0.7 mm,无解理,无裂纹。并且确保用于单晶衍射的样品代表要鉴定的物相,从晶体的形状、颜色、解理和其他的分析方法给予保证。

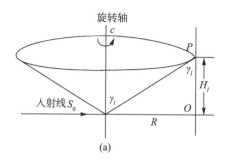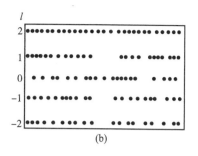

图 8-4　回旋晶体法测定单晶样品示意

单晶分析的操作步骤主要包括：晶体的获得和晶体的分选；晶体的选择和安装；样品对中；测定初级晶胞参数及定向矩阵（确定是否是单晶）；衍射强度数据的收集；晶体结构的解析和描述。

8.4　单晶衍射仪

目前最常用的单晶衍射仪法主要是四圆衍射仪法和CCD面探测法，这两种方法是近年来在综合衍射仪法与周转晶体法基础上发展起来的单晶体衍射方法，已成为单晶体结构分析的最有效方法。

1. 四圆衍射仪的基本结构

四圆衍射仪和面探测衍射仪结构基本一致，主要包括光源系统、测角仪系统、探测器系统和计算机等部件。如果用点探测器系统，测角仪为传统四圆设置；如果采用面探测系统，则测角仪为三圆设置，其中χ圆被固定。目前最广泛使用的是CCD面探测法，它在数小时内可测出晶体结构，四圆衍射仪法可能需要数天，而最早的照相法可能要数月。

图 8-5 为四圆衍射仪结构示意图，它的四圆分别为：φ、χ、ω、2θ。φ 圆是围绕安置晶体的轴旋转的圆；χ圆是安装测角头的垂直圆，测角头可在此圆上运动；ω 圆是使垂直圆垂直轴旋转的圆，即晶体绕垂直轴转动的圆。

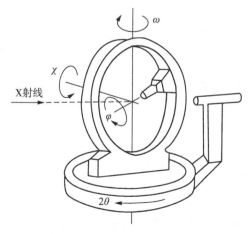

图 8-5　四圆衍射仪结构示意图

由图 8-5 可见,入射线和反射线都处在通过仪器中心(晶体即位于此)的水平面内。这个水平面叫赤道平面,所以这种构型叫赤道平面构型。现在四圆衍射仪几乎全是采用这种构型。

图 8-6 更简略地画出了四个圆。可以看到,探测器总是在赤道平面内沿 2θ 圆转动,χ 圆则与赤道平面垂直。在测量衍射时,几乎总是令 χ 圆所在的平面平分入射线与反射线之间的夹角(该夹角等于 $180°-2\theta$),这叫平分配制。图 8-7 表示在这种情况下,三个圆的运动将任意平面族带到反射位置。以倒格点 P 代表该平面族。沿 φ 圆的运动将 P 带到 Q,沿 χ 圆的运动将 Q 带到 R,沿 ω 圆的运动将 R 带到 F。F 处在反射球上,相应的衍射角为 2θ。

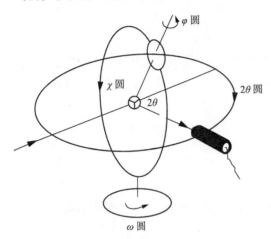

图 8-6　四圆衍射仪中的四个圆

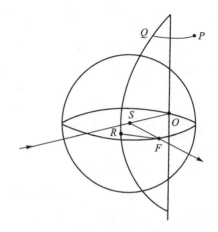

图 8-7　φ 圆、χ 圆和 ω 圆将任一倒格 P 点带到反射位置 F 的图示

2. 四圆衍射仪的使用方法

使用四圆衍射仪收集衍射数据的主要步骤如下。

(1) 安置晶体

将待测晶体黏结在玻璃纤维顶端,安置到测角头上。通过望远镜调整晶体位置,使之处在衍射仪的机械中心。

(2) 寻找衍射

一般有两种方法寻找衍射。第一种是照相法。令衍射仪的 $2\theta=0$,并且通常令 $\omega=0$、$\chi=180°$,使晶体绕 φ 轴自转。在探测器位置装置照相底片,这通常都是 polaroid 底片,它可在 X 射线曝光后在可见光中立即显像。拍摄旋转照片。照片上衍射点的分布将呈现 mm 对称性。量出这些点相对于照片中心的坐标:X 为水平坐标,向右为正;Y 为垂直坐标,向上为正。将这些坐标输入控制用计算机中(通常只需要 10 个左右衍射点即可)。衍射仪按照下式寻找各条衍射

$$\chi = \tan^{-1}(Y/X)$$
$$2\theta = \tan^{-1}(\sqrt{X^2+Y^2/D}) \qquad (8-15)$$

式中,D 是晶体与底片间的距离。在这些位置令 φ 旋转,并进行调心以准确地得出这些衍射的位置。

另一种方法是范围扫描法。一般的四圆衍射仪都备有执行这种扫描的程序。将 ω 和 χ 固

定在某个值,令 φ 在给定的范围内转动,找出此范围内的衍射。然后改变 ω 的值,再进行 φ 转动。逐次进行这种扫描直至在预定的范围内扫描完毕,或者找到足够多的衍射为止。对找到的衍射点进行调心,记录 φ、χ、ω 及强度值。

(3) 初测倒易空间的初基晶胞和取向矩阵

步骤(2)中已得出了一些衍射的位置 φ、χ、ω 及 θ。每条衍射对应一个倒格点。这些倒格点的位置用实验室坐标表示时为

$$x = 2\sin\theta\cos\chi\,\sin\varphi$$
$$y = 2\sin\theta\cos\chi\,\cos\varphi$$
$$z = 2\sin\theta\sin\chi \tag{8-16}$$

计算出每一衍射的 x, y, z 坐标。每两个衍射点可组成一个矢量,这三个矢量组成倒易空间的初基晶胞。

计算并打印出取向矩阵 A。根据矩阵 A 以及 X 射线的波长,计算并打印出晶胞参数

$$a = \lambda\,\sqrt{(M^{-1})_{11}}$$
$$b = \lambda\,\sqrt{(M^{-1})_{22}}$$
$$c = \lambda\,\sqrt{(M^{-1})_{33}}$$
$$\cos\alpha = (bc)^{-1}\lambda^2(M^{-1})_{23}$$
$$\cos\beta = (ac)^{-1}\lambda^2(M^{-1})_{13}$$
$$\cos\gamma = (ab)^{-1}\lambda^2(M^{-1})_{12} \tag{8-17}$$

式中,M^{-1} 是矩阵 M 的逆矩阵,而 M 是取向矩阵 A 的转置矩阵 A^{T} 与 A 的乘积

$$M = A^{\mathrm{T}}A \tag{8-18}$$

(4) 精化晶胞参数和取向矩阵

上面得出的晶胞参数和取向矩阵只可能是初步的,因为所依据的衍射数目较少而且这些衍射的位置也不是很准确。根据打印出来的晶胞参数和取向矩阵,需要采取一些措施使其精化。有时所选晶胞需要修改,则需输入要更改的数据。每采取一些措施后,重新计算取向矩阵和晶胞参数,并根据新的取向矩阵计算衍射指标。这些衍射指标都应接近整数值。利用最小二乘程序,用整数修正取向矩阵。精化过程需要进行多次,直到得到满意的取向矩阵和晶胞参数为止。正确的取向矩阵对于收集衍射数据至关重要,因为任一衍射的位置都是根据取向矩阵算得的。有时反复进行精化得不到满意的结果,可能是晶体质量不好(如双晶或者内部损坏)或者晶体的位置偏离了衍射仪的机械中心。因此,首先应该用照相法进行初步研究,保证晶体质量,并且要将晶体黏结牢固,调准位置。

(5) 输入控制参数和选定检测衍射

四圆衍射仪收集衍射数据是自动进行的。测量过程需要满足什么条件,对测得的数据有什么要求,都由控制参数来规定。控制参数直接决定衍射数据的质量。实验者必须根据具体情况,输入合理的控制参数,例如测量衍射的 θ 范围、扫描的方式、扫描的角度、孔径宽度的大小、强度测量相对标准偏差、衍射指标范围以及作为取向检测衍射的衍射线条等。

(6) 收集衍射数据

做好上述准备工作以后,即可开始收集衍射数据。每条衍射的数据包括布拉格峰的计数、本底计数、扫描时间、相对标准偏差、四个角位置等。它们被记录在磁盘上,并且同时把主要的数据打印出来,以供实验者及时进行分析,必要时可改变某个或某些控制参数,以符合实验者的要求。

8.5　X射线衍射物相分析实验

1. 实验目的

(1) 了解X射线衍射仪的构造。

(2) 掌握X射线衍射的原理,了解X射线衍射仪的操作步骤。

(3) 掌握X射线衍射仪分析样品的基本制样方法。

(4) 根据PDF卡片及样品的X射线衍射图,掌握物相定性分析的过程和步骤。

(5) 了解X射线的安全防护规定和措施。

2. 实验原理

不同物质都有其特定的原子种类、原子排列方式和点阵参数,在X射线作用下晶体中的不同晶面发生各自的衍射,进而呈现出特定的衍射花样,多相物质的衍射花样互不干扰,相互独立,只是机械地叠加。某种物质的多晶体衍射线的条数、位置及强度,就是这种物质的特征,因而可以称为鉴别物相的标志。

X射线衍射仪按给定的衍射条件自动采集衍射数据,启动检索程序后,计算机进行寻峰处理,检索匹配项,并给出检索结果。

3. 实验仪器与试样准备

(1) 实验仪器

仪器:DX－2700型X射线衍射仪、通孔/盲孔玻璃样品板、微量样品板、玛瑙研钵、分样筛(200目)等。

规格:工作环境温度　10～20℃;环境相对湿度　30％～80％;电源　单相,220 V,50 HZ;管电压　30 kV;管电流　25 mA;步进扫描速度　(0.005°～160°)/s。

(2) 试样制备

粉体样品:粒度需微米(200目),样品若为粗粒或不规则块体,则需粉碎,用玛瑙研钵将样品磨细至200目(试样通过200目分样筛)。将样品均匀地洒入盲孔玻璃样品板内,比玻璃板略高,用玻璃片轻压,使样品足够紧密,要求压制完毕后表面光滑平整,样品黏附在玻璃板上可立住且不会脱落。若是样品量较少,可将样品用酒精分散后,滴在微量样品板上进行测试。

块状样品:尺寸要小于通孔样品板的孔径,且样品表面平整光洁。可通过切割、磨制、抛光来处理样品的测试面。

薄膜样品:薄膜尺寸要小于通孔样品板的孔径。也可直接用酒精粘在微量样品板上测试。

4. 实验步骤

(1) 打开空调,待室温到10～20℃再开机。打开总开关,将水冷设备打到"运行"状态,然后打开XRD主机和电脑,开始预热,预热时间大约为30 min。

(2) 将制备好的样品板插入主机样品台上(测试面朝上),关闭主机门。打开操作软件"X射线衍射仪系统软件",点击软件左下角的"样品测量",测角仪自动归位,直到"开始测量"按钮变为可用状态。

（3）设置扫描方式、扫描速度、起始角、终止角、管电压、管电流、量程等。一般粉体样品选择连续扫描方式，管电压设为 30 kV，管电流设为 25 mA。设置完毕后，点击左下角"开始测量"按钮，测试自动开始。

（4）测试完毕，保存数据；从主机台上取下样品，关闭主机门，然后处理样品。关闭软件，在提示"是否关闭主机高压"时，选择"是"；5～10 min 后，关闭主机，将冷水打到"停止"状态。关闭计算机，在设备上盖上护套。关闭空调，最后关闭开关柜中相应的电闸。

5. 数据处理

（1）打开数据分析软件"MDI Jade 5.0"，点击"File"→"Read"，读取实验数据。

（2）广泛检索：鼠标右击"S/M"，进入"Phase ID-Search/Match"界面，去掉"Use Chemistry Filter"选项，同时选取多个相关的 PDF 子库，检索对象选择为主相(S/M Focus on Major Phases)，选中"Automatic Matching Lines"，点击"OK"，进入"Search/Match Display"窗口，即可进行峰值对比标定。

（3）限定检索：鼠标右击"S/M"，进入"Phase ID-Search/Match"界面，选取"Use Chemistry Filter"选项，进入元素周期表对话框"Current Chemistry"。选取样品中可能存在的元素，点击"OK"，返回到前一个对话框界面，此时可选择检测对象为主要相、次要相或微量相(S/M Focus on Trace Phases)，选中"Automatic Matching Lines"，点击"OK"，进行检索。

第 3 篇

材料的组织、形貌表征技术

显微镜是人类认识微观世界必不可少的重要工具,通过显微分析我们可以了解材料的组织、形貌以及化学组成等重要信息,因此显微镜及相应的显微表征技术在材料科学与工程领域得到了广泛的应用。

最早发明的显微镜是光学显微镜,由于分辨本领受光的波长所限制,其极限分辨本领约为 200 nm。光学显微镜的诞生和利用促进了电子显微镜的发明和应用,电子显微镜的分辨率比光学显微镜提高了 1 000 倍,使人们能够看到肉眼所不能看到的物质内部微观结构。随后,在电子显微镜和 X 射线光谱学的基础上发展出了电子探针显微镜,用以定性或定量地分析体积仅为几立方微米(甚至更小)的微小区域的化学组成。

本篇旨在使学生掌握各类显微镜的成像原理、使用范围、常用的试样制备方法和具体的实验步骤。特别要指出的是,在进行材料组织、形貌分析之前,要明确样品所需要的放大倍数,以便正确选择显微镜。另外,了解试样的属性,以便选择合适的制样方式。在条件允许的情况下,应使学生能够独立操作仪器进行组织和形貌的分析,并准确截取所需图像。

9　光学显微镜

9.1　显微成像原理

9.1.1　显微镜种类

普通光学显微镜的类型很多,常分为台式、立式和卧式三大类。若按用途的不同来分,还有各类特种显微镜,如偏光显微镜、相衬显微镜、干涉显微镜及高温/低温金相显微镜等。目前新型的金相显微镜已趋万能。

台式显微镜主要由镜筒(包括上装目镜和下配物镜)、镜体(包括座架和调焦装置)、光源系统(包括光源、灯座及垂直照明器)和样品台四部分组成。台式金相显微镜具有体积小、质量轻、携带方便等优点,其多用钨丝灯泡作光源,分直立式光程和倒立式光程两种。图9-1为常用的两种台式金相显微镜。

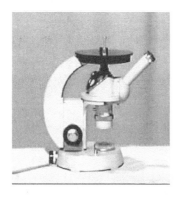 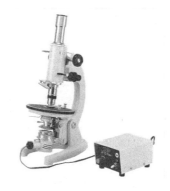

(a) XJB-1型　　　　　　　　　　　　　(b) XPT-7型

图 9 - 1　台式金相显微镜

立式金相显微镜是按倒立式光程设计的,并带有垂直方向的投影摄影箱,如奥地利的Reichest MEF型、苏联的MNM-7型等。与台式显微镜相比,立式金相显微镜具有附件多、使用性能广泛,可作明视场、暗视场、偏光观察与摄影等。某些显微镜如MEF有多种光源,还配备干涉、相衬装置及高温附件。

大型卧式金相显微镜是按倒立式光程设计的,并带有可伸缩水平投影暗箱。卧式金相显微镜由倒立式光程镜体、照明系统和照相系统三部分组成,并配有暗场、偏光、相衬、干涉及显微硬度、低倍分析等附件,设计较为完善,具有优良的观察和摄影像质。图9-2为Neophot-21型卧式金相显微镜。

图 9 - 2　Neophot - 21 型卧式金相显微镜

9.1.2　金相显微镜成像原理

利用透镜可将物体的像放大,但单个透镜或一组透镜的放大倍数是有限的,为此要考虑用另一透镜组将第一次放大的像再进行放大,以得到更高放大倍数的像。显微镜就是基于这一要求设计的。显微镜装有两组放大透镜,靠近物体的一组透镜称为物镜,靠近观察的一组透镜称为目镜。

图 9 - 3 为金相显微镜成像原理简图。物体 AB 置于物镜的一倍焦距(F_1)之外但小于两倍焦距之内,它的一次像在物镜的另一侧两倍焦距之外,形成一个倒立、放大的实像 $A'B'$;当 $A'B'$ 位于目镜的前焦距(F_2)以外时,目镜又使映像 $A'B'$ 放大,而在目镜的前两倍焦距之外,得到 $A'B'$ 的正立虚像 $A''B''$。因此,最后的映像 $A''B''$ 是经过物镜、目镜两次放大后得到的。其放大倍数应为物镜放大倍数与目镜放大倍数之积。

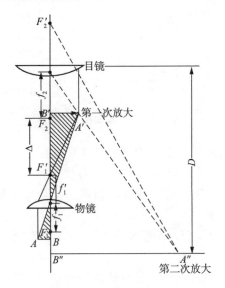

图 9 - 3　金相显微镜成像原理

物体 AB 经第一次放大的倍数 $M_物=\dfrac{A'B'}{AB}=\dfrac{\Delta+f'_1}{f_1}$

式中，f_1、f'_1 分别为物镜的前焦距与后焦距；Δ 为显微镜光学镜筒长。与 Δ 相比，物镜的 f'_1 很短，可忽略，故 $M_物=\dfrac{A'B'}{AB}\approx\dfrac{\Delta}{f_1}$。

像 $A'B'$ 经目镜第二次放大的倍数 $M_目=\dfrac{A''B''}{A'B'}\approx\dfrac{D}{f_2}$

式中，f_2 为目镜的前焦距；D 为人眼明视距离，一般 $D\approx250\ mm$。所以显微镜的放大倍数应为

$$M=M_物\cdot M_目\approx\dfrac{\Delta}{f_1}\cdot\dfrac{D}{f_2} \tag{9-1}$$

当显微镜的机械镜筒长度设计得恰好等于光学镜筒长度时，$M=M_物\cdot M_目$，否则 $M=M_物\cdot M_目\cdot C$，C 为与机械镜筒长和光学镜筒长有关的系数。

9.1.3 透镜像差与校正

透镜在成像过程中，由于透镜本身物理条件的限制，使像变形和像模糊不清。这种像的缺陷，称为光学系统的像差。

像差按产生原因可分为两类：一类是单色光成像时的像差，即单色像差，如球差、彗差、像散、像场弯曲和畸变；另一类是多色光成像时，由于介质折射率随光的波长不同而引起的像差，即色差。色差又分位置色差和放大率色差两种。各种像差的存在从不同方面影响显微镜的成像质量，在设计中虽可尽量使之减小，但不可能完全消除。

1. 球差

由光轴上某一物点发出的单色光束经光学系统后，若不同孔径角的各光线交光轴于不同位置，从而使轴上像点被一弥散光斑所代替，称光学系统对该物点的成像有球差，即 $LA=S'-\overline{S'}$，见图 9-4。对于正透镜，$LA>0$，对于负透镜，$LA<0$。根据正、负单透镜球差的上述性质，如将正透镜和负透镜适当地组合起来，即可得到消球差的光学系统，进而达到校正球差的目的。

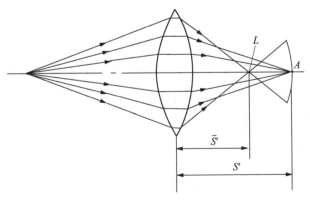

图 9-4 球差

2. 像散

当光学系统对非近光轴的物点以原光束成像时,若像点被分离的子午焦线 T 和弧矢焦线 S 所代替,则称系统对给定的物点的成像有像散,即 $ST=x'_T-x'_S$,见图 9-5。

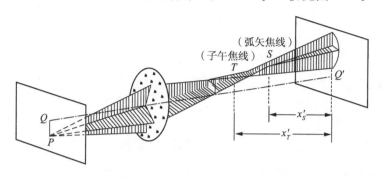

图 9-5　像散

像散的大小除与视场角有关外,还与邻近介质的折射率及折射面的曲率有关。由于正、负透镜的像散符号相反,故适当地选配系统各球面曲率和各介质的折射率,并合理放置光阑,则可得到对于一定视场像散为零的光学系统。

3. 彗差

由靠近轴的轴外点发出的宽光束经光学系统成像时得到的不是像点,而是彗星形的光斑,这种像差即为彗差。

彗差同球差一样,严重影响成像的清晰程度,实际的光学系统必须使之消除。彗差与透镜的形状有关,可通过改变透镜形状和采取组合透镜减小或消除。

4. 像场弯曲

对于垂直系统光轴的物平面,明晰圆的轨迹一般是个曲面,见图 9-6,Σ_T,Σ_S,Σ_C 分别代表子午焦线、弧矢焦线和明晰圆的轨迹,其偏离近轴光线所决定的像面的距离,就是像场弯曲。

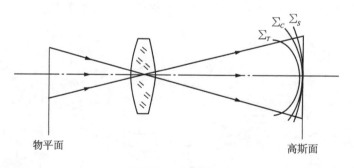

图 9-6　像场弯曲

像场弯曲取决于系统中透镜的焦距与其折射率之间的关系。有显著像场弯曲的光学系统会使投射在屏幕上的像无法同时清晰,这给实用(如照相)带来不便,故用于照相的物镜要能较好地校正像场弯曲。采用组合系统并适当配选透镜变距及其折射率,可改善或消除像场弯曲;对于单透镜,可通过在透镜前适当位置放一光阑来校正或消除像场弯曲(图 9-7)。

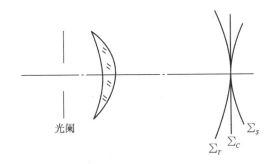

图 9-7 调整光阑位置消除像场弯曲

5. 畸变

影响像与物几何相似性的像差称为畸变,它是由于光束的倾斜度较大引起的,从而造成透镜近轴部分放大率与边缘部分放大率不一致,但其不影响像的清晰程度,故对一般显微镜观察影响不大。

6. 色差

任何实际的光学材料,对不同波长的光其折射率是不同的。当光轴上的物点发出的多色光经单透镜成像时,将得到一系列与各色光对应的不重合的像点,即各色群像的叠集,所以成像模糊不清,这种色差称为轴向色差或位置色差[图 9-8(a)]。轴向色差 $L_{ch}=L_C'-L_F'$。

造成这种色差的原因是一般光学材料对紫光的折射率总是大于对红光的折射率,故当以相同入射角通过透镜时,折射出的紫光较红光有较大的偏转角。同时,随物体高度的不同,还存在垂直轴向的色差,称为放大率色差或横向色差,用 h_{ch} 表示[图 9-8(b)]。

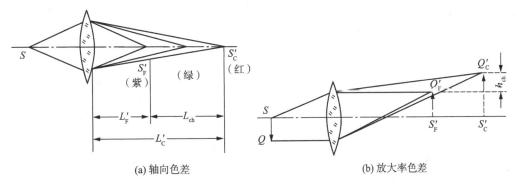

(a) 轴向色差　　　　　　　　　　　　(b) 放大率色差

图 9-8 色差

采用组合的光学系统,借助组合系统各组元焦距与其介质色散参数的恰当组合,或组合间隔的合理确定,可得到消除色差的光学系统。

光学系统中的色差,主要指位置色差,影响金相显微镜成像质量的像差主要是球差、色差和像场弯曲,其中球差和色差影响像的中央部分像质,而像场弯曲对像边缘有较大影响。

9.1.4　光源及其使用方法

金相显微镜必须依靠附加光源进行工作。照明系统的任务是根据研究目的调整、改变采光方法并完成光线行程的转换,其主要部件是光源与垂直照明器。

1. 光源的要求与种类

对于金相显微镜,光源强度要大,并可在一定范围内任意调整(借助于调压装置、滤光片或光阑);光源的强度要均匀(借助于聚光镜、毛玻璃等实现);光源发热程度不宜过高;光的位置(高低、前后、左右)可以调整。

目前金相显微镜中最常用的光源是白炽灯和氙灯,此外还有碳弧灯、水银灯等。

一般中、小型金相显微镜都配有白炽灯(即钨丝灯),其工作电压、功率适于各种台式、立式显微镜观察及短投射距离的金相摄影,某些大型金相显微镜也备有钨丝灯作金相观察之用。超高压氙灯是球形强电流的弧光放大灯,具有亮度大、发光效率高及发光面积小等优点,近年来被广泛采用,尤其适于作偏光、暗场、相衬观察及显微摄影时的光源,正常工作电压为 18 V,电流为 8 A。

2. 光源的使用方法

光源由于集光透镜位置不同,使光程中集光情况不同,因而将得到不同的效果。金相显微镜中光源常用的使用方法有临界照明、科勒照相、散光照明和平行光照明。

(1)临界照明　临界照明又称奈尔雄(Nelson)照明,是早期金相显微镜设计中多用的照明方式,因其灯源成像在试样表面而对显微照相会产生很不均匀的照明,故目前很少使用。

(2)科勒照明　科勒照明是目前广泛应用的照明方式,其特点是:光源的一次像聚焦在孔径光阑处,孔径光阑同光源的一次像一起聚焦在接近物镜的后焦平面上。光源不需要包含一个均匀发射光的表面即可提供一个很均匀的照明场,故对光源要求不严格。

(3)散光照明　如用绕丝灯泡作为临界照明的光源,钨丝的投影像叠映在显微放大的物像上,则有显著的明暗差别。为此,在第二透镜组前面放置一块毛玻璃,使毛玻璃中央得到较大面积的均匀照明,于是光线在毛玻璃上的散射面就成了显微镜的二次照明光源,使之最终得到均匀照明的像域。

(4)平行光照明　将点光源置于透镜焦点上,经透镜后将得到平行的光束。平行光照明效果较差,主要用于暗视场照明,各类光源均可使用。

3. 垂直照明器与光路行程

金相显微镜的光源一般位于镜体的侧面,与主光轴成正交,故需一个"垂直照明器"起光路垂直换向作用。垂直照明器的种类有平面玻璃、全反射棱镜、暗场用环形反射镜等。

由于观察目的的不同,金相显微镜对试样的采光方式要求也不相同,一般分为明视场照明光路行程和暗视场照明光路行程。明视场照明是金相研究中的主要采光方法,暗视场照明则适于观察平面视野上细小的浮雕微粒,常用于鉴定非金属夹杂物。

9.1.5　显微镜的放大率与景深

由 9.1.2 节可知,显微镜的放大倍数理论上为物镜和目镜两者放大倍数的乘积。实际上,显微镜的有效放大倍数还与所使用物镜的主要性能参数,如数值孔径、鉴别率和景深有关。

1. 物镜的数值孔径

数值孔径大小表征了物镜的聚光能力,它是金相显微镜一个很重要的参数。r_{NA} 值越大,物镜聚光能力越强,从试样上反射时物镜的光线越多,从而提高了物镜的鉴别能力。

根据理论推导

$$r_{NA} = n \sin u$$

式中,n 为物镜与观察物间的介质折射率;u 为物镜的孔径半角,见图 9-9。

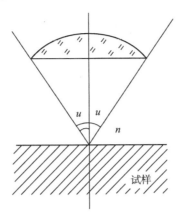

图 9-9 孔径半角

从上面公式可以看出,提高数值孔径的途径有两种:一是增大透镜直径或物镜的焦距,以增大孔径半角,但此法导致像差增大和制造困难,故不实用;另一种方法是增加物镜与观察物间的介质折射率 n,此法因使衍射光的角度变小,即通过物镜的衍射光束增加,故利于鉴别组织细节,显微物镜就是利用了这一原理。此外,在相同介质中,波长短的光源有较大的折射率,同样也将有较多的衍射光束进入物镜。

2. 物镜的鉴别率及显微镜的有效放大倍数

物镜的鉴别率是指物镜具有两个物点清晰分辨的最大能力,用两个物点能清晰分辨的最小距离 d 的倒数表示。d 越小,物镜鉴别率越高。根据理论推导

$$d = \frac{\lambda}{2r_{NA}} \tag{9-2}$$

式中,λ 为入射光的波长;r_{NA} 为数值孔径。可见 r_{NA} 越大或 λ 越小,物镜的分辨能力越高。金相显微镜的鉴别率最高只能达到物镜的鉴别率,故物镜的鉴别率又称为显微镜的鉴别率。

在显微镜中保证物镜鉴别率充分利用时所对应的显微镜的放大倍数,称为显微镜的有效放大倍数,用 $M_{有效}$ 表示。经推导

$$M_{有效} = (0.3 \sim 0.6)\frac{r_{NA}}{\lambda} \tag{9-3}$$

由此可知,显微镜的有效放大倍数由物镜的数值孔径和入射光波长决定。已知有效放大倍数就可正确选择物镜与目镜的配合,以充分发挥物镜的鉴别能力而不致造成虚放大。

3. 景深

景深又称垂直鉴别率,是指在固定像点情况下,成像面沿轴向移动仍能保持图像清晰的范围,它表征物镜对应于不同平面上目的物细节能否清晰成像的一个性质。景深的大小由满意成像的平面的两个极限位置(位于聚焦平面之前和之后)间的距离来度量。

若人眼分辨能力为 $0.15 \sim 0.30$ mm,n 为目的物所在介质的折射率,r_{NA} 为物镜数值孔径,M 为显微镜放大倍数,则景深 h 可表示如下

$$h = \frac{n}{(r_{NA}) \cdot M} \times (0.15 \sim 0.30)(\text{mm}) \tag{9-4}$$

由上式可知,若要求较大的景深,最好选用数值孔径小的物镜,或减小孔径光阑以缩小物镜的工作孔径,这样就不可避免地降低了显微镜的分辨能力。这两个矛盾因素,只能视具体情况决定取舍。

9.2 显微试样的制备

9.2.1 概述

显微分析是研究金属内部组织的最重要的方法。在金相学一百多年的发展历程中,绝大部分研究工作是借助于光学显微镜完成的。近年来,电子显微镜的重要性日益增加,但是光学显微金相技术在科研和生产中仍将占据一定的位置。

用光学显微镜观察和研究任何金属内部组织,一般要分三个阶段来进行:①制备所截取试样的表面;②采用适当的腐蚀操作显示表面的组织;③用显微镜观察和研究试样表面的组织。这三个阶段是一个有机的整体,无论哪一个阶段操作不当,都会影响最终效果,因此不应忽视任何一个阶段。

试样制备工作包括许多技巧,需要有长期的实践经验才能较好地掌握;同时它也比较费时和单调,往往使人感到厌烦。金相显微镜的使用之所以比生物显微镜晚两百年,其原因就是由于长期没有解决试样制备问题。

试样表面比较粗糙时,由于对入射光产生漫射,无法用显微镜观察其内部组织。因此,我们要对试样表面进行加工,通常使用磨光和抛光的方法,以得到一个光亮的镜面。这个表面还必须能完全代表取样前所具有的状态,也就是说,不能在制样过程中使表层发生任何组织变化。获得具备这种条件的试样表面,才算是完成了制备阶段。仅具有光滑的平面的试样,在显微镜下只能看到白亮的一片,而看不到其组织细节,这是由于大多数金属组织中不同的相对于光具有相近的反射能力的缘故。为此必须用一定的试剂对试样表面进行腐蚀,使试样表面有选择性地溶解某些部分(如晶界),从而呈现微小的凸凹不平;这些凸凹不平都在光学系统的景深范围内,这时用显微镜就可以看清楚试样组织的形貌、大小和分布,这就是组织显示阶段。完成了以上两个阶段后,就可以进入显微分析的第三阶段,即显微组织的观察和分析。接下来将介绍试样的制备和组织的显示,包括取样、镶样、磨光、抛光(机械抛光、电解抛光、化学抛光)及腐蚀等几个主要工序。

9.2.2 取样

选择合适的、有代表性的试样是进行金相显微分析极其重要的一步,包括选择取样部位、检验面及确定截取方法、试样尺寸等。

1. 取样部位及检验面的选择

取样部位及检验面的选择取决于被分析材料或零件的特点、加工工艺过程及热处理过程,应选择有代表性的部位。生产中常规检验所用试样的取样部位、形状、尺寸都有明确的规定(详见有关标准)。零件失效分析的试样,应该根据失效的原因,分别在材料失效部位和完好部位取样,以便于对比分析。

2. 试样的截取方法

取样时,应该保证不使被观察的截面由于截取而产生组织变化,因此对不同的材料要采用不同的截取方法:对于软材料,可以用锯、车、刨等加工方法;对于硬材料,可以用砂轮切片机切割或电火花切割等方法;对于硬而脆的材料,如白口铸铁,可以用锤击方法;在大工件上取样,可用氧气切割等方法。在用砂轮切片机切割或电火花切割时,应采取冷却措施,以减少由于受热而引起的试样组织变化。试样上由于截取而引起的变形层或烧损层必须在后续工序中去掉。

3. 试样尺寸

金相试样的大小以便于握持、易于磨制为准。通常显微试样为直径 16～25 mm、高 16～20 mm 的圆柱体或边长为 16～25 mm 的立方体。

对于形状特殊或尺寸细小不易握持的试样,要进行镶嵌或机械夹持。

试样取下后一般先用砂轮磨平。对于很软的材料(如铝、铜等有色金属)可用锉刀锉平。磨砂轮时应利用砂轮的侧面,并使试样沿砂轮径向缓慢往复移动,施加压力要均匀。这样既可以保证使试样磨平,还可以防止砂轮侧面磨出凹槽,使试样无法磨平。在磨制过程中,试样要不断用水冷却,以防止试样因受热升温而产生组织变化。此外,在一般情况下,试样的周界要用砂轮或锉刀磨成圆角,以免在磨光及抛光时将砂纸和抛光织物划破,但是对于需要观察表层组织(如渗碳层、脱碳层)的试样,则不能将边缘磨圆,这种试样最好进行镶嵌。

9.2.3 镶样

一般情况下,如果试样大小合适,则不需要镶样,但试样尺寸过小或形状极不规则者,如带、丝、片、管,制备试样十分困难,就必须把试样镶嵌起来。

目前一般多采用塑料镶嵌。镶嵌材料有热凝性塑料(如胶木粉)、热塑性塑料(如聚氯乙烯)、冷凝性塑料(环氧树脂加固化剂)等。这些材料都各有其特点。胶木粉不透明,有各种颜色,而且比较硬,试样不易倒角,但抗强酸强碱的耐腐蚀性能比较差。聚氯乙烯为半透明或透明的,抗酸碱的耐腐蚀性能好,但较软。用这两种材料镶样均需用专门的镶样机,对加热温度和压力都有一定要求,并会引起淬火马氏体回火、软金属发生塑性变形。用环氧树脂镶样,浇注后可在室温下固化,因而不会引起试样组织发生变化,但这种材料比较软。此外还可以采用机械镶嵌法,即用夹具夹持试样。

9.2.4 磨光

磨光通常是在砂纸上进行的。砂纸上的每颗磨粒可以看成是一个具有一定迎角(即倾角为 $+90°$)的单点刨刀,迎角大于临界值的磨粒才能切除金属,小于临界值的只能压出磨痕,前一种磨粒只占小部分(约 20%)。后一种磨粒使金属表层产生的流变要大得多,试样表层的组织变化(又称变形层)主要是由这种磨粒造成的。

金相试样的磨光除了要使表面光滑平整外,更重要的是应尽可能减少表层损伤。每一道磨光工序必须除去前一道工序造成的变形层(至少应使前一道工序产生的变形层减少到本道工序产生的变形层深度),而不是仅仅把前一道工序的磨痕除去;同时,该道工序本身应做到尽可能减少损伤,以便于进行下一道工序。最后一道磨光工序产生的变形层深度应非常浅,保证

能在下一道抛光工序中除去。

9.2.5　抛光

1. 机械抛光

抛光的目的就是要尽快把磨光工序留下的变形层除去,并使抛光产生的变形层不影响显微组织的观察。

抛光操作的关键是要设法得到最大的抛光速率,以便尽快除去磨光时产生的损伤层,同时要使抛光产生的变形层不致影响最终观察到的组织,即不会产生假象。这两个要求是有矛盾的,前者要求使用较粗的磨料,但会使抛光变形层较深;后者要求使用最细的磨料,但抛光速率较低。解决这个矛盾的最好办法就是把抛光分为两个阶段来进行。首先是粗抛,目的是除去磨光的变形层,这一阶段应具有最大的抛光速率,粗抛本身形成的变形层是次要的考虑,不过也应尽可能小。其次是精抛(又称终抛),其目的是除去粗抛产生的变形层,使抛光损伤减到最小。

以前,粗抛常用的磨料是粒度为 $10 \sim 20~\mu m$ 的 $\alpha - Al_2O_3$、Cr_2O_3 或 Fe_2O_3,加水配成悬浮液使用。目前,人造金刚石磨料已逐渐取代了氧化铝等磨料,因其具有以下优点:①与氧化铝等相比,粒度小得多的金刚石磨粒,抛光速率要大得多,例如 $4 \sim 8~\mu m$ 金刚石磨粒的抛光速率与 $10 \sim 20~\mu m$ 氧化铝或碳化硅的抛光速率相近;②表面变形层较浅;③抛光质量较好。

通常,使用金刚石膏状磨料的抛光速率远比悬浮液大。金刚石磨料的价格虽高,但抛光速率大,切削能力保持的时间也长,因此它的消耗量少,只要注意节约使用,并合理选择抛光机的转速,就可以充分发挥其优越性。用金刚石研磨膏进行粗抛时,一般先使用粒度为 $3.5~\mu m$ 的磨料,然后再使用粒度为 $1~\mu m$ 的磨料,可获得最佳效果。

2. 电解抛光

机械抛光时,试样表面要产生变形层,影响金相组织显示的真实性。电解抛光可以避免上述问题,因为电解抛光纯系电化学的溶解过程,没有机械力的作用,不引起金属的表面变形。对于硬度低的单相合金,如奥氏体不锈钢、高锰钢等宜采用此法。此外,电解抛光对试样磨光程度要求低(一般用800号水砂纸磨平即可),速度快,效率高。

但是电解抛光对于材料化学成分的不均匀性、显微偏析特别敏感,非金属夹杂物处会被剧烈地腐蚀,因此电解抛光不适用于偏析严重的金属材料及作夹杂物检验的金相试样。

电解抛光的装置如图 9-10(a)所示。试样接阳极,不锈钢板作阴极,放入电解液中,接通电源后,阳极发生溶解,金属离子进入溶液中。电解抛光的原理现在一般都用薄膜假说的理论来解释,如图 9-10(b)所示。电解抛光时,在原来高低不平的试样表面上形成一层具有较高电阻的薄膜,试样凸起部分的膜比凹下部分薄,膜越薄电阻越小,电流密度越大,金属溶解速度越快,从而使凸起部分渐趋平坦,最后形成光滑平整的表面。在抛光操作时必须选择合适的电压,控制好电流密度,过低和过高的电压都不能达到正常抛光的目的。

3. 化学抛光

化学抛光是靠化学溶解作用得到光滑的抛光表面。这种方法操作简单,成本低廉,不需要特别的仪器设备,对原来试样表面的粗糙度要求不高,这些优点都给金相工作者带来很大方便。

化学抛光的原理与电解抛光类似,是化学药剂对试样表面不均匀溶解的结果。在溶解的

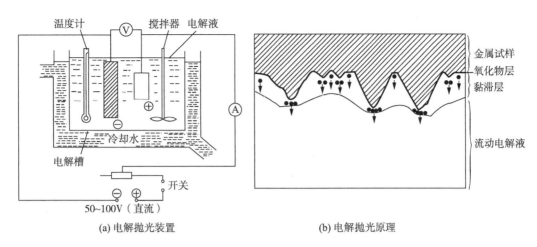

(a) 电解抛光装置   (b) 电解抛光原理

图 9 - 10　电解抛光

过程中表层也产生一层氧化膜,但化学抛光对试样原来凸起部分的溶解速度比电解抛光慢,因此经化学抛光后的磨面较光滑但不十分平整,有波浪起伏。这种起伏一般在物镜的垂直鉴别能力之内,适于用显微镜作低倍和中倍观察。

化学抛光是将试样浸在化学抛光液中,进行适当的搅动或用棉花经常擦拭,经过一定时间后,就可以得到光亮的表面。化学抛光兼有化学腐蚀的作用,能显示金相组织,抛光后可直接在显微镜下观察。

化学抛光液的成分随抛光材料的不同而不同。一般为混合酸溶液,常用的酸类有正磷酸、铬酸、硫酸、醋酸、硝酸及氢氟酸;为了增加金属表面的活性以利于化学抛光的进行,还加入一定量的过氧化氢。化学抛光液经使用后,溶液内金属离子增多,抛光作用减弱,需经常更换新溶液。

9.2.6　腐蚀

试样抛光后(化学抛光除外),在显微镜下,只能看到光亮的磨面及夹杂物等。要对试样的组织进行显微分析,还需让试样经过腐蚀。常用的腐蚀方法有化学腐蚀法和电解腐蚀法。

1. 化学腐蚀

化学腐蚀是将抛光好的样品磨面在化学腐蚀剂中腐蚀一定时间,从而显示出试样的组织。

纯金属及单相合金的腐蚀是一个化学溶解的过程。由于晶界上原子排列不规则,具有较高的自由能,所以晶界易受腐蚀而呈凹沟,使组织显示出来,在显微镜下可以看到多边形的晶粒。若腐蚀较深,则由于各晶粒位向不同,不同的晶面溶解速率不同,腐蚀后的显微平面与原磨面的角度不同,在垂直光线照射下,反射进入物镜的光线不同,可看到明暗不同的晶粒(图9－11)。

两相合金的腐蚀主要是一个电化学腐蚀的过程。两个组成相具有不同的电极电位,在腐蚀剂中,形成极多微小的局部电池。具有较高负电位的一相成为阳极,被溶入电解液中而逐渐凹下去;具有较高正电位的另一相为阴极,保持原来的平面高度。因而在显微镜下可清楚地显示出合金的两相。图 9 - 12 为 Fe - Cu 合金腐蚀后的情况。

多相合金的腐蚀,主要也是一个电化学的溶解过程。在腐蚀过程中腐蚀剂对各个相有不

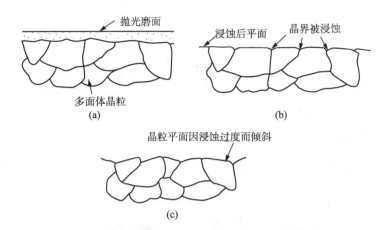

图 9 - 11　纯金属及单相合金化学腐蚀情况示意

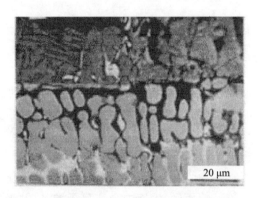

图 9 - 12　Fe - Cu 合金的腐蚀

同程度的溶解。必须选用合适的腐蚀剂,如果一种腐蚀剂不能将全部组织显示出来,就应采取两种或更多种腐蚀剂依次腐蚀,使之逐渐显示出各相组织,这种方法也叫选择腐蚀法。另一种方法是薄膜染色法。此法是利用腐蚀剂与磨面上各相发生化学反应,形成一层厚薄不均的膜(或反应沉淀物),在白光的照射下,由于光的干涉使各相呈现不同的色彩,从而达到辨认各相的目的。

化学腐蚀的方法是显示金相组织最常用的方法。其操作方法是:将已抛光好的试样用水冲洗干净或用酒精擦掉表面残留的脏物,然后将试样磨面浸入腐蚀剂中或用竹夹子夹住棉花球沾取腐蚀剂在试样磨面上擦拭,抛光的磨面即逐渐失去光泽;待试样腐蚀合适后马上用水冲洗干净,用滤纸吸干或用吹风机吹干试样磨面,即可放在显微镜下观察。

2. 电解腐蚀

电解腐蚀所用的设备与电解抛光相同,只是工作电压和工作电流比电解抛光时小。这时在试样磨面上一般不形成一层薄膜,由于各相之间和晶粒与晶界之间电位不同,在微弱电流的作用下各相腐蚀程度不同,因而显示出组织。此法适于抗腐蚀性能强、难于用化学腐蚀法腐蚀的材料。

10 透射电子显微镜

10.1 透射电子显微镜与工作原理

10.1.1 电子光学基础

1. 光学显微镜的分辨率极限

光学显微镜的分辨本领为

$$\Delta r_0 \approx \frac{1}{2}\lambda \tag{10-1}$$

式中，λ 为照明光源的波长。

上式表明，光学显微镜的分辨本领取决于照明光源的波长。在可见光波长范围内，光学显微镜分辨本领的极限为 2 000 Å。因此要提高显微镜的分辨本领，关键是要有波长短、又能聚焦成像的照明光源。

1924 年德布罗意发现电子波的波长比可见光短十万倍。又过了两年，布施指出轴对称非均匀磁场能使电子波聚焦。在此基础上，1933 年鲁斯卡等设计并制造了世界上第一台透射电子显微镜。

2. 电子波的波长

电子显微镜的照明光源是电子波。电子波的波长取决于电子运动的速度和质量，即

$$\lambda = \frac{h}{mv} \tag{10-2}$$

式中，h 为普朗克常数；m 为电子的质量；v 为电子的速度，它和加速电压 U 之间存在下面的关系。

$$\frac{1}{2}mv^2 = eU$$

即

$$v = \sqrt{\frac{2eU}{m}} \tag{10-3}$$

式中，e 为电子所带的电荷。

由式（10-2）和式（10-3）可得

$$\lambda = \frac{h}{\sqrt{2emU}} \tag{10-4}$$

如果电子速度较低,则它的质量和静止质量相近,即 $m \approx m_0$。如果加速电压很高,使电子具有极高的速度,则必须经过相对论校正,此时

$$m = \frac{m_0}{\sqrt{1 - \left(\dfrac{v}{c}\right)^2}} \qquad (10-5)$$

式中,c 为光速。

表 10-1 是根据式(10-4)计算出的不同加速电压下电子波的波长。

表 10-1   不同加速电压下电子波的波长

加速电压/kV	电子波波长/Å	加速电压/kV	电子波波长/Å
1	0.388	40	0.060 1
2	0.274	50	0.053 6
3	0.224	60	0.048 7
4	0.194	80	0.041 8
5	0.713	100	0.037 0
10	0.122	200	0.025 1
20	0.085 9	500	0.014 2
30	0.069 8	1 000	0.008 7

可见光的波长在 3 900～7 600 Å,从计算出的电子波波长来看,在常用的 100～200 kV 加速电压下,电子波的波长要比可见光小 5 个数量级。

3. 电磁透镜

透射电子显微镜中用磁场来使电子波聚焦成像的装置是电磁透镜。

图 10-1 为电磁透镜的聚焦原理示意。通电的短线圈就是一个简单的电磁透镜,它能产生一种轴对称不均匀分布的磁场。磁力线围绕导线呈环状,磁力线上任意一点的磁感应强度 B 都可以分解成平行于透镜主轴的分量 B_z 和垂直于透镜主轴的分量 B_r。速度为 v 的平行电子束进入透镜的磁场时,位于 A 点的电子将受 B_r 分量的作用。根据右手法则,电子所受的切向力 F_t 的方向如图 10-1(b)所示。F_t 使电子获得一个切向速度 v_t。v_t 随即和 B_z 分量叉乘,形成了另一个向透镜主轴靠近的径向力 F_r 使电子向主轴偏转(聚焦)。当电子穿过线圈走到 B 点位置时,B_r 的方向改变了 $180°$,F_t 随之反向,但是 F_r 的反向只能使 v_t 变小,而不能改变 v_t 的方向,因此穿过线圈的电子仍然趋向于向主轴靠近。结果使电子做如图 10-1(c)所示那样的圆锥螺旋近轴运动。一束平行于主轴的入射电子束通过电磁透镜时将被聚焦在轴线上一点,即焦点,这与光学玻璃凸透镜对平行于轴线入射的平行光的聚焦作用十分相似。

与光学玻璃透镜相似,电磁透镜物距、像距和焦距三者之间的关系式及放大倍数为

$$\frac{1}{f} = \frac{1}{L_1} + \frac{1}{L_2}$$

$$M = \frac{f}{L_1 - f} \qquad (10-6)$$

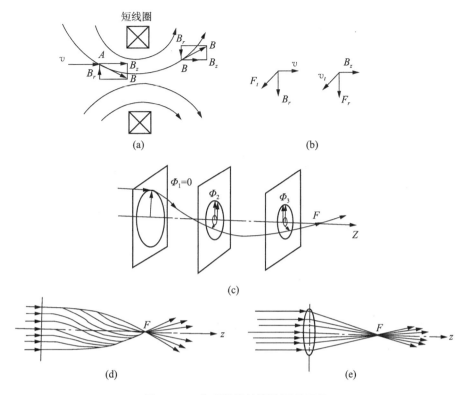

图 10 - 1　电磁透镜的聚焦原理示意

式中,f 为焦距;L_1 为物距;L_2 为像距;M 为放大倍数。

电磁透镜的焦距可由下式近似计算

$$f \approx K \frac{U_r}{(IN)^2} \tag{10-7}$$

式中,K 为常数;U_r 为经相对论校正的电子加速电压;IN 为电磁透镜激磁安匝数。

4. 电磁透镜的像差

像差分成两类,即几何像差和色差。几何像差是由透镜磁场几何形状上的缺陷造成的,主要指球差和像散。色差是由于电子波的波长或能量发生一定幅度的改变而造成的。下面将分别讨论球差、像散和色差形成的原因并指出减小这些像差的途径。

(1) 球差

球差即球面像差,是由于电磁透镜的中心区域和边缘区域对电子的折射能力不符合预定的规律而造成的:离开透镜主轴较远的电子(远轴电子)比主轴附近的电子(近轴电子)被折射程度大。当物点 P 通过透镜成像时,电子就不会会聚到同一焦点上,从而形成了一个散焦斑,如图 10 - 2 所示。如果像平面在远轴电子的焦点和近轴电子的焦点之间作水平移动,就可以得到一个最小的散焦圆斑。最小散焦斑的半径用 R_s 表示。若把 R_s 除以放大倍数,就可以把它折算到物平面上去,其大小为 $\Delta r_s = \dfrac{R_s}{M}$。$\Delta r_s$ 为由于球差造成的散焦斑半径,也就是说,物平面上两点距离小于 $2\Delta r_s$ 时,则该透镜不能分辨,即在透镜的像平面上得到的是一个点。M 为

透镜的放大倍数。Δr_s 可通过下式计算

$$\Delta r_s = \frac{1}{4}C_s\alpha^3 \tag{10-8}$$

式中，C_s 为球差系数；α 为孔径半角。

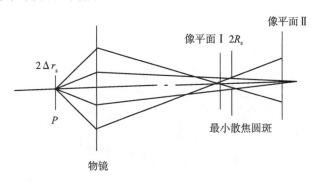

图 10-2　球差

通常情况下，物镜的 C_s 值相当于它的焦距大小，约为 $1\sim3$ mm。从式(10-8)可以看出，减小球差可以通过减小 C_s 值和缩小孔径角来实现，因为球差和孔径半角成三次方的关系，所以用小孔径角成像时，可使球差明显减小。

（2）像散

像散是由透镜磁场的非旋转对称引起的。透镜磁场的这种非旋转性对称，会使它在不同方向上的聚焦能力出现差别，结果使成像物点 P 通过透镜后不能在像平面上聚焦成一点，见图 10-3。在聚焦最好的情况下，能得到一个最小的散焦斑，把最小散焦斑的半径 R_A 折算到物点 P 的位置上去，就形成了一个半径为 Δr_A 的圆斑，即 $\Delta r_A = \dfrac{R_A}{M}$（$M$ 为透镜放大倍数），用 Δr_A 来表示像散的大小。Δr_A 可通过下式计算

$$\Delta r_A = \Delta f_A\alpha \tag{10-9}$$

式中，Δf_A 为电磁透镜出现椭圆度时造成的焦距差。

如果电磁透镜在制造过程中已存在固有的像散，则可以通过引入一个强度和方位都可以调节的矫正磁场来进行补偿，这个产生矫正磁场的装置就是消像散器。

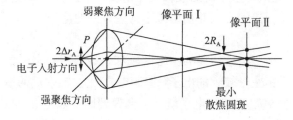

图 10-3　像散

（3）色差

色差是由入射电子波长（或能量）的非单一性造成的。

若入射电子能量出现一定的差别,能量大的电子在距透镜光心比较远的地点聚焦,而能量较低的电子在距光心较近的地点聚焦,由此造成了一个焦距差。使像平面在长焦点和短焦点之间移动时,也可得到一个最小的散焦斑,其半径为 R_c,如图 10-4 所示。

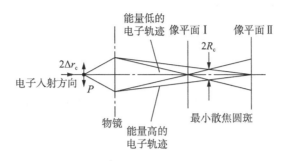

图 10-4　色差

用 R_c 除以透镜的放大倍数 M,即可把散焦斑的半径折算到物点 P 的位置上去,这个半径大小等于 Δr_c,即 $\Delta r_c = \dfrac{R_c}{M}$,其值可以通过下式计算

$$\Delta r_c = C_c \alpha \left| \frac{\Delta E}{E} \right| \tag{10-10}$$

式中,C_c 为色差系数;$\left| \dfrac{\Delta E}{E} \right|$ 为电子束能量变化率。

当 C_c 和孔径半角 α 一定时,$\left| \dfrac{\Delta E}{E} \right|$ 的数值取决于加速电压的稳定性和电子穿过样品时发生非弹性散射的程度。如果样品很薄,则可把后者的影响略去,因此采取稳定加速电压的方法可以有效地减小色差。色差系数(C_c)与球差系数(C_s)均随透镜激磁电流的增大而减小。

5. 分辨本领

电磁透镜的分辨本领由衍射效应和球面像差来决定。

(1)衍射效应对分辨本领的影响

由衍射效应所限定的分辨本领在理论上可由 Rayleigh 公式计算,即

$$\Delta r_0 = \frac{0.61\lambda}{N\sin\alpha} \tag{10-11}$$

式中　Δr_0——成像物体(试样)上能分辨出来的两个物点间的最小距离,用它来表示分辨本领的大小,Δr_0 越小,透镜的分辨本领越高;

　　　　λ——波长;

　　　　N——介质的相对折射系数;

　　　　α——透镜的孔径半角。

现在主要来分析一下 Δr_0 的物理含义。图 10-5 中物体上的物点通过透镜成像时,由于衍射效应,在像平面上得到的并不是一个点,而是一个中心最亮、周围带有明暗相间的同心圆环的圆斑,即所谓的 Airy 斑。若样品上有两个物点 S_1、S_2 通过透镜成像,在像平面上会产生两个 Airy 斑 S_1'、S_2',如图 10-5(a)所示。如果这两个 Airy 斑相互靠近,当两个光斑强度峰间的强度谷值比强度峰值低 19%时(把强度峰的高度看作 100%),这个强度反差对人眼来说是

刚好有所感觉的,也就是说,这个反差值是人眼能否感觉出存在 S'_1、S'_2 两个斑点的临界值。式 (10-11) 中的常数项就是以这个临界值为基础的。在峰谷之间出现 19% 强度差值时,像平面上 S'_1、S'_2 之间的距离正好等于 Airy 斑的半径 R_0,折算到物平面上点 S_1 和 S_2 的位置上时,就能形成两个以 $\Delta r_0 = \dfrac{R_0}{M}$ 为半径的小圆斑。两个圆斑之间的距离与它们的半径相等。如果把试样上 S_1 点和 S_2 点间的距离进一步缩小,那么人们就无法通过透镜把它们的像 S'_1 和 S'_2 分辨出来。由此可见,若以任一物点为圆心,并以 Δr_0 为半径作一个圆,此时与之相邻的第二物点位于这个圆周之内时,则透镜就无法分辨出此两物点间的反差。如果第二物点位于圆周之外,便可被透镜鉴别出来,因此 Δr_0 就是衍射效应限定的透镜的分辨本领。

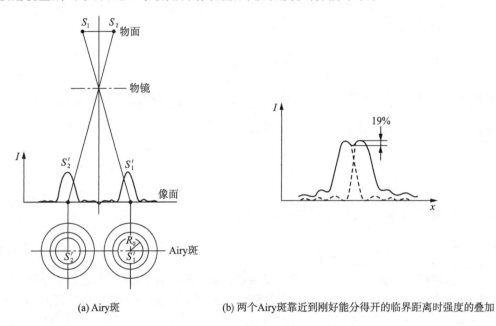

(a) Airy 斑   (b) 两个 Airy 斑靠近到刚好能分得开的临界距离时强度的叠加

图 10-5 两个点光源成像时形成的 Airy 斑

综上分析可知,若只考虑衍射效应,在照明光源和介质一定的条件下孔径半角 α 越大,透镜的分辨本领越高。

(2) 像差对分辨率的影响

如前所述,由于球差、像散和色差的影响,物体(试样)上的光点在像平面上均会扩展成散焦斑。各散焦斑半径折算到物体后得到的 Δr_s、Δr_A、Δr_c 值自然就成了由球差、像散和色差所限定的分辨本领。

因为电磁透镜总是会聚透镜,至今还没有找到一种矫正球差行之有效的方法。所以球差便成为限制电磁透镜分辨本领的主要因素。若同时考虑衍射和球差对分辨本领的影响时,则会发现改善其中一个因素时会使另一个因素变坏。为了使球差变小,可通过减小 α 来实现 $\left(\Delta r_s = \dfrac{1}{4} C_s \alpha^3 \right)$,但从衍射效应来看,$\alpha$ 减小将使 Δr_0 变大,分辨本领下降。因此,两者必须兼顾。关键是确定电磁透镜的最佳孔径半角 α_0,使得衍射效应 Airy 斑和球差散焦斑尺寸大小相等,表明两者对透镜分辨本领的影响效果一样。令式 (10-8) 中的 Δr_s 和式 (10-11) 中的 Δr_0

相等,求出 $\alpha_0 = 12.5 \left(\dfrac{\lambda}{C_s} \right)^{\frac{1}{4}}$。这样,电磁透镜的分辨本领为 $\Delta r_0 = A\lambda^{\frac{3}{4}} C_s^{\frac{1}{4}}$,$A$ 为常数,$A \approx 0.4 \sim$ 0.55。目前,透射电镜的最佳分辨本领达 10^{-1} nm 数量级。

10.1.2　透射电子显微镜的结构与成像原理

透射电子显微镜是以波长极短的电子束作为照明源,用电磁透镜聚焦成像的一种具有高分辨本领、高放大倍数的电子光学仪器。它由电子光学系统、电源与控制系统及真空系统三部分组成。电子光学系统通常称镜筒,是透射电子显微镜的核心,它的光路原理与透射光学显微镜十分相似,如图 10-6 所示。它分为三部分,即照明系统、成像系统和观察记录系统。

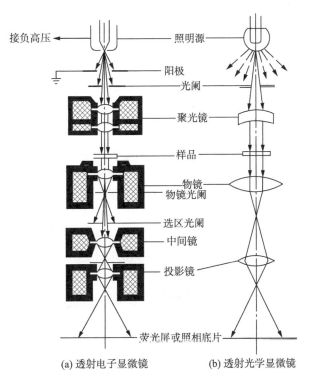

接负高压　照明源
阳极
光阑
聚光镜
样品
物镜
物镜光阑
选区光阑
中间镜
投影镜
荧光屏或照相底片

(a) 透射电子显微镜　　(b) 透射光学显微镜

图 10-6　透射显微镜构造原理和光路

1. 照明系统

照明系统由电子枪、聚光镜和相应的平移对中、倾斜调节装置组成。其作用是提供一束亮度高、照明孔径角小、平行度好、束流稳定的照明源。为满足明场和暗场成像的需要,照明束可在 $2° \sim 3°$ 倾斜。

(1) 电子枪

电子枪是透射电子显微镜的电子源。常用的是热阴极三极电子枪,它由发夹形钨丝阴极、栅极和阳极组成,如图 10-7 所示。

图 10-7(a)为电子枪的自偏压回路,负的高压直接加在栅极上,而阴极和负高压之间因加上了一个偏压电阻,使栅极和阴极之间有一个数百伏的电位差。图 10-7(b)中反映了阴极、栅极和阳极之间的等位面分布情况。因为栅极比阴极电位值更负,所以可以用栅极来控制

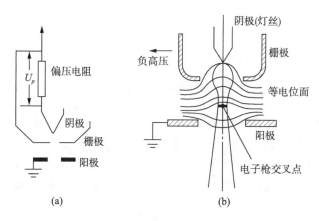

图 10-7　电子枪

阴极的发射电子有效区域。当阴极流向阳极的电子数量加大时,在偏压电阻两端的电位值增加,使栅极电位比阴极进一步变负,由此可以减小灯丝有效发射区域的面积,束流随之减小。若束流因某种原因而减小时,偏压电阻两端的电压随之下降,致使栅极和阴极之间的电位接近。此时,栅极排斥阴极发射电子的能力减小,束流又可望上升。因此,自偏压回路可以起到限制和稳定束流的作用。由于栅极的电位比阴极负,所以自阴极端点引出的等位面在空间呈弯曲状。在阴极和阳极之间的某一地点,电子束会会集成一个交叉点,这就是通常所说的电子源。交叉点处电子束直径约几十个微米。

(2) 聚光镜

聚光镜用来会聚电子枪射出的电子束,以最小的损失照明样品,调节照明强度、孔径角和束斑大小。一般都采用双聚光镜系统,如图 10-8 所示。第一聚光镜是强激磁透镜,束斑缩小率在 1/50～1/10,将电子枪第一交叉点束斑缩小为 1～5 μm;而第二聚光镜是弱激磁透镜,适焦时放大倍数在 2 倍左右。结果在样品平面上可获得 2～10 μm 的照明电子束斑。

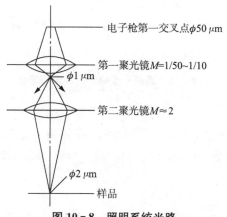

图 10-8　照明系统光路

2. 成像系统

成像系统主要由物镜、中间镜和投影镜组成。

(1) 物镜

物镜是用来形成第一幅高分辨率电子显微图像或电子衍射花样的透镜。透射电子显微镜分辨本领的高低主要取决于物镜。因为物镜的任何缺陷都将被成像系统中其他透镜进一步放大。欲获得物镜的高分辨本领,必须尽可能降低像差。通常采用强激磁、短焦距的物镜,像差小。

物镜是一个强激磁短焦距的透镜($f \approx 1 \sim 3$ mm),它的放大倍数较高,一般为 $100 \sim 300$ 倍。目前,高质量的物镜其分辨率可达 0.1 nm 左右。

物镜的分辨率主要取决于极靴的形状和加工精度。一般来说,极靴的内孔和上下极靴之间的距离越小,物镜的分辨率就越高。为了减小物镜的球差,往往在物镜的后焦面上安放一个物镜光阑。物镜光阑不仅具有减小球差、像散和色差的作用,而且可以提高图像的衬度。此外,当物镜光阑位于后焦面位置上时,可以方便地进行暗场及衍衬成像操作。

在用电子显微镜进行图像分析时,物镜和样品之间的距离总是固定不变的(即物距 L_1 不变)。因此改变物镜放大倍数进行成像时,主要是改变物镜的焦距和像距(即 f 和 L_2)来满足成像条件。

(2) 中间镜

中间镜是一个弱激磁的长焦距变倍透镜,可在 $0 \sim 20$ 倍范围调节。当放大倍数大于 1 时,用来进一步放大物镜像,当放大倍数小于 1 时,用来缩小物镜像。

在电子显微镜操作过程中,主要是利用中间镜的可变倍率来控制电镜的总放大倍数。如果物镜的放大倍数 $M_0 = 100$,投影镜的放大倍数 $M_p = 100$,则中间镜放大倍数 $M_i = 20$ 时,总放大倍数 $M = 100 \times 20 \times 100 = 200\ 000$ 倍。若 $M_i = 1$,则总放大倍数为 10 000 倍。

如果把中间镜的物平面和物镜的像平面重合,则在荧光屏上将得到一幅放大像,这就是电子显微镜中的成像操作,如图 10 - 9(a)所示;如果把中间镜的物平面和物镜的背焦面重合,则在荧光屏上将得到一幅电子衍射花样,这就是透射电子显微镜中的电子衍射操作,如图 10 - 9(b)所示。

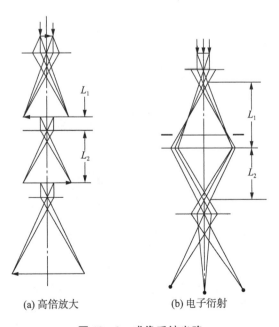

(a) 高倍放大   (b) 电子衍射

图 10 - 9 成像系统光路

（3）投影镜

投影镜的作用是把经中间镜放大（或缩小）的像（或电子衍射花样）进一步放大，并投影到荧光屏上，它和物镜一样，是一个短焦距的强磁透镜。投影镜的激磁电流是固定的，因为成像电子束进入投影镜时孔径角很小（约 10^{-5} rad），因此它的景深和焦长都非常大。即使改变中间镜的放大倍数，使显微镜的总放大倍数有很大的变化，也不会影响图像的清晰度。有时，中间镜的像平面还会出现一定的位移，由于这个位移距离仍处于投影镜的景深范围之内，因此，在荧光屏上的图像依旧是清晰的。

3. 观察记录系统

观察和记录装置包括荧光屏和照相机构，在荧光屏下面放置一个可以自动换片的照相暗盒。照相时只要把荧光屏掀往一侧垂直竖起，电子束即可使照相底片曝光。由于透射电子显微镜的焦长很大，虽然荧光屏和底片之间有数厘米的间距，但仍能得到清晰的图像。

通常采用在暗室操作情况下人眼较敏感的、发绿光的荧光物质来涂制荧光屏。这样有利于高放大倍数、低亮度图像的聚焦和观察。

电子感光片是一种对电子束曝光敏感、颗粒度很小的溴化物乳胶底片，它是一种红色盲片。由于电子与乳胶相互作用比光子强得多，照相曝光时间很短，只需几秒钟。早期的电子显微镜用手动快门，构造简单，但曝光不均匀。新型电子显微镜均采用电磁快门，与荧光屏动作密切配合，动作迅速，曝光均匀。有的还装有自动曝光装置，根据荧光屏上图像的亮度，自动地确定曝光所需的时间。如果配上适当的电子线路，还可以实现拍片自动计数。

电子显微镜工作时，整个电子通道都必须置于真空系统之内。新式的电子显微镜中电子枪、镜筒和照相室之间都装有气阀，各部分都可单独地抽真空和单独放气，因此，在更换灯丝、清洗镜筒和更换底片时，可不破坏其他部分的真空状态。

图 10-10 给出了 JEM2010F 型透射电子显微镜的外观图。

图 10-10　JEM2010F 型透射电子显微镜外观示意图

10.1.3　主要部件的结构与工作原理

1. 样品平移与倾斜装置(样品台)

透射电子显微镜样品既小又薄,通常需用一种有许多网孔(如 200 目方孔或圆孔),外径为 3 mm 的样品铜网来支持,如图 10 - 11 所示。样品台的作用是承载样品,并使样品能在物镜极靴孔内平移、倾斜、旋转,以选择感兴趣的样品区域或位向进行观察分析。

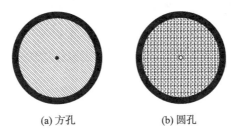

(a) 方孔　　　　　(b) 圆孔

图 10 - 11　样品铜网放大像

对样品台的要求是非常严格的。首先必须使样品铜网牢固地夹持在样品座中并保持良好的热、电接触,减小因电子照射引起的热或电荷堆积而产生样品的损伤或图像漂移。平移是任何样品台最基本的动作,通常在两个相互垂直方向上样品平移最大值为±1 mm,以确保样品铜网上大部分区域都能观察到。样品移动机构要有足够的机械精度,无效行程应尽可能小。总而言之,在照相曝光期间,样品图像的漂移量应小于相应情况下显微镜像的分辨率。

在电子显微镜下分析薄晶体样品的组织结构时,应对它进行三维立体的观察,即不仅要求样品能平移以选择视野,而且必须使样品相对于电子束照射方向做有目的的倾斜,以便从不同方位获得各种形貌和晶体学的信息。新式的电子显微镜常配备精度很高的样品倾斜装置。下面对晶体结构分析中用得最普遍的倾斜装置——侧插式倾斜装置(图 10 - 12)进行介绍。

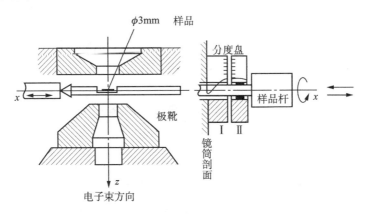

图 10 - 12　侧插式样品倾斜装置

所谓"侧插"就是样品杆从侧面进入物镜极靴中去的意思。倾斜装置由两部分组成,见图 10 - 12。主体部分是一个圆柱分度盘,它的水平轴线 x-x 和镜筒的中心线 z 垂直相交,水平轴就是样品台的倾斜轴,样品倾斜时,倾斜的度数可直接在分度盘上读出。主体以外部分是样品杆,它的前端可装载铜网夹持样品或直接装载直径为 3 mm 的圆片状薄晶体样品。样品杆沿圆柱分度盘的中间孔插入镜筒,使圆片样品正好位于电子束的照射位置上。分度盘是由带刻度的两段圆柱体组成的,其中一段圆柱Ⅰ的一个端面和镜筒固定,另一段圆柱Ⅱ可以绕倾斜轴线旋转。圆柱Ⅱ绕倾斜轴旋转时,样品杆也跟着转动。如果样品上的观察点正好和图中两轴线的交点 O 重合时,则样品倾斜时观察点不会移到视域外面去。为了使样品上所有点都能有机会和交点 O 重合,样品杆可以通过机械传动装置在圆柱刻度盘Ⅱ的中间孔内作适当的水平移动和上下调整。

有的样品杆本身还带有使样品倾斜或原位旋转的装置:这些样品杆和倾斜样品台组合在一起就是侧插式双倾样品台和单倾旋转样品台。目前双倾样品台是最常用的,它可以使样品沿 x 轴和 y 轴倾转 $\pm60°$。在晶体结构分析中,利用样品倾斜和旋转装置可以测定晶体的位向、相变时的惯习面以及析出相的方位等。

2. 电子束倾斜与平移装置

新式的电子显微镜都带有电磁偏转器,利用电磁偏转器可以使入射电子束平移和倾斜。

图 10-13 为电子束平移和倾斜的原理图,图 10-13 中上、下两个偏转线圈是联动的,如果上、下偏转线圈偏转的角度相等但方向相反,电子束会进行平移运动,见图 10-13 (a),如果上偏转线圈使电子束顺时针偏转 θ 角,下偏转线圈使电子束逆时针偏转 $\theta+\beta$ 角,则电子束相对于原来的方向倾斜了 β 角,而入射点的位置不变,见图 10-13 (b)。利用电子束原位倾斜可以进行所谓的中心暗场成像操作。

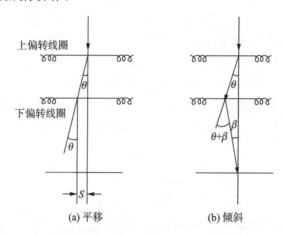

图 10-13　电子束平移和倾斜的原理图

3. 消像散器

消像散器可以是机械式的,也可以是电磁式的。机械式的是在电磁透镜的磁场周围放置几块位置可以调节的导磁体,用它们来吸引一部分磁场,把固有的椭圆形磁场校正成接近旋转对称的磁场。电磁式的是通过电磁极间的吸引和排斥来校正椭圆形磁场的,见图 10-14,图中两组四对电磁体排列在透镜磁场的外围,每对电磁体均采取同极相对的安置方式。通过改变这两组电磁体的激磁强度和磁场的方向,就可以把固有的椭圆形磁场校正成旋转对称磁场,起到了消除像散的作用。消像散器一般都安装在透镜的上、下极靴之间。

4. 光阑

在透射电子显微镜中有三种主要光阑,它们是聚光镜光阑、物镜光阑和选区光阑。

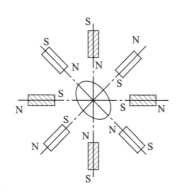

图 10-14　电磁式消像散器示意

（1）聚光镜光阑

聚光镜光阑的作用是限制照明孔径角。在双聚光镜系统中，光阑常装在第二聚光镜的下方。光阑孔的直径为 $20\sim400~\mu m$。作一般分析观察时，聚光镜的光阑孔直径可为 $200\sim300~\mu m$。若作微束分析时，则应采用小孔径光阑。

（2）物镜光阑

物镜光阑又称为衬度光阑，通常它被安放在物镜的后焦面上。常用物镜光阑孔的直径为 $20\sim120~\mu m$。电子束通过薄膜样品后会产生散射和衍射。散射角（或衍射角）较大的电子被光阑挡住，不能继续进入镜筒成像，从而就会在像平面上形成具有一定衬度的图像。光阑孔越小，被挡去的电子越多，图像的衬度就越大，这就是物镜光阑又叫做衬度光阑的原因。加入物镜光阑使物镜孔径角减小，能减小像差，得到质量较高的显微图像。物镜光阑的另一个主要作用是在后焦面上套取衍射束的斑点（即副焦点）成像，这就是所谓的暗场像。利用明暗场显微照片的对照分析，可以方便地进行物相鉴定和缺陷分析。

物镜光阑都用无磁性的金属（铂、钼等）制造。由于小光阑孔很容易受到污染，高性能的电镜中常用抗污染光阑或自洁光阑。这种光阑常做成四个一组，每个光阑孔的周围开有缝隙，使光阑孔受电子束照射后热量不易散出。由于光阑孔常处于高温状态，污染物不易沉积上去。四个一组的光阑孔被安装在一个光阑杆的支架上，使用时通过光阑杆的分挡机构按需要依次插入，使光阑孔中心位于电子束的轴线上（光阑中心和主焦点重合）。

（3）选区光阑

选区光阑又称场限光阑或视场光阑。为了分析样品上的一个微小区域，应该在样品上放一个光阑，使电子束只能通过光阑孔限定的微区。对这个微区进行衍射分析叫做选区衍射。由于样品待分析的微区很小，一般是微米数量级。制作这样大小的光阑孔在技术上还有一定的困难，加之小光阑孔极易污染，因此，选区光阑一般都放在物镜的像平面位置。这样布置达到的效果与光阑放在样品平面处是完全一样的，但光阑孔的直径就可以做得比较大。如果物镜放大倍数是 50 倍，则一个直径等于 $50~\mu m$ 的光阑就可以选择样品上直径为 $1~\mu m$ 的区域。

选区光阑同样是用无磁性金属材料制成的，一般选区光阑孔的直径为 $20\sim400~\mu m$，和物镜光阑一样它同样可制成大小不同的四孔一组的光阑片，由光阑支架分挡推入镜筒。

10.2 透射电子显微镜的应用

10.2.1 复型技术

由于电子束的穿透能力比较低,用透射电子显微镜分析的样品非常薄,根据样品的原子序数大小不同,一般在5~500 nm,要制成这样薄的样品必须通过一些特殊的方法,复型法就是其中之一。所谓复型,就是样品表面形貌的复制,其原理与侦破案件时用石膏复制罪犯鞋底花纹相似。复型法实际上是一种间接(或部分间接)的分析方法,因为通过复型制备出来的样品是真实样品表面形貌组织结构细节的薄膜复制品。

制备复型的材料应具备以下条件。①复型材料本身必须是非晶态材料。晶体在电子束照射下,某些晶面将发生布拉格衍射,衍射产生的衬度会干扰复型表面形貌的分析。②复型材料的粒子尺寸必须很小,复型材料的粒子越小,分辨率就越高。例如,用碳作复型材料时,碳粒子的直径很小,分辨率可达2 nm左右;而用塑料作复型材料时,由于塑料分子的直径比碳粒子大得多,因此它只能分辨直径比10~20 nm大的组织细节。③复型材料应具备耐电子云轰击的性能,即在电子束照射下能保持稳定不发生分解和破坏。

真空蒸发形成的碳膜和通过浇铸蒸发而成的塑料膜都是非晶体薄膜,它们的厚度又都小于100 nm,在电子束照射下也具备一定的稳定性,因此符合制造复型的条件。

目前,主要采用的复型方法是:一级复型法、二级复型法和萃取复型法三种。由于近年来扫描电子显微镜分析技术和金属薄膜技术发展很快,复型技术部分地被上述两种分析方法替代。但是,用复型观察断口比扫描电镜的断口清晰以及复型金相组织和光学金相组织之间的相似性,使复型电镜分析技术至今仍然为人们所采用。

10.2.2 质厚衬度原理

质厚衬度是建立在非晶体样品中原子对入射电子的散射和透射电子显微镜小孔径角成像基础上的成像原理,是解释非晶态样品(如复型)电子显微图像衬度的理论依据。

1. 单个原子对入射电子的散射

当一个电子穿透非晶体薄样品时,将与样品发生相互作用,或与原子核相互作用,或与核外电子相互作用,由于电子的质量比原子核小得多,所以原子核对入射电子的散射作用,一般只引起电子改变运动方向,而能量没有变化(或变化甚微),这种散射叫做弹性散射。散射电子运动方向与原来入射方向之间的夹角叫做散射角,用 α 来表示,如图10-15所示。散射角 α 的大小取决于瞄准距离 r_n,原子核电荷 Ze 和入射电子加速电压 U,其关系如下

$$\alpha = \frac{Ze}{Ur_n} \quad 或 \quad r_n = \frac{Ze}{U\alpha} \quad (10-12)$$

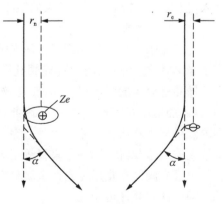

(a) 被原子核弹性散射　(b) 被核外电子非弹性散射

图 10-15　电子受原子的散射

可见所有瞄准以原子核为中心、r_n 为半径的圆内的入射电子将被散射到大于 α 角以外的方向上去。所以可用 πr_n^2 来衡量一个孤立的原子核把入射电子散射到比 α 角大的方向上去的能力,习惯上叫做弹性散射截面,用 σ_n 来表示,即 $\sigma_n = \pi r_n^2$。

但是,当一个电子与一个孤立的核外电子发生散射作用时,由于两者质量相等,散射过程不仅使入射电子改变运动方向,还发生能量变化,这种散射叫做非弹性散射。散射角可由下式来定

$$\alpha = \frac{e}{U r_e} \quad \text{或} \quad r_e = \frac{e}{U \alpha} \tag{10-13}$$

式中,r_e 为入射电子对核外电子的瞄准距离;e 为电子电荷。

所有瞄准以核外电子为中心、r_e 为半径的圆内的入射电子,也将被散射到比 α 角大的方向上去。所以也可用 πr_e^2 来衡量一个孤立的核外电子把入射电子散射到比 α 角大的方向上去的能力,习惯上叫做核外电子非弹性散射截面,用 σ_e 来表示,即 $\sigma_e = \pi r_e^2$。

一个原子序数为 Z 的原子有 Z 个核外电子。因此,一个孤立原子把入射电子散射到 α 以外的散射截面,用 σ_o 来表示,等于原子核弹性散射截面 σ_n 和所有核外电子非弹性散射截面 σ_e 之和,即 $\sigma_o = \sigma_n + Z\sigma_e$。原子序数越大,产生弹性散射的比例就越大。弹性散射是透射电子显微镜成像的基础;而非弹性散射引起的色差将使背景强度增高,图像衬度降低。

2. 透射电子显微镜小孔径角成像

为了确保透射电子显微镜的高分辨本领,采用小孔径角成像。它是通过在物镜背焦平面上沿径向插入一个小孔径的物镜光阑来实现的,如图 10-16 所示。结果,物镜光阑把散射角大于 α 的电子挡掉,只允许散射角小于 α 的电子通过参与成像。

3. 质厚衬度成像原理

衬度是指在荧光屏或照相底片上,眼睛能观察到的光强度或感光度的差别。电子显微镜图像的衬度取决于投射到荧光屏或照相底片上不同区域的电子强度差别。对于非晶体样品来说,入射电子透过样品时碰

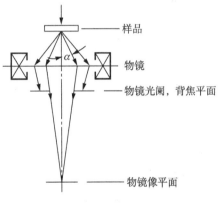

图 10-16 小孔径角成像

到的原子数目越多(或样品越厚),样品原子核库仑电场越强(或样品原子序数越大或密度越大),被散射到物镜光阑外的电子就越多,而通过物镜光阑参与成像的电子强度也就越低。下面讨论非晶体样品的厚度、密度与成像电子强度的关系。如果忽略原子之间的相互作用,则 $1~\text{cm}^2$ 包含 N 个原子的样品的总散射截面为

$$Q = N\sigma_o \tag{10-14}$$

式中,N 为单位体积样品包含的原子数;σ_o 为原子散射截面。

如果入射到 $1~\text{cm}^2$ 样品表面积的电子数为 n,当其穿透 $\mathrm{d}t$ 厚度样品后有 $\mathrm{d}n$ 个电子被散射到光阑外,即其减小率为 $\mathrm{d}n/n$,因此有

$$-\frac{\mathrm{d}n}{n} = Q\mathrm{d}t \tag{10-15}$$

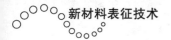

若入射电子总数为 $n_0(t=0)$，由于受到 t 厚度的样品散射作用，最后只有 n 个电子通过物镜光阑参与成像。将式(10-15)积分得到

$$n = n_0 e^{-Qt} \tag{10-16}$$

由于电子束强度 $I = ne$（e 为电子电荷），因此式(10-16)可写为

$$I = I_0 e^{-Qt} \tag{10-17}$$

式(10-17)说明强度为 I_0 的入射电子穿透总散射截面为 Q、厚度为 t 的样品后，通过物镜光阑参与成像的电子束强度 I 随 Qt 乘积增大而成指数衰减。

当 $Qt=1$ 时

$$t = \frac{1}{Q} = t_c \tag{10-18}$$

式中，t_c 为临界厚度，即电子在样品中受到单次散射的平均自由程。因此，可以认为 $t \leqslant t_c$ 的样品对电子束是透明的，相应的成像电子强度为

$$I = \frac{I_0}{e} \approx \frac{I_0}{3} \tag{10-19}$$

还由于

$$Qt = \left(\frac{N_A \sigma_0}{A}\right)(\rho t) \tag{10-20}$$

式中，ρ 为密度；A 为原子量；N_A 为阿伏加德罗常数。

若定义 ρt 为质量厚度，那么参与成像的电子束强度 I 随样品质量厚度 ρt 增大而衰减。

当 $Qt=1$ 时

$$(\rho t)_c = \frac{A}{N_0 \sigma_0} = \rho t_c \tag{10-21}$$

下面来推导质厚衬度表达式。

如果以 I_A 表示强度为 I_0 的入射电子通过样品 A 区域（厚度 t_A，总散射截面 Q_A）后，进入物镜光阑参与成像的电子强度；I_B 表示强度为 I_0 的入射电子通过样品 B 区域（厚度 t_B，总散射截面 Q_B）后，进入物镜光阑参与成像的电子强度。那么投射到荧光屏或照相底片上相应的电子强度差 $\Delta I_A = I_B - I_A$（假定 I_B 为像背景强度）。习惯上以 $\Delta I_A / I_B$ 来定义图像中 A 区域的衬度（或反差），因此

$$\frac{\Delta I_A}{I_B} = \frac{I_B - I_A}{I_B} = 1 - \frac{I_A}{I_B} \tag{10-22}$$

因为 $I_A = I_0 e^{-Q_A t_A}$；$I_B = I_0 e^{-Q_B t_B}$
所以

$$\frac{\Delta I_A}{I_B} = 1 - e^{-(Q_A t_A - Q_B t_B)} \tag{10-23}$$

这说明不同区域的 Qt 值差别越大，复型的图像衬度越高。倘若复型是同种材料制成的，如图 10-17(a)所示，则 $Q_A = Q_B = Q$，那么上式可简化为

$$\frac{\Delta I_A}{I_B}=1-e^{-Q(t_A-t_B)}=1-e^{-Q\Delta t}\approx Q\Delta t \quad (Q\Delta t\ll 1 \text{ 时}) \tag{10-24}$$

这说明用来制备复型的材料总散射截面 Q 值越大或复型相邻区域厚度差别越大(后者取决于试样相邻区域高度差),图像衬度越高。

如果复型是由两种材料组成的,如图 10-17(b)所示,假定凸起部分总散射截面为 Q_A,此时复型图像衬度为

$$\frac{\Delta I_A}{I_B}=1-e^{-Q_A\Delta t}\approx Q_A\Delta t \quad (Q_A\Delta t\ll 1 \text{ 时}) \tag{10-25}$$

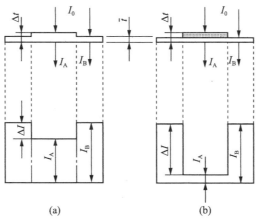

(a)　　　　　　　　　(b)

图 10-17　质厚衬度原理

10.2.3　粉末样品制备

随着材料科学的发展,超细粉体及纳米材料(如纳米陶瓷)发展很快,而粉末的颗粒尺寸大小、尺寸分布及形状对最终制成材料的性能有显著影响,因此,如何用透射电镜来观察超细粉末的尺寸和形态,便成了电子显微分析的一项重要内容。其关键的工作是粉末样品的制备,样品制备的关键是如何将超细粉的颗粒分散开来,各自独立而不团聚。

(1)胶粉混合法

在干净玻璃片上滴火棉胶溶液,然后在玻璃片胶液上放少许粉末并搅匀,再将另一玻璃片压上,两玻璃片对研并突然抽开,稍候,膜干。用刀片划成小方格,将玻璃片斜插入水杯中,在水面上下空插,膜片逐渐脱落,用铜网将方形膜捞出,待观察。

(2)支持膜分散粉末法

需透射电镜分析的粉末颗粒一般都远小于铜网小孔,因此要先制备对电子束透明的支持膜。常用的支持膜有火棉胶膜和碳膜,将支持膜放在铜网上,再把粉末放在膜上送入电镜分析。

粉末或颗粒样品制备的成败关键取决于能否使其均匀分散地撒到支持膜上。通常用超声波搅拌器,把要观察的粉末或颗粒样品加水或溶剂搅拌为悬浮液。然后,用滴管把悬浮液放一滴在黏附有支持膜的样品铜网上,静置干燥后即可供观察。为了防止粉末被电子束打落污染镜筒,可在粉末上再喷一层薄碳膜,使粉末夹在两层膜中间。

11 扫描电子显微镜

早在 1935 年,M. Knoll 就提出了扫描电镜的工作原理。1938 年,M. V. Ardenne 开始进行实验研究,到 1942 年,V. K. Zworykin 制成了世界上第一台实验室用的扫描电镜,但真正作为商品,那是 1965 年的事。70 年代开始,扫描电镜的性能突然提高很多,其分辨率优于 20 nm 和放大倍数达 100 000 倍,这已是普通商品信誉的指标,实验室中制成扫描电子显微镜已达到优于 0.5 nm 分辨率的新水平。1963 年,A. V. Grewe 将研制的场发射电子源用于扫描电镜,该电子源的亮度比普通热钨丝大 $10^3 \sim 10^4$ 倍,而电子束径却较小,大大提高了分辨率。将这种电子源用于扫描透射电镜,分辨率达几个埃,可观察到高分子中置换的重元素,这引起人们极大的关注。此外,在这一时期还增加了许多图像观察,如吸收电子图像、电子荧光图像、扫描透射电子图像、电位对比图像、X 射线图像,还安装了 X 射线显微分析装置等。因而扫描电镜一跃而成为各种科学领域和工业部门广泛应用的有力工具。从地学、生物学、医学、冶金、机械加工、材料、半导体制造、微电路检查,到月球岩石样品的分析,甚至纺织纤维、玻璃丝和塑料制品、陶瓷产品的检验等均大量应用扫描电镜作为研究手段。

目前,扫描电镜在向追求高分辨率、高图像质量发展的同时,也在向复合型发展。这种把扫描、透射、微区分析结合为一体的复合电镜,使得同时进行显微组织观察、微区成分分析和晶体学分析成为可能,因此成为自 20 世纪 70 年代以来最有用途的科学研究仪器之一。

11.1 扫描电子显微镜及工作原理

11.1.1 电子束与固体样品作用时产生的信号

样品在电子束的轰击下会产生如图 11-1 所示的各种信号。

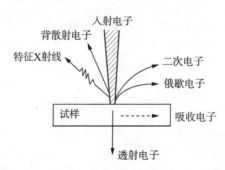

图 11-1 电子束与固体样品作用时产生的信号

1. 背散射电子

背散射电子是被固体样品中的原子核反弹回来的一部分入射电子,其中包括弹性背散射电子和非弹性背散射电子。弹性背散射电子是指被样品中原子核反弹回来的、散射角大于90°的那些入射电子，其能量没有损失(或基本上没有损失)。由于入射电子的能量很高，所以弹性背散射电子的能量能达到数千到数万电子伏。非弹性背散射电子是入射电子和样品核外电子撞击后产生的非弹性散射，不仅方向改变，能量也有不同程度的损失。如果有些电子经多次散射后仍能反弹出样品表面，这就形成非弹性背散射电子。非弹性背散射电子的能量分布范围很宽，从数十电子伏直到数千电子伏。从数量上看，弹性背散射电子远比非弹性背散射电子所占的份额多。背散射电子来自样品表层几百纳米的深度范围。由于它的产额能随样品原子序数增大而增多，所以不仅能用作形貌分析，而且也可以用来显示原子序数衬度，定性地用作成分分析。

2. 二次电子

在入射电子束作用下被轰击出来并离开样品表面的样品核外电子叫做二次电子。这是一种真空中的自由电子。由于原子核和外层价电子间的结合能很小，因此外层的电子比较容易和原子脱离，使原子电离。一个能量很高的入射电子射入样品时，可以产生许多自由电子，这些自由电子中90%来自样品原子外层的价电子。

二次电子的能量较低，一般都不超过8×10^{-19} J (50 eV)。大多数二次电子只带有几个电子伏的能量。在用二次电子收集器收集二次电子时，往往也会把极少量低能量的非弹性背散射电子一起收集进去，事实上这两者是无法区分的。

二次电子一般都是在表层5～10 nm深度范围内发射出来的，它对样品的表面形貌十分敏感，因此能非常有效地显示样品的表面形貌。二次电子的产额和原子序数之间没有明显的依赖关系，所以不能用它来进行成分分析。

3. 吸收电子

入射电子进入样品后，经多次非弹性背散射能量损失殆尽(假定样品有足够的厚度没有透射电子产生)，最后被样品吸收。若在样品和地之间接入一个高灵敏度的电流表，就可以测得样品对地的信号，这个信号是由吸收电子提供的。假定入射电子电流强度为i_0，背散射电子电流强度为i_b，二次电子电流强度为i_s，则吸收电子产生的电流强度为$i_a = i_0 - (i_b + i_s)$。由此可见，入射电子束和样品作用后，若逸出表面的背散射电子和二次电子数量越少，则吸收电子信号强度越大。若把吸收电子信号调制成图像，则它的衬度恰好和二次电子或背散射电子信号调制的图像衬度相反。

当电子束入射一个多元素的样品表面时，由于不同原子序数部位的二次电子产额基本上是相同的，则产生背散射电子较多的部位(原子序数大)，其吸收电子的数量就较少，反之亦然。因此，吸收电子能产生原子序数衬度，同样也可以用来进行定性的微区成分分析。

4. 透射电子

如果被分析的样品很薄，那么就会有一部分入射电子穿过薄样品而成为透射电子。这里所指的透射电子是采用扫描透射操作方式对薄样品成像和微区成分分析时形成的透射电子。这种透射电子是由直径很小(<10 nm)的高能电子束照射薄样品时产生的。因此，透射电子信号是由微区的厚度、成分和晶体结构来决定的。透射电子中除了有能量和入射电子相当的弹性背散射电子外，还有各种不同能量损失的非弹性背散射电子，其中有些遭受特征能量损失ΔE的非弹性背散射电子(即特征能量损失电子)和分析区域的成分有关，因此，可以利用特征能量损失电子配合电子能量分析器来进行微区成分分析。

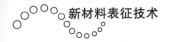

综上所述,如果使样品接地保持电中性,那么入射电子激发固体样品产生的四种电子电流强度与入射电子电流强度之间必然满足以下关系

$$i_b + i_s + i_a + i_t = i_0 \qquad\qquad (11-1)$$

式中,i_b 为背散射电子电流强度;i_s 为二次电子电流强度;i_a 为吸收电子电流强度;i_t 为透射电子电流强度。

或把式(11-1)改写为

$$\eta + \delta + \alpha + \tau = 1 \qquad\qquad (11-2)$$

式中,$\eta = \dfrac{i_b}{i_0}$,为背散射系数;$\delta = \dfrac{i_s}{i_0}$,为二次电子产额(或发射系数);$\alpha = \dfrac{i_a}{i_0}$,为吸收系数;$\tau = \dfrac{i_t}{i_0}$,为透射系数。

5. 特征 X 射线

当样品原子的内层电子被入射电子激发或电离时,原子就会处于能量较高的激发状态,此时外层电子将向内层跃迁以填补内层电子的空缺,从而使具有特征能量的 X 射线释放出来。根据莫塞莱定律,如果我们用 X 射线探测器测到了样品微区中存在某一种特征波长,就可以判定这个微区中存在着相应的元素。

6. 俄歇电子

在入射电子激发样品的特征 X 射线过程中,如果在原子内层电子能级跃迁过程中释放出来的能量并不以 X 射线的形式发射出去,而是用这部分能量把空位层内的另一个电子发射出去(或使空位层的外层电子发射出去),这个被电离出来的电子称为俄歇电子。因为每一种原子都有自己的特征壳层能量,所以其俄歇电子能量也各有特征值。俄歇电子的能量很低,一般为$(8\sim240)\times10^{-19}$ J。

俄歇电子的平均自由程很小(1 nm 左右),因此在较深区域中产生的俄歇电子在向表层运动时必然会因碰撞而损失能量,使之失去了具有特征能量的特点,而只有在距离表面层 1 nm 左右范围内(即几个原子层厚度)逸出的俄歇电子才具备特征能量,因此俄歇电子特别适用于表面层成分分析。

除了上面列出的六种信号外,固体样品中还会产生如阴极荧光、电子束感生效应等信号,经过调制后也可以用于专门的分析。

11.1.2　扫描电子显微镜的构造和工作原理

扫描电子显微镜由电子光学系统,信号收集处理、图像显示和记录系统,真空系统三个基本部分组成。图 11-2 为扫描电子显微镜构造原理的方框图。

1. 电子光学系统(镜筒)

电子光学系统包括电子枪、电磁透镜、扫描线圈和样品室。

(1) 电子枪

扫描电子显微镜中的电子枪与透射电子显微镜的电子枪相似,只是加速电压比透射电子显微镜低。电子枪的作用是产生电子照明源,它的性能决定了扫描电镜的质量,商业生产扫描电镜的分辨率可以说是受电子枪亮度所限制。

根据朗谬尔方程,如果电子枪所发射电子束流的强度为 I_0,则它有如下关系

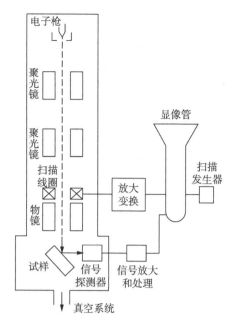

图 11 - 2　扫描电子显微镜构造原理

$$I_0 = \beta_0 \pi^2 G_0^2 \alpha^2 / 4 \qquad\qquad (11-3)$$

式中，α 为电子束的半开角；G_0 为虚光源的尺寸；β_0 为电子枪的亮度。

根据统计力学的理论可以证明，电子枪的亮度 β_0 是由下式来确定的

$$\beta_0 = J_K (eV_0 / \pi kT) \qquad\qquad (11-4)$$

式中，J_K 为阴极发射电流密度；V_0 为电子枪的加速电压；k 为玻耳兹曼常数；T 为阴极发射的绝对温度；e 为电子电荷。

在热电子发射时，阴极发射电流密度 J_K 可以用如下公式来表示

$$J_K = A_0 T \exp(-e\varphi / kT) \qquad\qquad (11-5)$$

式中，A_0 为发射常数；φ 为阴极材料的逸出功。

从以上公式可以看出，阴极发射的温度越高，阴极材料的电子逸出功越小，则所形成电子枪的亮度也越高。

目前，应用于电子显微镜的电子枪可以分为三类，如图 11 - 3 所示。

① 直热式发射型电子枪。阴极材料是钨丝（直径大约 $0.1 \sim 0.15$ mm），制成发夹式或针尖式形状，并利用直接电阻加热来发射电子，它是一种最常用的电子枪。

② 旁热式发射型电子枪。阴极材料是用电子逸出功小的材料如 LaB_6、YB_6、TiC 或 ZrC 等制造的，其中 LaB_6 应用最多，它是用旁热式加热阴极来发射电子的。

③ 场致发射型电子枪。阴极材料是用（310）位向的钨单晶针尖，针尖的曲率半径大约为 100 nm。它是利用场致发射效应来发射电子的。

目前商业生产的扫描电镜大多采用发夹式钨灯丝电子枪。

影响电子枪发射性能的因素（依据所发射电子束的强度 J_K）如下。

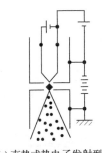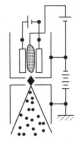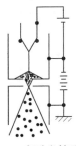

(a) 直热式热电子发射型　　(b) 旁热式热电子发射型　　　(c) 场致发射型

图 11-3　各种类型电子枪原理

① 灯丝阴极本身的热电子发射性质(如电子逸出功、几何形状等)。

② 灯丝阴极的加热电流。试验表明,发射电流强度是随着阴极加热电流的增加而增加的。

③ 灯丝尖端到栅极孔的距离 h。一般来说,α 角越大,越可以获得较大的电子束强度,但灯丝的寿命却越短。

④ 阳极的加速电压 V_0。因为灯丝的亮度是同加速电压 V_0 成正比的,故高的加速电压可以获得较大的发射电流强度。

(2) 电磁透镜

扫描电子显微镜中各电磁透镜都不作成像透镜用,而是作聚光镜用,它们的功能只是把电子枪的束斑(虚光源)逐级聚焦缩小,使原来直径约为 50 μm 的束斑缩小成一个只有数个纳米的细小斑点,要达到这样的缩小倍数,必须用几个透镜来完成。扫描电子显微镜一般都有三个聚光镜,前两个聚光镜是强磁透镜,可把电子束光斑缩小,第三个透镜是弱磁透镜,具有较长的焦距。布置这个末级透镜(习惯上称之为物镜)的目的在于使样品室和透镜之间留有一定的空间,以便装入各种信号探测器。扫描电子显微镜中照射到样品上的电子束直径越小,就相当于成像单元的尺寸越小,相应的分辨率就越高。采用普通热阴极电子枪时,扫描电子束的束径可达到 6 nm 左右。若采用六硼化镧阴极和场致发射型电子枪,电子束束径还可进一步缩小。

(3) 扫描线圈

扫描线圈的作用是使电子束偏转,并在样品表面做有规则的扫描动作。电子束在样品上的扫描动作和显像管上的扫描动作保持严格同步,因为它们是由同一扫描发生器控制的。

图 11-4 为电子束在样品表面进行扫描的两种方式。进行形貌分析时都采用光栅扫描方式,见图 11-4(a)。当电子束进入上偏转线圈时,方向发生转折,随后又由下偏转线圈使它的方向发生第二次转折。发生二次偏转的电子束通过末级透镜的光心射到样品表面。在电子束偏转的同时还带有一个逐行扫描动作,电子束在上下偏转线圈的作用下,在样品表面扫描出方形区域,相应地在样品上也画出一帧比例图像。样品上各点受到电子束轰击时发出的信号可由信号探测器接收,并通过显示系统在显像管荧光屏上按强度描绘出来。如果电子束经上偏转线圈转折后未经下偏转线圈改变方向,而直接由末级透镜折射到入射点位置,这种扫描方式就称为角光栅扫描或摇摆扫描,见图 11-4(b)。入射束被上偏转线圈转折的角度越大,则电子束在入射点上摆动的角度也越大。在进行电子通道花样分析时,我们将采用这种操作方式。

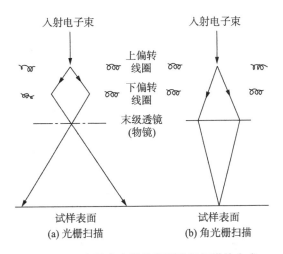

图 11-4   电子束在样品表面进行扫描的方式

（4）样品室

样品室内除放置样品外，还安置信号探测器。各种不同信号的收集和相应检测器的安放位置有很大的关系，如果安置不当，则有可能收不到信号或收到的信号很弱，从而影响分析精度。样品台本身是一个复杂而精密的组件，它应能夹持一定尺寸的样品，并能使样品做平移、倾斜和转动等运动，以利于对样品上每一特定位置进行各种分析。新式扫描电子显微镜的样品室实际上是一个微型试验室，它带有多种附件，可使样品在样品台上加热、冷却和进行机械性能试验（如拉伸和疲劳）。

2. 信号收集处理、图像显示和记录系统

二次电子、背散射电子和透射电子的信号都可采用闪烁计数器来进行检测。信号电子进入闪烁器后即引起电离，当离子和自由电子复合后就产生可见光。可见光信号通过光导管送入光电倍增器，光信号放大，即又转化成电流信号输出，电流信号经视频放大器放大后就成为调制信号。如前所述，由于镜筒中的电子束和显像管中的电子束是同步扫描的，而荧光屏上每一点的亮度是根据样品上被激发出来的信号强度来调制的，因此样品上各点的状态各不相同，所以接收到的信号也不相同，于是就可以在显像管上看到一幅反映试样各点状态的扫描电子显微图像。

3. 真空系统

为保证扫描电子显微镜电子光学系统的正常工作，对镜筒内的真空度有一定的要求。一般情况下，如果真空系统能提供 $1.33 \times 10^{-3} \sim 1.33 \times 10^{-2}$ Pa 的真空度时，就可防止样品的污染。如果真空度不足，除样品被严重污染外，还会出现灯丝寿命下降、极间放电、产生虚假的二次电子效应、使透镜光阑和试样表面受碳氢化合物的污染加速等，从而严重影响成像的质量。因此，真空系统的质量是衡量扫描电镜质量的参考指标之一。

常用的高真空系统有如下三种。

（1）油扩散泵系统   这种真空系统可获得 $10^{-5} \sim 10^{-3}$ Pa 的真空度，基本能满足扫描电镜的一般要求，其缺点是容易使试样和电子光学系统的内壁受污染。

（2）涡轮分子泵系统   这种真空系统可以获得 10^{-4} Pa 以上的真空度，其优点是它属于一种无油的真空系统，故污染问题不大，但缺点是噪声和振动较大，因而限制了它在扫描电镜中

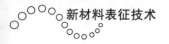

的应用。

（3）离子泵系统　这种真空系统可以获得 10^{-8}～10^{-7} Pa 的极高真空度，可满足在扫描电镜中采用 LaB_6 电子枪和场致发射型电子枪对真空度的要求。

图 11-5 是 FEI Quanta200 型环境扫描电镜外观图。

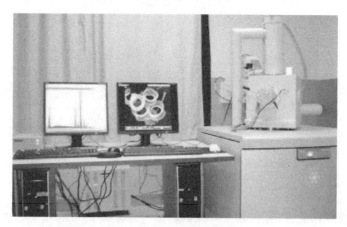

图 11-5　FEI Quanta200 型环境扫描电镜

11.1.3　扫描电子显微镜的主要性能

1. 分辨率

扫描电子显微镜分辨率的高低和检测信号的种类有关。表 11-1 列出了扫描电子显微镜主要信号的成像分辨率。

表 11-1　各种信号的成像分辨率

信号	二次电子	背散射电子	吸收电子	特征 X 射线	俄歇电子
分辨率/nm	5～10	50～200	100～1000	100～1000	5～10

由表 11-1 中的数据可以看出，二次电子和俄歇电子的分辨率高，而特征 X 射线调制成显微图像的分辨率最低。不同信号造成分辨率之间差别的原因可用图 11-6 说明。电子束进入轻元素样品表面后会造成一个滴状作用体积。入射电子束在被样品吸收或散射出样品表面之前将在这个体积中活动。

由图 11-6 可知，俄歇电子和二次电子因其本身能量较低以及平均自由程很短，只能在样品的浅层表面内逸出。在一般情况下，能激发出俄歇电子的样品表层厚度约为 0.5～2 nm，激发二次电子的层深为 5～10 nm。入射电子束进入浅层表面时，尚未向横向扩展开来，因此，俄歇电子和二次电子只能在一个和入射电子束斑直径相当的圆柱体内被激发出来，因为束斑直径就是一个成像检测单元（像点）的大小，所以这两种电子的分辨率就相当于束斑的直径。

入射电子束进入样品较深部位时，向横向扩展的范围变大，从这个范围中激发出来的背散射电子能量很高，它们可以从样品的较深部位处弹射出表面，横向扩展后的作用体积大小就是背散射电子的成像单元，从而使它的分辨率大为降低。

入射电子束还可以在样品更深的部位激发出特征 X 射线来。从图 11-6 中 X 射线的作

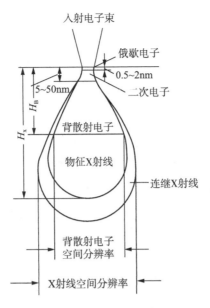

图 11-6 滴状作用体积

用体积来看,若用 X 射线调制成像,它的分辨率比背散射电子更低。

因为图像分析时二次电子(或俄歇电子)信号的分辨率最高,所以扫描电子显微镜的分辨率就是二次电子像的分辨率。

应该指出的是电子束射入重元素样品中时,作用体积不呈滴状,而是呈半球状。电子束进入表面后立即向横向扩展,因此在分析重元素时,即使电子束的束斑很细小,也不能达到较高的分辨率,此时二次电子的分辨率和背散射电子的分辨率之间的差距明显变小。由此可见,在其他条件相同(如信号噪声比、磁场条件及机械振动等)的情况下,电子束的束斑大小、检测信号的类型以及检测部位的原子序数是影响扫描电子显微镜分辨率的三大因素。

扫描电子显微镜的分辨率是通过测定图像中两个颗粒(或区域)间的最小距离来确定的。测定的方法是在已知放大倍数(一般在 10 万倍)的条件下,把在图像上测到的最小间距除以放大倍数所得的数值就是分辨率。

2. 放大倍数

当入射电子束做光栅扫描时,若电子束在样品表面扫描的幅度为 A_S,相应地在荧光屏上阴极射线同步扫描的幅度是 A_c。A_c 和 A_S 的比值就是扫描电子显微镜的放大倍数,即

$$M = \frac{A_c}{A_S} \tag{11-6}$$

由于扫描电子显微镜的荧光屏尺寸是固定不变的,电子束在样品上扫描一个任意面积的矩形时,在阴极射线管上看到的扫描图像大小都会和荧光屏尺寸相同。因此我们只要减小镜筒中电子束的扫描幅度,就可以得到高的放大倍数,反之,若增加扫描幅度,则放大倍数就减小。例如荧光屏的宽度 $A_c = 100$ mm 时,电子束在样品表面扫描幅度 $A_S = 5$ mm,放大倍数 $M = 20$;如果 $A_S = 0.5$ mm,放大倍数就可提高到 200 倍。20 世纪 90 年代后期生产的高级扫描电子显微镜放大倍数可从数倍到 80 万倍左右。图 11-7 是苍蝇的头和眼睛的扫描电镜照

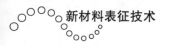

片(二次电子信号),图片的尺寸跨越了 3 个数量级。

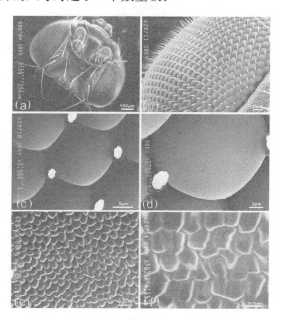

图 11 - 7　苍蝇的头和眼睛的扫描电镜照片

11.1.4　表面形貌衬度原理

二次电子信号主要用于分析样品的表面形貌。二次电子只能从样品表面层 5～10 nm 深度范围内被入射电子束激发出来,大于 10 nm 时,虽然入射电子也能使核外电子脱离原子而变成自由电子,但因其能量较低以及平均自由程较短,不能逸出样品表面,最终只能被样品吸收。

被入射电子束激发出的二次电子数量和原子序数没有明显的关系,但是二次电子对微区表面的几何形状十分敏感。图 11 - 8 说明了样品表面和电子束相对位置与二次电子产额之间的关系。入射束和样品表面法线平行时,即图中 $\theta = 0°$,二次电子的产额最少。

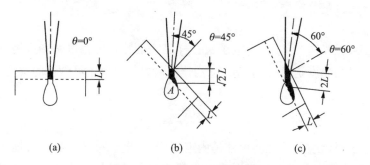

|(a)|(b)|(c)|

图 11 - 8　二次电子成像原理

若样品表面倾斜了 45°,则电子束穿入样品激发二次电子的有效深度增加到 $\sqrt{2}$ 倍,入射电子使距表面 5～10 nm 的作用体积内逸出表面的二次电子数量增多(图 11 - 8 中黑色区域)。若入射电子束进入了较深的部位(图 11 - 8(b)中的 A 点),虽然也能激发出一定数量的自由电子,但因 A 点距表面较远(大于 $L=5\sim10\ nm$),自由电子只能被样品吸收而无法逸出表面。

图 11-9 为根据上述原理画出的造成二次电子形貌衬度的示意图。图 11-9 中样品上 B 面的倾斜度最小,二次电子产额最少,亮度最低。反之,C 面倾斜度最大,亮度也最大。实际样品表面的形貌要比上面讨论的情况复杂得多,但是形成二次电子像衬度的原理是相同的。图 11-10 为实际样品中二次电子被激发的一些典型例子。从例子中可以看出,凸出的尖端、小颗粒以及比较陡的斜面处二次电子产额较多,在荧光屏上这些部位的亮度较大;平面上二次电子的产额较小,亮度较低;在深的凹槽底部虽然也能产生较多的二次电子,但这些二次电子不易被检测器收集到,因此槽底的衬度也会显得较暗。

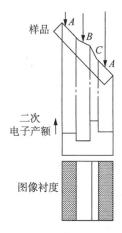

图 11-9 二次电子形貌衬度示意

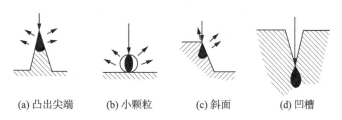

(a) 凸出尖端　　　(b) 小颗粒　　　(c) 斜面　　　(d) 凹槽

图 11-10 实际样品中二次电子的激发过程示意

11.1.5 原子序数衬度原理

1. 背散射电子衬度原理

背散射电子的信号既可用来进行形貌分析,也可用于成分分析。在进行晶体结构分析时,背散射电子信号的强弱是造成通道花样衬度的原因。下面主要讨论背散射电子信号引起形貌衬度和成分衬度的原理。

(1) 背散射电子形貌衬度特点

用背散射电子信号进行形貌分析时,其分辨率远比二次电子低,因为背散射电子是在一个较大的作用体积内被入射电子激发出来的,成像单元变大是分辨率降低的原因。此外,背散射电子的能量很高,它们以直线轨迹逸出样品表面,对于背向检测器的样品表面,因检测器无法收集到背散射电子而变成一片阴影,因此在图像上显示出很强的衬度,衬度太大会失去细节的

层次,不利于分析。用二次电子信号作形貌分析时,可以在检测器收集栅上加以一定大小的正电压(一般为 250~500 V),来吸引能量较低的二次电子,使它们以弧形路线进入闪烁体,这样在样品表面某些背向检测器或凹坑等部位上逸出的二次电子也能对成像有所贡献,从而使图像层次(景深)增加,细节清楚。图 11-11 为背散射电子和二次电子运动路线以及它们进入检测器时的情景。图 11-12 为带有凹坑样品的扫描电镜照片,可见,凹坑底部仍清晰可见。

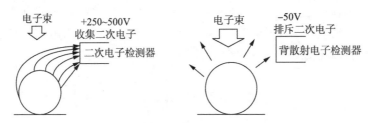

图 11-11　背散射电子和二次电子运动路线

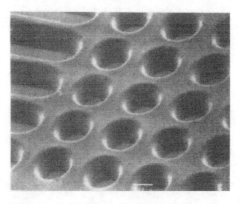

图 11-12　带有凹坑样品的扫描电镜照片

虽然背散射电子也能进行形貌分析,但是它的分析效果远不及二次电子。因此,在作无特殊要求的形貌分析时,都不用背散射电子信号成像。

(2) 背散射电子原子序数衬度原理

图 11-13 给出了原子序数对背散射电子产额的影响。在原子序数 Z 小于 40 的范围内,背散射电子的产额对原子序数十分敏感。在进行分析时,样品上原子序数较高的区域中由于收集到的背散射电子数量较多,故荧光屏上的图像较亮。因此,利用原子序数造成的衬度变化可以对各种金属和合金进行定性的成分分析。样品中重元素区域在图像上是亮区,而轻元素区域则为暗区。当然,在进行精度稍高的分析时,必须事先对亮区进行标定,才能获得满意的结果。

用背散射电子进行成分分析时,为了避免形貌衬度对原子序数衬度的干扰,被分析的样品只进行抛光,而不必腐蚀。对有些既要进行形貌分析又要进行成分分析的样品,可以采用一对检测器收集样品同一部位的背散射电子,然后把两个检测器收集到的信号输入计算机处理,通过处理可以分别得到放大的形貌信号和成分信号。图 11-14 说明了这种背散射电子检测器的工作原理。图 11-14(a)中 A 和 B 表示一对半导体硅检测器。如果对成分不均匀但表面抛光平整的样品作成分分析时,A、B 检测器收集到的信号大小是相同的。把 A 和 B 的信号相

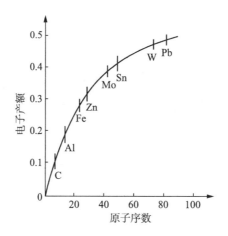

图 11‑13　原子序数和背散射电子产额之间的关系曲线

加,得到的是信号放大一倍的成分像;把 A 和 B 的信号相减,则成一条水平线,表示抛光表面的形貌像。图 11‑14(b)是对成分均一但表面有起伏的样品进行形貌分析时的情况。例如分析图中的 P 点,P 位于检侧器 A 的正面,使 A 收集到的信号较强,但 P 点背向检测器 B,使 B 收集到的信号较弱,若把 A 和 B 的信号相加,则两者正好抵消,这就是成分像;若把 A 和 B 两者相减,信号放大就成了形貌像。如果待分析的样品成分既不均匀,表面又不光滑,仍然是 A、B 信号相加是成分像,相减是形貌像,见图 11‑14(c)。

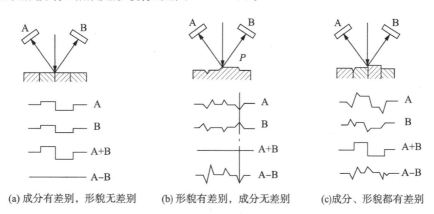

(a) 成分有差别,形貌无差别　(b) 形貌有差别,成分无差别　(c)成分、形貌都有差别

图 11‑14　半导体硅对检测器的工作原理

　　利用原子序数衬度来分析晶界上或晶粒内部不同种类的析出相是十分有效的。因为析出相成分不同,激发出的背散射电子数量也不同,致使扫描电子显微图像上出现亮度上的差别。从亮度上的差别,我们就可根据样品的原始资料定性地判定析出物相的类型。

　　2. 吸收电子的成像

　　吸收电子的产额与背散射电子相反,样品的原子序数越小,背散射电子越少,吸收电子越多,反之,样品的原子序数越大,则背散射电子越多,吸收电子越少。因此,吸收电子像的衬度是与背散射电子和二次电子像的衬度互补的。因为 $i_b + i_s + i_a + i_t = i_0$,如果试样较厚,透射电子电流强度 $i_t = 0$,故 $i_b + i_s + i_a = i_0$。因此,背散射电子图像上的亮区在相应的吸收电子图像上必定是暗区。

11.2 扫描电子显微镜的应用

11.2.1 试样制备

1. 扫描电镜试样的特点

试样制备技术在电子显微术中占有重要的地位,它直接关系到电子显微图像的观察效果和对图像的正确解释。如果制备不出适合电镜特定观察条件的试样,即使仪器性能再好也不会得到好的观察效果。

和透射电镜相比,扫描电镜试样制备比较简单。在保持材料原始形状的情况下,直接观察和研究试样表面形貌及其他物理效应(特征),是扫描电镜的一个突出优点。扫描电镜的有关制样技术是以透射电镜、光学显微镜及电子探针 X 射线显微分析制样技术为基础发展起来的,有些方面还兼具透射电镜制样技术,所用设备也基本相同。但因扫描电镜有其本身的特点和观察条件,只简单地引用已有的制样方法是不够的。扫描电镜的特点如下。

(1) 试样为不同大小的固体(块状、薄膜、颗粒),并可在真空中直接进行观察;

(2) 试样应具有良好的导电性能,不导电的试样,其表面一般需要蒸涂一层金属导电膜;

(3) 试样表面一般起伏(凹凸)较大;

(4) 观察方式不同,制样方法有明显区别;

(5) 试样制备与加速电压、电子束流、扫描速度(方式)等观察条件的选择有密切关系。

上述特点中对试样导电性的要求是最重要的条件。在进行扫描电镜观察时,如果试样表面不导电或导电性不好,将产生电荷积累和放电,使得入射电子束偏离正常路径,最终造成图像不清晰乃至无法观察和照相。

2. 块状试样制备

(1) 导电性材料

导电性材料主要是指金属,一些矿物和半导体材料也具有一定的导电性。这类材料的试样制备最为简单。只要使试样大小不超过仪器规定(如试样直径最大为 25 mm,最厚不超过20 mm 等),然后用双面胶带粘在载物盘上,再用导电银浆连通试样与载物盘(以确保导电良好),等银浆干了(一般用台灯近距离照射 10 min,如果银浆没干透的话,在蒸金抽真空时将会不断挥发出气体,使得抽真空过程变慢)之后就可放到扫描电镜中直接进行观察。但在制备试样过程中,还应注意以下几点。

① 为减轻仪器污染和保持良好的真空,试样尺寸要尽可能小些。

② 切取试样时,要避免因受热引起试样的塑性变形,或在观察面生成氧化层。要防止机械损伤或引进水、油污及尘埃等污染物。

③ 观察表面,特别是各种断口间隙处存在污染物时,要用无水乙醇、丙酮或超声波清洗法清理干净。这些污染物都是掩盖图像细节,引起试样荷电及图像质量变坏的原因。

④ 故障构件断口或电器触点处存在的油污、氧化层及腐蚀产物,不要轻易清除。观察这些物质,往往对分析故障产生的原因是有益的。如果确信这些异物是故障后才引入的,一般可用塑料胶带或醋酸纤维素薄膜粘贴几次,再用有机溶剂冲洗即可除去。

⑤ 试样表面的氧化层一般难以去除,必要时可通过化学方法或阴极电解方法使试样表面

基本恢复原始状态。

如图 11-15 所示，为了在一次上样中可以多观察几个试样，一般同时在载物盘上放 5～8 个同类型的试样，同时为了快速在电镜中找到所要的试样，我们习惯上在 1 号试样的胶带上剪一个角，接着，试样按照逆时针顺序放上（观察时也按照逆时针顺序）。

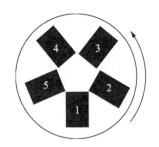

图 11-15　上样与观察方向示意图

（2）非导电性材料

非导电性的块状材料试样的制备也比较简单，基本上和导电性块状材料试样的制备一样，但是要注意的是在涂导电银浆的时候一定要从载物盘一直连到块状材料试样的上表面，因为观察时电子束是直接照射在试样的上表面的。

3. 粉末状试样的制备

首先在载物盘上粘上双面胶带，然后取少量粉末试样放在胶带上靠近载物盘的圆心部位，然后用吹气橡胶球朝载物盘径向朝外方向轻吹（注意不可用嘴吹气，以免唾液粘在试样上，也不可用工具拨粉末，以免破坏试样表面形貌），以使粉末可以均匀分布在胶带上，也可以把黏结不牢的粉末吹走（以免污染镜体）。然后在胶带边缘涂上导电银浆以连接样品与载物盘，等银浆干了之后就可以进行最后的蒸金处理。（注意：无论是导电还是不导电的粉末试样都必须进行蒸金处理，因为试样即使导电，在粉末状态下颗粒间紧密接触的概率也是很小的，除非采用价格较昂贵的碳导电双面胶带。）

4. 溶液试样的制备

对于溶液试样我们一般采用薄铜片作为载体。首先，在载物盘上粘上双面胶带，然后粘上干净的薄铜片，然后把溶液小心滴在铜片上，等干了（一般用台灯近距离照射 10 min）之后观察析出来的样品量是否足够，如果不够再滴一次，等再次干了之后就可以涂导电银浆和蒸金了。

11.2.2　蒸金

利用扫描电镜观察高分子材料（塑料、纤维和橡胶）、陶瓷、玻璃及木材、羊毛等不导电或导电性很差的非金属材料时，一般都要事先用真空镀膜机或离子溅射仪在试样表面上蒸涂（沉积）一层重金属导电膜（一般是在试样表面蒸涂一层金膜），这样既可以消除试样荷电现象，又可以增加试样表面导电导热性，减少电子束造成的试样（如高分子及生物试样）损伤，提高二次电子发射率。

除用真空镀膜机制备导电膜外，利用离子溅射仪制备试样表面导电膜能收到更好的效果。溅射过程是在真空度为 2.66～26.6 Pa 条件下，阳极（试样）与阴极（金靶）之间加 500～1 000

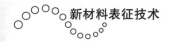

V 直流电压,使残余气体产生电离后的阳离子及电子在极间电场作用下,将分别移向阴极和阳极。在阳离子轰击下,金靶表面迅速产生金粒子溅射,并在不断地遭受残余气体散射的过程中,金粒子从各个方向落到处于阳极位置的试样表面,形成一定厚度的导电膜,整个过程只需 1～2 min。离子溅射法设备简单,操作方便,喷涂导电膜具有较好的均匀性和连续性,是日益被广泛采用的方法。此外,利用离子溅射仪对试样进行选择性减薄(蚀刻)或清除表面污染物等工作也很有效。

11.2.3 具体控制参数的选择

在日常操作中,经常要进行选择和调节的控制参数有:电子的加速电压、透镜的励磁电流、工作距离、末级透镜光阑孔径和帧扫描时间等。

1. 电子的加速电压

加速电压越大,电子探针容易聚焦得更细,故采用高的加速电压对提高图像的分辨率和信噪比是有利的。但是,如果观察的对象是高低不平的表面或深孔,为了减小入射电子探针的贯穿深度和散射体积,从而改善在不平表面上所获得图像的清晰度,采用较低的加速电压是适宜的。对于容易发生充电的非导体试样或容易烧伤的生物试样,则宜采用低的加速电压。

2. 透镜的励磁电流

电子探针的高斯斑尺寸是随着透镜电流的增加而减小的,因此,高的透镜电流对提高图像的分辨率是有利的,但对信噪比不利。如果用低的透镜电流则刚好相反。为了兼顾这种矛盾,一般方法是:(1)先选取中等水平的透镜电流;(2)如果对观察试样所采用的观察倍数不高,并且图像质量的主要矛盾是信噪比不够,则可以采用较小的透镜电流值;(3)如果要求观察的倍数较高,并且图像质量的主要矛盾是在分辨率,则应逐步增加透镜电流。

3. 工作距离

为了获得高的图像分辨率,采取小的工作距离的观察条件是可取的。但如果要观察的试样是一种高低不平的表面,要获得较大的焦深,采用大的工作距离是必要的,但要注意图像的分辨率将会降低。

12 电子探针显微镜

电子探针显微镜的功能主要是进行微区成分分析。它是在电子光学和 X 射线光谱学原理的基础上发展起来的一种高效率分析仪器。其原理是用细聚焦电子束入射样品表面,激发出样品元素的特征 X 射线,分析特征 X 射线的波长(或特征能量)即可知道样品中所含元素的种类(定性分析),分析 X 射线的强度则可知道样品中对应元素含量的多少(定量分析)。电子探针仪镜筒部分的构造大体上和扫描电子显微镜相同,只是在检测器部分使用的是 X 射线谱仪,专门用来检测 X 射线的特征波长或特征能量,以此来对微区的化学成分进行分析。因此,除专门的电子探针仪外,有相当一部分电子探针仪是作为附件安装在扫描电镜或透射电镜镜筒上的,以满足微区组织形貌、晶体结构及化学成分三位一体同位分析的需要。

12.1 电子探针显微镜及工作原理

图 12 - 1 为电子探针仪的结构示意。由图 12 - 1 可知,电子探针的镜筒及样品室和扫描电镜并无本质上的差别,因此要使一台仪器兼有形貌分析和成分分析两个方面的功能,往往把扫描电子显微镜和电子探针组合在一起。

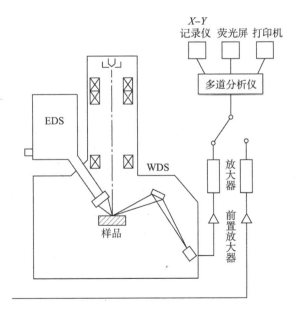

图 12 - 1 电子探针仪的结构示意

电子探针的信号检测系统是 X 射线谱仪,用来测定特征波长的谱仪叫做波长分散谱仪(WDS)或波谱仪。用来测定 X 射线特征能量的谱仪叫做能量分散谱仪(EDS)或能谱仪。

1. 波长分散谱仪(波谱仪 WDS)

(1) 工作原理

在电子探针中 X 射线是由样品表面以下一个微米乃至纳米数量级的作用体积内激发出来的,如果这个体积中含有多种元素,则可以激发出各个相应元素的特征波长 X 射线。若在样品上方水平放置一块具有适当晶面间距 d 的晶体,入射 X 射线的波长、入射角和晶面间距三者符合布拉格方程 $2d\sin\theta=\lambda$ 时,这个特征波长的 X 射线就会发生强烈衍射,见图 12-2。因为在作用体积中发出的 X 射线具有多种特征波长,且它们都以点光源的形式向四周发射,因此对一个特征波长的 X 射线来说只有从某些特定的入射方向进入晶体时,才能得到较强的衍射束。图 12-2 给出了不同波长的 X 射线以不同的入射方向入射时产生各自衍射束的情况。若面向衍射束安置一个接收器,便可记录下不同波长的 X 射线。图 12-2 中右方的平面晶体称为分光晶体,它可以使样品作用体积内不同波长的 X 射线分散并展示出来。

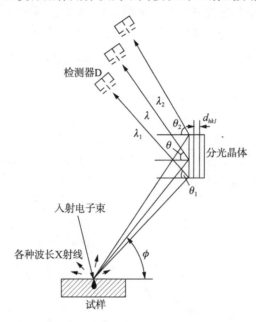

图 12-2 各种波长 X 射线在分光晶体上产生衍射的情况

虽然平面单晶体可以把各种不同波长的 X 射线分光展开,但就收集单波长 X 射线的效率来看是非常低的。因此这种检测 X 射线的方法必须改进。

如果我们把分光晶体作适当地弹性弯曲,并使射线源、弯曲晶体表面和检测器窗口位于同一个圆周上,这样就可以达到把衍射束聚焦的目的。此时,整个分光晶体只收集一种波长的 X 射线,使这种单色 X 射线的衍射强度大大提高。图 12-3 是两种 X 射线聚焦的方法。第一种方法称为约翰(Johann)型聚焦法[图 12-3(a)],虚线圆称为罗兰(Rowland)圆或聚焦圆。把单晶体弯曲使它的衍射晶面的曲率半径等于聚焦圆半径的两倍,即 $2R$。当某一波长的 X 射线自点光源 S 处发出时,晶体内表面任意点 A、B、C 上接收到的 X 射线相对于点光源来说,入射角都相等,由此 A、B、C 各点的衍射线都能在 D 点附近聚焦。从图 12-3(a)中可以看出,因 A、B、C 三点的衍射线并不恰在一点,故这是一种近似的聚焦方式。另一种改进的聚焦方式叫做约翰逊(Johansson)型聚焦法。这种方法是把衍射晶面曲率半径弯成 $2R$ 的晶体表面磨制成和聚焦圆表面相合(即晶体表面的曲率半径为R),这样的布置可以使A、B、C三点的衍射束正好聚焦在D点,所以这种方法也叫做全聚焦法[图12-3(b)]。

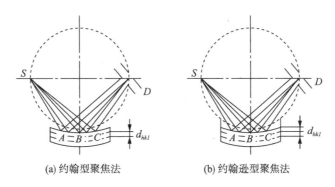

(a) 约翰型聚焦法　　　　　　　　(b) 约翰逊型聚焦法

图12-3　两种X射线聚焦方法

在实际检测X射线时,点光源发射的X射线在垂直于聚焦圆平面的方向上仍有发散性。分光晶体表面不可能处处精确符合布拉格条件,加之有些分光晶体虽可以进行弯曲,但不能磨制,因此不大可能达到理想的聚焦条件,如果检测器上的接收狭缝有足够的宽度,即使采用不大精确的约翰型聚焦法,也能够满足聚焦要求。

电子束轰击样品后,被轰击的微区就是X射线源。要使X射线分光、聚焦,并被检测器接收,两种常见的波谱仪布置形式分别见图12-4和图12-5。图12-4为直进式波谱仪的工作原理。这种波谱仪的优点是X射线照射分光晶体的方向是固定的,即出射角φ保持不变,这样可以使X射线穿出样品表面过程中所走的路线相同,也就是吸收条件相等。由图12-4中的几何关系分析可知,分光晶体位置沿直线运动时,晶体本身应产生相应的转动,使不同波长λ_1、λ_2和λ_3的X射线以θ_1、θ_2和θ_3的角度入射,在满足布拉格条件的情况下,位于聚焦圆周上协调滑动的检测器都能接收到经过聚焦的波长为λ_1、λ_2和λ_3的衍射线。以图中O_1为圆心的圆为例,直线SC_1的长度用L_1表示,$L_1 = 2R\sin\theta_1$。L_1是从点光源到分光晶体的距离,它可以在仪器上直接读得,因为聚焦圆的半径R是已知的,所以从测出的L_1便可求出θ_1,然后再根据布拉格方程$2d\sin\theta_1 = \lambda$(分光晶体的晶面间距d是已知的)可计算出和θ_1相对应的特征X射线波长λ_1。把分光晶体从L_1变化至L_2或L_3(可通过仪器上的手柄或驱动电机,使分光晶体沿出射方向直线移动),用同样的方法可求得θ_2、θ_3和λ_2、λ_3。

分光晶体直线运动时,检测器能在几个位置上接收到衍射束,表明试样被激发的体积内存在着相应的几种元素。衍射束的强度大小和元素含量成正比。

图12-5为回转式波谱仪的工作原理。聚焦圆的圆心O不能移动,分光晶体和检测器在聚焦圆的圆周上以$1:2$的角速度运动,以保证满足布拉格方程。这种波谱仪结构比直进式波谱仪结构来得简单,出射方向改变很大,在表面不平度较大的情况下,由于X射线在样品内行进路线不同,往往会因吸收条件变化而造成分析上的误差。

(2)分析方法

图12-6为一张用波谱仪分析一个测量点的谱线,横坐标代表波长,纵坐标代表强度。谱线上有许多强度峰,每个峰在横坐标上的位置代表相应元素特征X射线的波长,峰的高度代表这种元素的含量。在进行定点分析时,只要把图12-4中的距离L由从最小变到最大,就可以在某些特定位置测到特征波长的信号,经处理后可在荧光屏或$X-Y$记录仪上把谱线描绘出来。

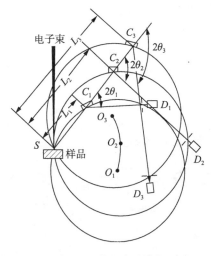

图 12-4 直进式波谱仪

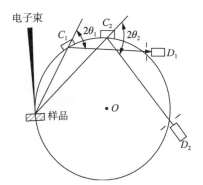

图 12-5 回转式波谱仪

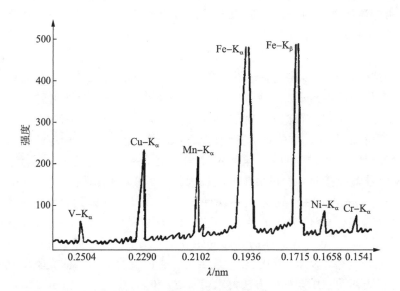

图 12-6 某样品定点分析的谱线

应用波谱仪进行元素分析时,应注意下面几个问题。

① 分析点位置的确定。在波谱仪上总带有一台放大 $100 \sim 500$ 倍的光学显微镜。显微镜的物镜是特制的,即镜片中心开有圆孔,以使电子束通过。通过目镜可以观察到电子束照射到样品上的位置,在进行分析时,必须使目的物和电子束重合,其位置正好位于光学显微镜目镜标尺的中心交叉点上。

② 分光晶体固定后,衍射晶面的面间距不变。在直进式波谱仪中,L 和 θ 之间服从 $L = 2R\sin\theta$ 的关系,因为结构上的限制,L 不能做得太长,一般只能在 $10 \sim 30$ cm 变化。在聚焦圆半径 $R = 20$ cm 的情况下,θ 的变化范围大约在 $15° \sim 65°$。可见一个分光晶体能够覆盖的波长范围是有限的,因此它只能测定某一原子序数范围的元素。如果要分析 $Z = 4 \sim 92$ 的元素,则

必须使用几块晶面间距不同的晶体,因此一个波谱仪中经常装有两块晶体以互换,而一台电子探针仪上往往装有 2～6 个波谱仪,有时几个波谱仪一起工作,可以同时测定几个元素。表 12-1 列出了常用的分光晶体。

表 12-1 常用的分光晶体

常用晶体	供衍射用的晶面	$2d/\text{nm}$	适用波长 λ/nm
LiF	（2　0　0）	0.40267	0.08～0.38
SiO₂	（1　0　$\bar{1}$　1）	0.668 62	0.11～0.63
PET	（0　0　2）	0.874	0.14～0.83
RAP	（0　0　1）	2.6121	0.2～1.83
KAP	（1　0　$\bar{1}$　0）	2.6632	0.45～2.54
TAP	（1　0　$\bar{1}$　0）	2.59	0.61～1.83
硬脂酸铅	—	10.08	1.7～9.4

2. 能量分散谱仪(能谱仪 EDS)

(1) 工作原理

前面已经介绍了各种元素具有自己的 X 射线特征波长,特征波长的大小则取决于能级跃迁过程中释放出的特征能量 ΔE。能谱仪就是利用不同元素 X 射线光子特征能量不同这一特点来进行成分分析的。图 12-7 为采用锂漂移硅检测器的能量谱仪的方框图。X 射线光子由锂漂移硅 Si(Li)检测器收集,当光子进入检测器后,在 Si(Li)晶体内激发出一定数目的电子-空穴对。产生一个空穴对的最低平均能量 ε 是一定的,因此由一个 X 射线光子造成的电子-空穴对的数目为 N,$N=\dfrac{\Delta E}{\varepsilon}$。入射 X 射线光子的能量越高,$N$ 就越大。利用加在晶体两端的偏压收集电子-空穴对,经前置放大器转换成电流脉冲,电流脉冲的高度取决于 N 的大小,电流脉冲经主放大器转换成电压脉冲进入多道脉冲高度分析器。脉冲高度分析器按高度把脉冲分类并进行计数,这样就可以描绘出一张特征 X 射线按能量大小分布的图谱。

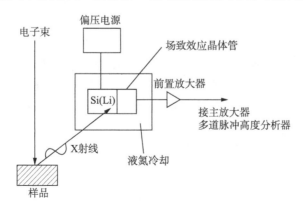

图 12-7 锂漂移硅能谱仪方框图

图 12-8(a)为用能谱仪测出的一种夹杂物的谱线图,横坐标以能量表示,纵坐标是强度计数。图 12-8 中各特征 X 射线峰和波谱仪给出的特征峰的位置相对应,如图 12-8(b)所示,只不过前者峰的形状比较平坦。

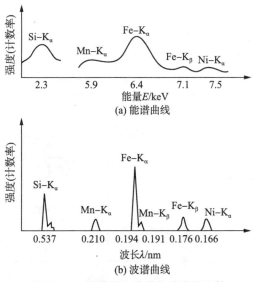

图 12-8　能谱仪和波谱仪的谱线比较

（2）能谱仪成分分析的特点

和波谱仪相比，能谱仪具有下列几方面的优点。

① 能谱仪探测 X 射线的效率高。因为 Si(Li)探头可以安放在比较接近样品的位置，因此它对 X 射线源所张的立体角很大，X 射线信号直接由探头收集，不必通过分光晶体衍射。Si(Li)晶体对 X 射线的检测率极高，因此能谱仪的灵敏度比波谱仪高一个数量级。

② 能谱仪可在同一时间内对分析点内所有元素 X 射线光子的能量进行测定和计数，在几分钟内可得到定性分析结果，而波谱仪只能逐个测量每种元素的特征波长。

③ 能谱仪的结构比波谱仪简单，没有机械传动部分，因此稳定性和重复性都很好。

④ 能谱仪不必聚焦，因此对样品表面没有特殊要求，适合于粗糙表面的分析工作。

但是，能谱仪仍有不足之处，具体如下。

① 能谱仪的分辨率比波谱仪低，由图 12-8[（a）、（b）]比较可以看出，能谱仪给出的波峰比较宽，容易重叠。在一般情况下，Si(Li)检测器的能量分辨率约为 160 eV，而波谱仪的能量分辨率可达 5~10 eV。

② 能谱仪中因 Si(Li)检测器的铍窗口限制了超轻元素 X 射线的测量，因此它只能分析原子序数大于 11 的元素，而波谱仪可测定原子序数在 4~92 的所有元素。

③ 能谱仪的 Si(Li)探头必须保持在低温状态，因此必须时时用液氮冷却。

12.2　电子探针的分析方法及应用

12.2.1　定性分析

1. 定点分析

将电子束固定在需要分析的微区上，用波谱仪分析时可改变分光晶体和探测器的位置，即可得到分析点的 X 射线谱线；若用能谱仪分析时，几分钟内即可直接从荧光屏（或计算机）上得到微区内全部元素的谱线。

2. 线分析

将谱仪(波谱仪或能谱仪)固定在所要测量的某一元素特征 X 射线信号(波长或能量)的位置上,使电子束沿着指定的路径作直线轨迹扫描,便可得到这一元素沿该直线的浓度分布曲线。改变谱仪的位置,便可得到另一元素的浓度分布曲线。

3. 面分析

电子束在样品表面作光栅扫描时,把 X 射线谱仪(波谱仪或能谱仪)固定在接收某一元素特征 X 射线信号的位置上,此时在荧光屏上便可得到该元素的面分布图像。实际上这也是扫描电子显微镜内用特征 X 射线调制图像的一种方法。图像中的亮区表示这种元素的含量较高。若把谱仪的位置固定在另一位置,则可获得另一种元素的面分布图像。图 12 - 9 给出了 $ZnO - Bi_2O_3$ 陶瓷试样烧结自然表面的面分布分析结果,可以看出 Bi 在晶界上有严重偏聚。

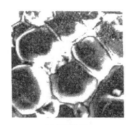

(a) 形貌像　　　　　(b) 元素的X射线面分布图像

图 12 - 9　$ZnO - Bi_2O_3$ 陶瓷烧结表面的面分布成分分析

12.2.2　定量分析

定量分析时先测出试样中 y 元素的 X 射线强度 I'_y,再在同样条件下测定纯 y 元素的 X 射线强度 I'_{y0},然后两者分别扣除背底和计数器的时间对所测值的影响,得到相应的强度值 I'_y 和 I'_{y0},把两者相比得到强度比

$$K_y = \frac{I_y}{I_{y0}} \qquad (12 - 1)$$

在理想情况下,K_y 就是试样中 y 元素的质量浓度 c_y,但是由于标准试样不可能做到绝对纯以及绝对平均,一般情况下,还要考虑原子序数、吸收和二次荧光的影响,因此 c_y 和 K_y 之间还存在一定的差别,故有

$$c_y = ZAFK_y \qquad (12 - 2)$$

式中,Z 为原子序数修正项;A 为吸收修正项;F 为二次荧光修正项。

定量分析计算是非常烦琐的,好在新型的电子探针都带有计算机,计算的速度可以很快,一般情况下对于原子序数大于 10、质量浓度大于 10% 的元素来说,修正后的浓度误差可限定在 ±5%。

电子探针作微区分析时所激发的作用体积大小不过 10 μm^3。如果分析物质的密度为 10 g/cm^3,则分析区的质量仅为 10^{-10} g。若探针仪的灵敏度为万分之一的话,则分析绝对质量可达 10^{-14} g,因此电子探针是一种微区分析仪器。

材料的物性表征技术

材料的物理性能表征具体包括了对材料各项物理性能(热学性能、电学性能、磁学性能和光学性能)的表征技术,是人们研究材料基本性能以便合理利用材料的重要工具,在材料科学与工程领域有着十分重要的作用,也得到了广泛的应用。

材料的物理性能表征涉及多个领域,本篇主要介绍了热、电、磁和光学性能的表征,及其涉及的各类仪器,具体的试验方法、步骤,所得数据的分析技术,实验中可能存在的影响因素。

在学习本篇时,首先要明确各种实验仪器所能表征的物理性能,及其测量范围,了解测试原理和操作方法,并掌握仪器的制样要求。另外,实验中可能存在大量影响实验结果的因素,因此,在系统实验过程中,要尽量避免实验条件的变化。最后,实验数据的分析比实验本身更为重要,掌握实验数据的采集方法、绘图方法及分析技术是物理性能表征过程中最重要的环节。

13 材料的热学表征技术

人类对于热的发生过程和本质的认识已有几十万年的历史了,可是把热作为一种分析和研究物质的手段却是近代的事情。随着热分析技术和研究的发展,1968 年国际热分析协会(ICTA)成立。该协会于 1977 年对热分析的定义如下:热分析是测量在受控程序温度条件下,物质的物理性质随温度变化的函数关系的技术。这里所说的物质是指被测样品以及它的反应产物。程序温度一般采用线性程序,但也可能是温度的对数或倒数程序。

热分析技术的基础是当物质的物理状态和化学状态发生变化(如升华、氧化、聚合、固化、硫化、脱水、结晶、熔融、晶格改变或发生化学反应)时,往往伴随着热力学性质(如热焓、比热、导热系数等)的变化,因此可通过测定其热力学性能的变化,了解物质的物理或化学变化过程。

目前热分析已经发展成为系统性的分析法,它对于材料的研究是一种极为有用的工具,因为它不仅能获得结构方面的信息,而且还能测定性能。ICTA 根据所测定的物理性质,将现有的热分析技术划分为 9 类 17 种,如表 13-1 所示。

表 13-1 热分析技术的分类

物理性质	分析技术名称	简称	物理性质	分析技术名称	简称
	热重法	TG	尺寸	热膨胀法	
	等压质量变化测定		力学特性	热机械分析	TMA
	逸出气体检测			动态热机械分析	DMA
质量	逸出气体分析	EGD		热发声法	
	放射热分析	EGA	声学特性		
	热微粒分析			热传声法	
温度	加热曲线测定		光学特性	热光学法	
	差热分析	DTA	电学特性	热电学法	
热量(熔)	差示扫描量热法	DSC	磁学特性	热磁学法	

差热分析、差示扫描量热分析、热重分析和热机械分析是热分析的四大支柱,用于研究物质的晶型转变、融化、升华、吸附等物理现象以及脱水、分解、氧化、还原等化学现象。它们能快速提供被研究物质的热稳定性、热分解产物、热变化过程的焓变、各种类型的相变点、玻璃化温度、软化点、比热、纯度、爆破温度等数据,以及高聚物的表征及结构性能研究,也是进行相平衡研究和化学动力学过程研究的常用手段。

13.1 差热分析

差热分析(DTA)是在程序控制温度下,测量试样与参比的基准物质之间的温度差与环境温度(或时间)关系的一种技术。描述这种关系的曲线称为差热曲线或DTA曲线。由于试样和参比物之间的温度差主要取决于试样的温度变化,因此就其本质来说,差热分析是一种主要与焓变测定有关并借此了解物质有关性质的技术。

13.1.1 差热分析的原理及设备

实验的具体方法是用两个尺寸完全相同的白金坩埚,一个装参比物,另一个装在测量温度范围内没有任何热效应发生的惰性物质。将两只坩埚放在同一条件下受热,可将金属块开两个空穴,把两只坩埚放在其中,也可以在两只坩埚外面套一温度程控的电炉。热量通过试样容器传导到试样内,使其温度升高。这样,通常在试样内多少会形成温度梯度,故温度的变化方式会依温度差热电偶接点处的位置(测温点)而有所不同。测温点插入试样和参比物中,也可放在坩埚外的底部。考虑到升温和测温过程中的这些因素,以及严密的理论要求,必须按照各个装置的特有边界条件、几何形状,进行热传递的理论分析。

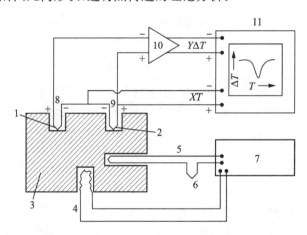

图 13-1 DAT 工作原理示意

1—参比物;2—样品;3—加热块;4—加热器;5—加热块热电偶;6—冰冷联结;
7—温度程控;8—参比热电偶;9—样品热电偶;10—放大器;11—记录仪

差热分析通常采用图13-1中的方式控温。同极相连,这样它们产生的热电势的方向正好相反。当炉温等速上升时,经过一定时间后,样品和参比物的受热达到稳定态,即两者以同样的速度升温。如果试样与参比物温度相同,$\Delta T=0$,那么它们的热电偶产生的热电势也相同。由于反向连接,所以产生的热电势大小相等方向相反,正好抵消,记录仪上没有信号;如果样品有热效应发生(如玻璃化转变、熔融、氧化分解等),而参比物是无热效应的,这样就必然会出现温差 $\Delta T\neq0$,记录仪上的信号指示了 ΔT 的大小。当样品的热效应(放热或吸热)结束时,$\Delta T=0$,信号也回到零。这就是DTA的工作过程。

加热炉是加热样品的装置。作为差热分析用的电炉需要满足以下要求。

(1) 炉内应有一均匀的温度区,以使样品能均匀受热;

（2）程序控温下能以一定的速率均匀升(降)温,控制精度要高;

（3）电炉的热容量要小,以便于调节升降温速度;

（4）电炉的线圈应无感应现象,以防对热电偶产生电流干扰;

（5）电炉的体积要小,质量要轻,以便于操作和维修。

根据发热体的不同,可将加热炉分为电热丝炉、红外加热炉和高频感应加热炉等。作为炉管的材料和发热体的材料应根据使用温度的不同进行选择,常用的有镍铬丝、铂丝、铂铑丝、钼丝、硅碳棒、钨丝等,使用温度在 $900\sim2\,000℃$。

热电偶是差热分析中的关键元件。差热分析中,要求热电偶材料能产生较高的温差电动势,并与温度呈线性关系,测温范围广,且在高温下不被氧化及腐蚀;电阻随温度变化要小,电导率要高,物理稳定性好,能长期使用;便于制造,机械强度高,价格便宜。热电偶材料有铜-钪铜、铁-钪铜、镍铬-镍铝、铂-铂铑和铱-铱铑等。一般中低温($500\sim1\,000℃$)差热分析多采用镍铬-镍铝热电偶,高温($>1\,000℃$)时用铂-铂铑热电偶为宜。

温度控制系统主要由加热器、冷却器、温控元件和程序温度控制器组成。升温速率要求在 $1\sim100℃\cdot min^{-1}$ 的范围内变化,常用的升温速度为 $1\sim20℃\cdot min^{-1}$。该系统要求能使炉温按给定的速率升温或降温。

信号放大系统的作用是将温差热电偶所产生的微弱的温差电势放大,增幅后输出送到显示记录系统。显示记录系统再将所测得的物理参数对温度的曲线或数据作进一步的分析处理,直接计算出所需要的结果和数据,由打印机输出。

差热分析中温度的测定至关重要。由于各种 DTA 仪器的设计、所使用的结构材料和测温的方法各有差别,测量结果会相差很大。因此 ICTA(国际热分析协会)公布了一组温度标定物质,列于表 13-2 中,以它们的相变温度作为温度的标准,进行温度校正。

表 13-2　ICTA 推荐的温度标定物质

物质	转变相	平衡转变温度/℃	DTA 平均值	
			外推起始温度/℃	外峰温度/℃
KNO_3	S-S	127.7	128	135
In(金属)	S-L	157	154	159
Sn(金属)	S-L	231.9	230	237
$KClO_4$	S-S	299.5	299	309
Ag_2SO_4	S-S	430	424	433
SiO_2	S-S	573	571	574
K_2SO_4	S-S	583	582	588
K_2CrO_4	S-S	665	665	673
$BaCO_3$	S-S	810	808	819
$SrCO_3$	S-S	925	928	938

13.1.2　差热分析曲线

根据国际热分析协会 ICTA 的规定,差热分析 DTA 是将试样和参比物置于同一环境中以一定速率加热或冷却,将两者间的温度差对时间或温度作记录的方法。从 DTA 获得的曲线试验数据是这样表示的:纵坐标代表温度差 ΔT,吸热过程显示一个向下的峰,放热过程显示一个向上的峰;横坐标代表时间或温度,从左到右表示增加,如图 13-2 所示。

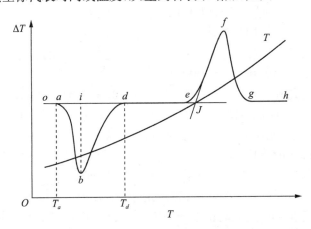

图 13-2 典型的差热分析曲线

基线:指 DTA 曲线上 ΔT 近似等于 0 的区段,如 oa、de、gh。如果试样和此处的热容相差较大,则易导致基线的倾斜。

峰:指 DTA 曲线离开基线又回到基线的部分,包括放热峰和吸热峰,如 abd、efg。

峰宽:指 DTA 曲线偏离基线又返回基线两点间的距离或温度间距,如 ad 或 T_d-T_a。

峰高:表示试样和参比物之间的最大温度差,指峰顶至内插基线间的垂直距离,如 bi。

峰面积:指峰和内插基线之间所包围的面积。

外延始点:指峰的起始边陡峭部分的切线与外延基线的交点,如 J 点。

在 DTA 曲线中,峰的出现是连续渐变的。由于在测试过程中试样表面的温度高于中心的温度,所以放热的过程由小变大,形成一条曲线。在 DTA 的 a 点,吸热反应主要在试样表面进行,但 a 点的温度并不代表反应开始的真正温度,而仅是仪器检测到的温度,这与仪器的灵敏度有关。

峰温无严格的物理意义,一般来说,峰顶温度并不代表反应的终止温度,反应的终止温度应在 bd 线上的某一点。最大的反应速率也不发生在峰顶而是在峰顶之前。峰顶温度仅表示试样和参比物温差最大的一点,而该点的位置受试样条件的影响较大,所以峰温一般不能作为鉴定物质的特征温度,仅在试样条件相同时可作相对比较。

国际热分析协会(ICTA)对大量的试样测定结果表明,外延起始温度与其他实验测得的反应起始温度最为接近,因此 ICTA 决定用外延起始温度来表示反应的起始温度。

13.1.3 影响差热曲线的因素

差热分析是一种热动态技术,在测试过程中体系的温度不断变化,引起物质的热性能变化,因此,许多因素都可影响 DTA 曲线的基线、峰形和温度。归纳起来,影响 DTA 曲线的主要因素有下列几个方面。

1. 仪器方面的因素

仪器方面的因素包括加热炉的形状和尺寸、坩埚材料及大小形状、热电偶性能及其位置、显示和记录系统精度等。

（1）加热炉的形状和尺寸

加热炉的均温区与其结构和尺寸有关，而差热基线又与均温区的好坏有关，因此若加热炉的结构尺寸合理，则均温区好、差热基线直、检测性能也稳定。一般而言，加热炉的炉膛直径越小、长度越长，均温区就越大，且均温区内的温度梯度越小。

（2）坩埚材料及大小形状

坩埚材料包括铝、不锈钢、铂金等金属材料和石英、氧化铝、氧化铍等非金属材料两类，其传热性能各不相同。金属材料坩埚的热导性能好，基线偏离小，但灵敏度较低，峰谷较小。非金属材料坩埚的热传导性能较差，容易引起基线偏离，但灵敏度较高，较少的样品就可获得较大的差热峰谷。坩埚的直径大，高度小，试样容易反应，灵敏度高，峰形也尖锐。

（3）热电偶性能及其位置

热电偶的性能会影响差热分析的结果。热电偶的接点位置、类型和大小等因素都会对差热曲线的峰形、峰面积及峰温等产生影响。此外，热电偶在试样中的位置不同，也会使热峰产生的温度和热峰面积有所改变。这是因为物料本身具有一定的厚度，因此表面物料的物理化学过程进行得较早，而中心部分较迟，使试样出现温度梯度。试验表明将热电偶热端置于坩埚内物料的中心点时可获得最大的热效应。因此，热电偶插入试样和参比物时，应具有相同的深度。

2. 试样因素

试样因素包括试样的热容量、热导率和试样的纯度、结晶度或离子取代以及试样的颗粒度、用量及装填密度，以及参比物的影响等。

（1）试样的热容量、热导率

试样的热容量和热导率的变化会引起差热曲线的基线变化。一台性能良好的差热仪的基线应是一条水平直线，但试样差热曲线的基线在热反应的前后往往不会停留在同一水平上。这是由于试样在热反应前后热容或热导率变化的缘故。如图 13-3(a) 所示反应前基线低于反应后基线，表明反应后热容减小。如图 13-3(b) 所示反应前基线高于反应后基线，表明反应后试样热容增大。反应前后热导率的变化也会引起基线有类似的变化。

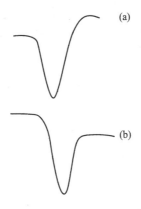

图 13-3　热反应前后基线的变化

当试样在加热过程中热容和热导率都发生变化时，而且在加热速度较大，灵敏度较高的情

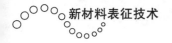

况下,差热曲线的基线随温度的升高可能会有较大的偏离。

（2）试样的颗粒度、用量及装填密度

试样的颗粒度、用量及装填密度与试样的热传导和热扩散性能有密切关系,还与研究对象的化学过程有关。

对于表面反应和受扩散控制的反应来说,颗粒的大小会对差热曲线有显著的影响。对于有气相参加的反应来说都要经过试样颗粒表面进行,因此粒度越小其表面积越大,反应速度加快,峰温向低温方向移动;但另一方面,又因细粒度装填妨碍了气体扩散,使粒间分压变化,峰形扩张,峰温又要向高温方向移动。由此可见,粒度对峰形和峰温都有影响,在测试中应尽量采用粒度均一的试样。对于一些存在多重反应的样品来说,过粗或过细的粒度引起的峰温偏移还有可能掩盖附近的某些小反应,因此应该选用合适的粒度范围。

试样用量的多少对差热曲线有着类似的影响,试样用量多,热效应大,峰顶温度滞后,容易掩盖邻近小峰谷。特别是对在反应过程中有气体放出的热分解反应,试样用量影响气体到达试样表面的速度。

试样的装填疏密即试样的堆积方式,决定着等量试样体积的大小。在试样用量、颗粒度相同的情况下,装填疏密不同也影响产物的扩散速度和试样的传热快慢,因而影响 DTA 曲线的形态。通常都采用紧密装填方式。

对几个试样进行对比分析时应保持相同的粒度、用量和装填疏密,并和参比物的粒度、用量和装填疏密及其热性能尽可能保持一致。一般在测试时,试样的粒度均通过 $100\sim300$ 目筛,如聚合物应切成小片、纤维状试样应切成小段或制成球粒状、金属试样应加工成小圆片或小块等。

（3）试样的结晶度、纯度

Carthew 等研究了试样的结晶度对差热曲线的影响,发现结晶度不同的高岭土样品吸热脱水峰面积随样品结晶度的减小而减小,随结晶度的增大,峰形更尖锐。通常也不难看出,结晶良好的矿物,其结构水的脱出温度相应要高些,如结晶良好的高岭土在 $600℃$ 脱出结构水,而结晶差的高岭土在 $560℃$ 就可脱出结构水。

天然矿物都含有各种各样的杂质,含有杂质的矿物与纯矿物比较,其差热曲线形态、温度都可能不相同。杨惠仙等研究了杂质对二水石膏的差热曲线的影响,发现混入二水石膏中的晶态 SiO_2、非晶态 SiO_2、$CaCO_3$、Al_2O_3 和高岭土等杂质均会改变二水石膏的热性能。它们会降低二水石膏的脱水温度,加快脱水速度,使二水石膏的起始脱水温度由 $112℃$ 依次降为 $102.8℃$、$102.2℃$、$98.7℃$、$105℃$、$93.8℃$。

（4）参比物

参比物是在一定温度下不发生分解、相变、破坏的物质,是在热分析过程中起着与被测物质相比较作用的标准物质。从差热曲线原理中可以看出,只有当参比物和试样的热性质、质量、密度等完全相同时才能在试样无任何类型能量变化的相应温度区内保持温差为零,得到水平的基线,实际上这是不可能达到的。与试样一样,参比物的导热系数也受许多因素影响,例如比热容、密度、粒度、温度和装填方式等,这些因素的变化均能引起差热曲线基线的偏移。因此,为了获得尽可能与零线接近的基线,需要选择与试样导热系数尽可能相近的参比物。对于黏土类或一般硅酸盐物质,可选用 $\alpha\text{-}Al_2O_3$（经 1 450℃以上煅烧 $2\sim3$ h）或高岭土熟料（经 1 200℃左右煅烧的纯高岭土）。

因此,要测好一根被测物质的差热曲线,必须注意选择热传导和热容与试样尽量接近的物质作参比物,有时为了使试样的导热性能与参比物相近,可在试样中添加适量的参比物使试样稀释;试样和参比物均应控制相同的粒度;装入坩埚的致密程度、热电偶插入深度也应一致。

3. 实验条件因素

实验条件因素包括升温速度、炉内气氛和压力等。

(1) 升温速度

在差热分析中,升温速度的快慢对差热曲线的基线、峰形和温度都有明显的影响。升温越快,更多的反应将发生在相同的时间间隔内,峰的高度、峰顶或温差将会变大,因此出现尖锐而狭窄的峰。同时,不同的升温速度还会明显影响峰顶温度。图 13 - 4 显示了不同加热速度下高岭土脱水反应的差热曲线形态和温度。从图 13 - 4 中可见,随着升温速度的提高,峰形变得尖而窄、形态拉长,峰温增高。升温速度低时,峰谷宽、矮,形态扁平,峰温降低。升温速度不同还会影响相邻峰的分辨率,较低的升温速率使相邻峰易于分开,而升温速率太快容易使相邻峰谷合并。一般常用的升温速率为 $1 \sim 10 \text{K} \cdot \text{min}^{-1}$。

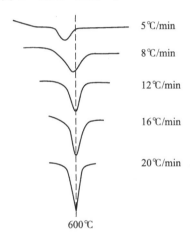

图 13 - 4 不同加热速度下高岭土的 DTA 曲线

(2) 炉内压力和气氛

压力对差热反应中体积变化很小的试样影响不大,而对于体积变化明显的试样则影响显著。在外界压力增大时,试样的热反应温度向高温方向移动。而当外界压力降低或抽真空时,热反应的温度向低温方向移动。

炉内气氛对碳酸盐、硫化物、硫酸盐等类矿物加热过程中的行为有很大影响,某些矿物试样在不同的气氛控制下,会得到完全不同的差热分析曲线。实验表明,炉内气氛的气体与试样的热分解产物一致时,分解反应所产生的起始、终止和峰顶温度趋向增高。

通常进行气氛控制有两种形式。一种是静态气氛,一般为封闭系统。随着反应的进行,样品上空逐渐被分解出来的气体所包围,将导致反应速度减慢,反应温度向高温方向偏移。另一种是动态气氛,气氛流经试样和参比物,分解产物所产生的气体不断被动态气氛带走。只要控制好气体的流量就能获得重现性好的实验结果。

13.1.4 DTA 测量时应注意的要点及其影响因素

（1）注意程序控温的线性和速度。前文已经提到程序控温的线性将影响 DTA 基线的平直性，必要时应先做基线空白试验。而升温速度对曲线的结果有较大的影响。例如高的升温速度常使峰的最高点移向高温方向，因为加热速度高引起反应剧烈，所发生的热来不及散发，从而使峰高增大，并使峰顶移向高温。

（2）在选择基准物的时候应考虑样品和参比物的热容量 C_r 与 C_s 相近，使基线尽可能接近零线。基准物要选择在测量范围内本身不发生任何热变化的稳定物质，通常用熔融石英粉、α - Al_2O_3 和 MgO 粉末等。在样品与基准物的热容相差较大时，亦可以用基准物稀释试样来加以改善。同时基准物的导热系数也应当与试样尽可能相近。稀释的方法亦可以达到同样目的，此外这种处理还有防止试样烧结，帮助试样与周围气氛接触等优点。

（3）在测定过程中应注意水分的干扰影响，因为试样如果吸附一定的水分，将在 100℃ 附近出现一个大的蒸发吸热峰干扰实验结果。为此，常需要把样品预先经过干燥处理。

（4）测定过程中可能发生双峰交叠的情况（这表示两个热反应），应设法分峰。

（5）注意反应中的挥发物发生二次反应带来反应热的干扰。

（6）对预结晶物质程序升温和降温所得的曲线是不可逆的。

（7）DTA 需要用标准物质来校正测定的温度准确性。

13.1.5 思考题

1. 简述差热分析的原理。
2. DTA 用参比物有何要求？

13.2 差示扫描量热分析法

在差热分析中当试样发生热效应时，试样本身的升温速度是非线性的。以吸热反应为例，试样开始反应后的升温速度会大幅度落后于程序控制的升温速度，甚至发生不升温或降温的现象；待反应结束时，试样升温速度又会高于程序控制的升温速度，逐渐跟上程序控制温度；升温速度始终处于变化中。而且在发生热效应时，试样与参比物及试样周围的环境有较大的温差，它们之间会进行热传递，降低了热效应测量的灵敏度和精确度。因此，到目前为止的大部分差热分析技术还不能进行定量分析工作，只能进行定性或半定量的分析工作，难以获得变化过程中的试样温度和反应动力学的数据。

直到 Watson 和 O'Neill 设计了两个独立的量热器皿，分别有各自的电加热器，在相同的环境温度下，采取热量补偿的方式保持两个量热器皿的平衡，从而测量试样对热能的吸收和放出（以补偿对应的参比基准物的热量来表示）。这两个量热器皿都放在程序控温的条件下，采取封闭回路的形式，所以能精确迅速地测定热容和热熔。他们把这种设计叫做差示扫描量热分析法（简称 DSC）。

亦即，差示扫描量热分析法是在程序控制温度下，测量输入试样和参比物的能量差随温度或时间变化的一种技术。该法通过对试样因发生热效应而产生的能量变化进行及时的应有的补偿，保持试样与参比物之间温度始终相同，无温差、无热传递，热损失小，检测信号大。因此在灵敏度和精度方面都大有提高,可进行热量的定量分析工作。

差示扫描量热法按测量方式的不同分为功率补偿型差示扫描量热法和热流型差示扫描量热法两种。后者实际上并不严格,仍脱离不了定量 DTA 的痕迹。下面主要介绍前一种方法。

13.2.1　差示扫描量热分析的原理

功率补偿型差示扫描量热法是采用零点平衡原理。其结构如图 13-5 所示,整个仪器由两个控制系统进行监控,其中一个控制温度,使试样和参比物在预定速率下升温或降温,另一个控制系统用于补偿试样和参比物之间所产生的温差,即当试样由于热反应而出现温差时,通过补偿控制系统使流入补偿加热丝的电流发生变化。如果试样吸热,补偿器便供热给试样,使试样与参比物的温度相等;如果试样放热,补偿器便供热给参比物,使试样与参比物温度相等,温差消失。这样,补偿的能量就是样品吸收或放出的能量。这就是所谓的零点平衡原理。

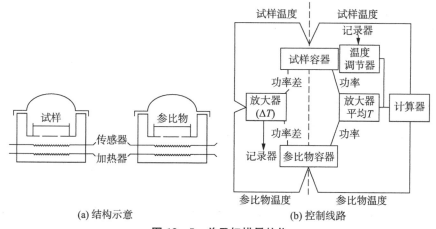

(a) 结构示意　　　　　　　(b) 控制线路

图 13-5　差示扫描量热仪

温差信号经差热放大器和功率补偿放大器放大后,输出补偿给试样和参比物的功率之差 $\dfrac{\mathrm{d}H}{\mathrm{d}t}$ 随温度 T(或时间 t)的变化就是 DSC 曲线。DSC 曲线的纵坐标代表试样放热或吸热的速度,横坐标是温度或时间,同样规定吸热峰向下,放热峰向上,如图 13-6 所示。

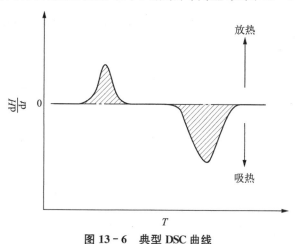

图 13-6　典型 DSC 曲线

DSC 仪经常与 DTA 仪组装在一起,通过更换样品支架和增加功率补偿单元达到既可作为差热分析又可作为差示扫描量热法分析的目的。

13.2.2　差示扫描量热法的影响因素

由于 DTA 和 DSC 都是以测量试样焓变为基础的,而且两者在仪器原理和结构上有许多相同或相近处,因此影响 DTA 的各种因素也会以相同或相近的规律对 DSC 产生影响。

但是由于 DSC 试样用量少,试样内的温度梯度较小且气体的扩散阻力下降,对于功率补偿型 DSC 还有热阻影响小的特点,因而某些因素对 DSC 的影响与对 DTA 的影响程度不同。

影响 DSC 的因素主要有样品、实验条件和仪器因素。样品因素中主要是试样的性质、粒度及参比物的性质。有些试样如聚合物和液晶的热历史对 DSC 曲线也有较大影响。在实验条件因素中,主要是升温速率,它影响 DSC 曲线的峰温和峰形。升温速率越大,一般峰温越高,峰面积越大、峰形越尖锐;但这种影响在很大程度上还与试样种类和受热转变的类型密切相关;升温速率对有些试样相变焓的测定值也有影响。其他影响因素还有炉内气氛类型和气体性质,气体性质不同,峰的起始温度和峰温甚至过程的焓变都会不同。试样用量和稀释情况对 DSC 曲线也有影响。

13.2.3　在使用中应注意的要点

1. 取样方面的问题

DSC 可以分析固体和液体试样。固体试样可以是粉末、薄片、晶体或颗粒状。对薄膜来说,可以直接冲成圆片,块状的可用刀或锯分解成小块。一般样品均放入铝制(或铂制)的浅碟状测量皿中,并用盖盖紧(但不能太严实)。

样品量可根据要求在 0.5～10 mg 变动。样品量少,有利于使用快速程序温度扫描,这样可得到高分辨率,从而提高定性效果。同时可能产生重复的峰形,有利于与周围控制的气氛相接触,容易释放裂解产物,还可获得较高转变能量。但样品量大,也有一些优点,如可以观察到细小的转变,可以得到较精确的定量结果,并可获得较多的挥发产物,以便用其他方法配合进行分析。

另外,样品的几何形状对峰形亦有影响。大块样品常使峰形不规则,这是由于传热不良所致。细或薄的试样则得到规则的峰形,有利于面积的计算。一般来说,这对峰面积基本上没有影响。

2. 试样的纯度

试样的纯度对 DSC 曲线的影响较大。杂质含量的增加会使转变峰向低温方向移动,而且峰形变宽。

其他的影响因素与 13.1.4 节有关 DTA 的(3)～(7)条基本一致。其校正用的标准物质也与 DTA 相同。

13.2.4　思考题

1. DTA 与 DSC 两种方法有何异同?

2. 简述 DSC 技术的原理和特点。

13.3　热重分析

许多物质在加热或冷却过程中除了产生热效应外,往往有质量变化,其变化的大小及出现的温度与物质的化学组成和结构密切相关。因此利用在加热和冷却过程中物质质量变化的特点,可以区别和鉴定不同的物质。热重分析(简称 TG)就是在程序控制温度下测量获得物质的质量与温度关系的一种技术。其特点是定量性强,能准确地测量物质的质量变化及变化的速率。

热重分析法包括静态法和动态法两种类型。

静态法又分等压质量变化测定和等温质量变化测定两种。等压质量变化测定又称自发气氛热重分析,是在程序控制温度下,测量物质在恒定挥发物分压下平衡质量与温度关系的一种方法。该法利用试样分解的挥发产物所形成的气体作为气氛,并控制在恒定的大气压下测量质量随温度的变化,其特点是可减少热分解过程中氧化过程的干扰。等温质量变化测定是指在恒温条件下测量物质质量与温度关系的一种方法。该法每隔一定温度间隔将物质恒温至恒重,记录恒温恒重关系曲线。该法准确度高,能记录微小失重,但比较费时。

动态法又称非等温热重法,分为热重分析和微商热重分析。热重和微商热重分析都是在程序升温的情况下,测定物质质量变化与温度的关系。微商热重分析又称导数热重分析(简称 DTG),它是记录热重曲线对温度或时间的一阶导数的一种技术。由于动态非等温热重分析和微商热重分析简便实用,又利于与 DTA、DSC 等技术联用,因此它们被广泛地应用在热分析技术中。

13.3.1　热重分析仪

热重分析仪分为热天平式和弹簧秤式两种。

1. 热天平

热天平与常规分析天平一样,都是称量仪器,但因其结构特殊,使其与一般天平在称量功能上有显著差别。它能自动、连续地进行动态称量与记录,并在称量过程中能按一定的温度程序改变试样的温度;而且试样周围的气氛也是可以控制或调节的。

热天平由精密天平和线性程序控温加热炉组成,如图 13-7 所示。天平在加热过程中试样无质量变化时能保持初始平衡状态;而有质量变化时,天平就失去平衡,并立即由传感器检测并输出天平失衡信号。这一信号经测重系统放大用以自动改变平衡复位器中的电流,使天平又回到初始平衡状态即所谓的零位。通过平衡复位器中的线圈电流与试样质量变化成正比。因此,记录电流的变化即能得到加热过程中试样质量连续变化的信息。而试样温度同时由测温热电偶测定并记录,于是得到试样质量与温度(或时间)关系的曲线。热天平中阻尼器的作用是维持天平的稳定。天平摆动时,就有阻尼信号产生,这个信号经测重系统中的阻尼放大器放大后再反馈到阻尼器中,使天平摆动停止。

2. 弹簧秤

弹簧秤的原理似虎克定律,即弹簧在弹性限度内其应力与形变呈线性关系。由于一般的弹簧因其弹性模量随温度变化,容易产生误差,因此采用随温度变化小的石英玻璃或退火的钨丝制作弹簧,其测量灵敏度较高。但由于石英玻璃式弹簧的内摩擦力极小,易受外界振动干扰,一旦受到冲击而振动则难以衰减。同时为防止加热炉的热辐射和对流所引起的弹簧的弹

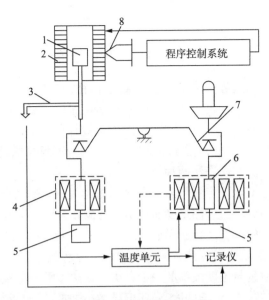

图 13-7　热天平结构示意图

1—样品池；2—加热炉；3—测温热电偶；4—传感器；5—平衡锤；6—阻尼及天平复位器；7—天平；8—阻尼信号

性模量的变化，弹簧周围装有循环恒温水等装置。弹簧秤法是利用弹簧的伸张量与质量成比例的关系，所以可利用测高仪读数或者利用差动变压器将弹簧的伸张量转换成电信号进行自动记录，如图 13-8 所示。

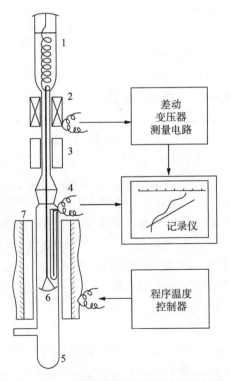

图 13-8　自动记录的弹簧秤热分析仪

1—石英弹簧；2—差动变压器；3—磁阻尼器；4—测温热电偶；5—套管；6—样品皿；7—加热装置

13.3.2 热重曲线

热重分析得到的是在程序控制温度下物质质量变化与温度关系的曲线,即热重曲线(TG曲线),横坐标为温度或时间,纵坐标为质量,也可用失重百分数等其他形式表示。例如固体热分解反应 A(固)——→B(固)+C(气)的典型热重曲线如图 13-9 所示。

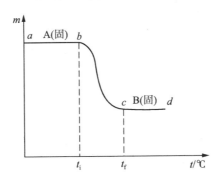

图 13-9 固体热分解反应的热重曲线

图中 T_i 为起始温度,即累计质量变化达到热天平可以检测时的温度。T_f 为终止温度,即累计质量变化达到最大值时的温度。热重曲线上质量基本不变的部分称为基线或平台,如图 13-9 中 ab、cd 部分。若试样初始质量为 m_0,失重后试样质量为 m_1,则失重百分数为 $[(m_0-m_1)/m_0]\times100\%$。

许多物质在加热过程中会在某温度发生分解、脱水、氧化、还原和升华等物理化学变化而出现质量变化,发生质量变化的温度及质量变化百分数随着物质的结构及组成而异,因而可以利用物质的热重曲线来研究物质的热变化过程,如试样的组成、热稳定性、热分解温度、热分解产物和热分解动力学等。

例如含有一个结晶水的草酸钙($CaC_2O_4 \cdot H_2O$)的热重曲线如图 13-10 所示,$CaC_2O_4 \cdot H_2O$ 在 100℃ 以前没有失重现象,其热重曲线呈水平状,为 TG 曲线的第一个平台。在 100℃ 和 200℃ 之间失重并开始出现第二个平台。这一步的失重占试样总质量的 12.3%,正好相当于 1 mol $CaC_2O_4 \cdot H_2O$ 失掉 1 mol H_2O,因此这一步的热分解应按

$$CaC_2O_4 \cdot H_2O \xrightarrow{100\sim200℃} CaC_2O_4 + H_2O$$

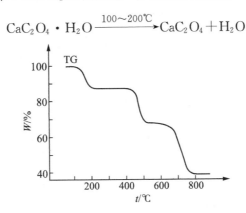

图 13-10 $CaC_2O_4 \cdot H_2O$ 的热重曲线

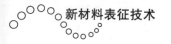

进行。在 400℃和 500℃之间失重并开始呈现第三个平台,其失重占试样总质量的 18.5%,相当于 1 mol CaC_2O_4 分解出 1 mol CO,因此这一步的热分解应按

$$CaC_2O_4 \xrightarrow{400\sim500℃} CaCO_3 + CO$$

进行。在 600℃和 800℃之间失重并出现第四个平台,其失重占试样总质量的 30%,正好相当于 1 mol CaC_2O_4 分解出 1 mol CO_2,因此这一步的热分解应按

$$CaC_2O_4 \xrightarrow{600\sim800℃} CaO + CO_2$$

进行。可见借助热重曲线可推断反应机理及产物。

由于试样质量变化的实际过程不是在某一温度下同时发生并瞬间完成的,因此热重曲线的形状不呈直角台阶状,而是形成带有过渡和倾斜区段的曲线。曲线的水平部分(即平台)表示质量是恒定的,曲线斜率发生变化的部分表示质量的变化。因此从热重曲线还可求算出微商热重曲线(DTG),热重分析仪若附带有微分线路就可同时记录热重和微商热重曲线。

微商热重曲线的纵坐标为质量随时间的变化率 dW/dt,横坐标为温度或时间。DTG 曲线在形貌上与 DTA 或 DSC 曲线相似,但 DTG 曲线表明的是质量变化速率,峰的起止点对应 TG 曲线台阶的起止点,峰的数目和 TG 曲线的台阶数相等,峰位为失重(或增重)速率的最大值,即 $dW^2/dt^2 = 0$,它与 TG 曲线的拐点相对应,如图 13-11 所示。峰面积与失重量成正比,因此可从 DTG 的峰面积算出失重量。虽然微商热重曲线与热重曲线所能提供的信息是相同的,但微商热重曲线能清楚地反映出起始反应温度、达到最大反应速率的温度和反应终止温度,而且提高了分辨两个或多个相继发生的质量变化过程的能力。由于在某一温度下微商热重曲线的峰高直接等于该温度下的反应速率,因此,这些值可方便地用于化学反应动力学的计算。

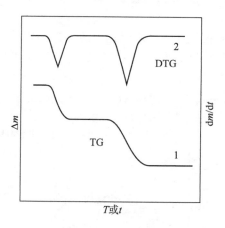

图 13-11 热重曲线

13.3.3 影响热重曲线的因素

热重实验结果受到许多因素的影响,主要有仪器、实验条件和样品等。

1. 仪器的影响

(1) 浮力 由于气体的密度在不同的温度下有所不同,因此随着温度的上升,样品周围的气体密度发生变化,造成浮力的变动。使得在试样质量没有发生变化的情况下,由于升温,样品似乎在增重,这种增重现象称之为表观增重。一般情况下,由于加热区中样品、支撑器和支撑杆的体积 V 和加热区的绝对温度 T 在测定时存在较大的误差,同时气氛不同对表观增重的影响也不同,因此表观增重很难得到准确计算。

(2)对流 对流的影响主要是当热天平加热时,随炉温的升高,使炉内样品周围的气体各点受热不均匀,从而导致较重的气体向下移动,其形成的气流冲击样品支持器组件,产生表面增重现象;较轻的气流把样品支持器向上托,产生表观失重现象。

(3)挥发物的冷凝 热重分析法所用样品在受热分解或升华时,逸出的挥发部分通常在热分析仪的低温区冷凝,这不仅污染仪器,还会使试验结果产生偏差。当继续升温时,这些冷凝物可能会再次挥发,产生假失重,致使 TG 曲线混乱,测定结果失去意义。要减少冷凝的影响,一方面可以在热重分析仪的样盘周围安装一个耐热的屏蔽套管,或者采用水平式的热天平;另一方面,要尽量减少样品的用量,选择合适的净化气体流量。同时在热分析时,对样品的热分解和升华等情况应有一个初步的估量。

(4)测量温度误差 在热重分析仪中,由于样品与热电偶不直接接触,样品的真实温度与测量温度之间存在一定的差别;而且,升温和反应时产生的热效应常使样品周围的温度分布不均匀,因而会引起较大的测量误差。为了消除或减小此误差,要求对热重分析仪定期进行温度校正。

(5)坩埚 热重分析用的坩埚材质,要求对样品、中间产物、最终产物和气氛都是惰性的,既不能有反应活性,也不能有催化活性。同时,坩埚的大小、几何形状(图 13 - 12)和质量对热重分析也有影响。

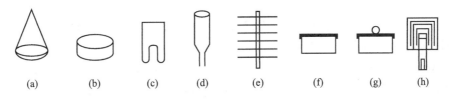

(a)   (b)   (c)   (d)   (e)   (f)   (g)   (h)

图 13 - 12 热重分析常用坩埚形状

2. 实验条件的影响

(1)升温速率 升温速率是对热重法影响最大的因素。升温速率越大,所产生的热滞后现象越严重,往往导致 TG 和 DTG 曲线上的起始温度和终止温度偏高,测量结果产生误差,甚至不利于中间产物的检出,因而选择适当的升温速率对检测中间产物极为重要。

(2)气氛 热重分析法通常可以在静态或动态气氛下进行测试。在静态气氛下,虽然随着温度的升高,反应速度加快,但由于样品周围的气体浓度增大,将阻止反应的继续,使反应的速度降低。而且,当样品在加热过程中有挥发性产物时,这些产物必然要在内部扩散,但又不能立即排除,所以常会出现减重时间滞后的现象。因此,为获得重复性较好的实验结果,多数情况下都是在动态气氛下进行热重分析,它可以将生成的气体及时带走,有利于反应的顺利进行。

3. 样品的影响

样品量过大会导致热传导性差而影响分析结果。对于受热产生气体的样品,量越大气体

越不易扩散。再则,当样品量大时,样品内温度梯度也大,将影响 TG 曲线位置。总之,实验时应根据热天平的灵敏度,尽量减小样品的量。

样品的粒度大小对气体产物扩散也将产生影响,从而导致反应速度和 TG 曲线的形状的改变。粒度大,往往得不到较好的 TG 曲线;粒度越小,反应速度越快,同时不仅使热分解温度降低,还可使分解反应进行得更加完全。同时为了得到较好的实验结果,还要求样品粒度均匀。

13.3.4 思考题

1. 简述热重分析的原理。
2. 影响 TG 曲线的因素有哪些?

13.4 综合热分析

DTA、DSC、TG 等各种单功能的热分析仪若相互组装在一起,就可以变成多功能的综合热分析仪,如 DTA - TG,DSC - TG,DTA - TMA(热机械分析)、DTA - TG - DTG(微商热重分析)组合在一起。综合热分析仪的优点是在完全相同的实验条件下,即在同一次实验中可以获得多种信息,比如进行 DTA - TG - DTG 综合热分析可以一次性同时获得差热曲线、热重曲线和微商热重曲线。根据在相同的实验条件下得到的关于试样热变化的多种信息,就可以比较顺利地得出符合实际的判断。

13.4.1 综合热曲线

综合热分析的实验方法与 DTA、DSC、TG 的实验方法基本类同,在样品测试前选择好测量方式和相应量程,调整好记录零点,就可在给定的升温速度下测定样品,得出综合热曲线。

综合热曲线实际上是各单功能热曲线测绘在同一张记录纸上,因此,各单功能标准热曲线可以作为综合热曲线中各个曲线的标准。利用综合热曲线进行矿物鉴定或解释峰谷产生的原因时,可查阅有关的图谱。

图 13 - 13 示出了某种黏土的综合热曲线,它包括加热曲线、差热曲线、热重曲线和收缩曲线。根据综合热分析可知,该黏土的主要谱形与高岭石($Al_2O_3 \cdot 2SiO_2 \cdot 2H_2O$)相符,故其矿物组成以高岭石为主。差热曲线有两个显著的吸热峰,第一个吸热峰从 200℃以下开始发生至 260℃达峰值,热重曲线上对应着这一过程质量损失 3.7%,而收缩曲线表明这一过程体积变化不大,所以这一吸热峰对应的是高岭石失去吸附水、层间水的过程。第二吸热峰从 540℃开始至 640℃达顶峰,这一过程质量损失达 10.31%,而体积收缩 1.4%,这一过程的强烈的吸热效应相当于高岭石晶格中 OH^- 根脱出或结晶水排除,致使晶格破坏,偏高岭石($Al_2O_3 \cdot 2SiO_2$)分解成无定形的 Al_2O_3 与 SiO_2。当温度升高到 1 000℃左右,无定形的 Al_2O_3 结晶成 $\gamma - Al_2O_3$ 和部分微晶莫来石,使差热谱上出现强烈的放热效应,此时质量无显著变化,体积却显著收缩,从 3.19% 增加到 8.67%。加热到 1 240℃又出现一放热峰,同时体积从 9.68% 迅速收缩到 14.4%,这显然又是一个结晶相的出现,据研究系非晶质 SiO_2 与 $\gamma - Al_2O_3$ 化合成莫来石($Al_2O_3 \cdot 2SiO_2$)结晶所致。

在综合热分析技术中,DTA - TG 组合是最普通最常用的一种,DSC - TG 组合也常用。

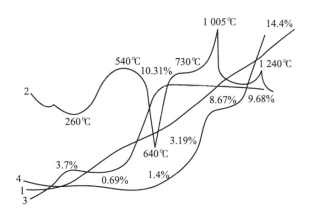

图 13 - 13　黏土的综合热曲线

1—加热曲线；2—差热曲线；3—热重曲线；4—收缩曲线

根据试样物理或化学过程中所产生的质量与能量的变化情况，DTA(DSC)和 TG 对反应过程可作出大致的判断，如表 13 - 3 所示。表中"＋"表示有，"－"表示无，在进行综合热曲线分析时可作为参考。

表 13 - 3　DTA(DSC)和 TG 对反应过程的判断

反应过程	DTA(DSC)		TG	
	吸热	放热	失重	增重
吸附和吸收	－	＋	－	＋
脱附和解吸	＋	－	＋	－
脱水(或溶剂)	＋	－	＋	－
熔　融	＋	－	－	－
蒸　发	＋	－	－	－
升　华	＋	－	＋	－
晶型转变	＋	＋	－	－
氧　化	－	＋	－	＋
分　解	＋	＋	＋	－
固相反应	＋	＋	－	－
重　结晶	－	＋	－	－

13.4.2　实验步骤

图 13 - 14 为 STA499 型综合热分析仪，可以同时给出热重和差热信息，并通过检测每一步的样品质量损失来完成分解温度、组分分析、可燃性、氧化稳定性、相转变温度及热焓、熔融结晶、反应热等的分析与检测。

1. 试样准备

试样的用量与粒度对热重曲线有较大的影响。因为试样的吸热或放热反应会引起试样温

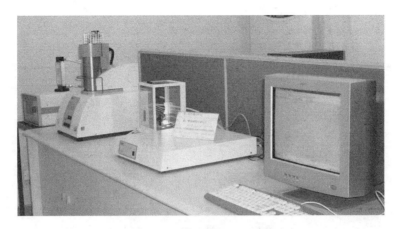

图 13 - 14 STA499 型综合热分析仪

度发生偏差,试样用量越大,偏差越大。试样用量大,逸出气体的扩散受到阻碍,热传递也受到影响,使热分解过程中 TG 曲线上的平台不明显。因此,在热重分析中,试样用量应在仪器灵敏度范围内尽量小。

试样的粒度同样对热传递气体扩散有较大影响。粒度不同会使气体产物的扩散过程有较大变化,这种变化会导致反应速率和 TG 曲线形状的改变,如粒度小,反应速率加快,TG 曲线上反应区间变窄。粒度太大总是得不到好的 TG 曲线。

总之,试样用量与粒度对热重曲线有着类似的影响,实验时应选择适当。一般粉末试样应过 200～300 目筛,用量在 1 g 左右为宜。

2. 热重分析的样品测试步骤

① 将样品铂金坩埚用毛刷刷净,挂于天平挂丝上,精确称其质量,记录其质量(注意勿使小坩埚及挂丝与炉壁相碰)。

② 取下铂金坩埚盛入一定量的试样于铂金坩埚内(约 0.5～1 g),挂于吊丝上,再精确称其质量,算出其样品质量。

③ 盖好挡热板,注意勿与吊丝相碰,接通加热电源,调压使升温速度约为 10℃/min 匀速升温。

④ 温度指示仪表指于 50℃时开始称其质量,此后每隔 50℃左右称量一次,但在发生质量改变剧烈的温度区间应缩小称量温度间隔,每隔 10℃称量一次。

⑤ 升温至 750℃时,实验结束,关闭天平,关闭各仪器开关,切断电源。

3. 差热分析仪的操作步骤

① 打开放大器电源开关,记录仪开关,进行预热。

② 把炉体轻轻取下,确定差热电偶两工作端各自所应盛放的样品(本实验参比样品为煅烧氧化铝,测量样品为左云土);装好样品,关好电炉盖。

③ 检查系统是否正常,打印机是否状态良好,设定基线。

④ 在"采样"程序中设定各参数,升温速率设定为 12℃/min。

⑤ 1 200℃时实验结束,按程序关闭各仪器开关,实验结束。

13.4.3 实验和数据处理

（1）选择与 DTA 实验中测试的同种矿物，用静态法测绘 TG 曲线。

（2）选择与 DTA 实验相同的测试条件和同种矿物，测绘 DTA-TG 综合热曲线，解释曲线上能量和质量变化的原因，并与单功能 DTA、TG 曲线对照峰谷形状、温度及特点。

13.4.4 思考题

1. 升温速度对热重曲线形状有何影响？

2. 影响质量测量准确度的因素有哪些？在实验中可采取哪些措施来提高测量准确度？

3. 从晶体结构预测高岭土和滑石的差热曲线有何区别？

13.5 热膨胀分析

物体因温度改变而发生的膨胀现象称为热膨胀。通常是指外压强不变的情况下，大多数物质会热胀冷缩，个别物质则相反。物质的这种性质与物质的结构、键型、键强、热熔、熔点等密切相关。当物质受热时，由于温度升高，物质的每个粒子的热能增大，导致振幅也随之增大，由（非简谐）力相互结合的两个原子之间的距离也随之增大，物质就发生膨胀。因此不同的物质，具有不同的热膨胀特性。热膨胀分析法就是在程序控制温度下，测量物质在可忽视负荷下尺寸随温度变化的一种技术。

热膨胀仪主要可以测定物质的线膨胀系数和体膨胀系数。

线膨胀系数 α 为温度升高 1 K 时，沿样品某一方向上的相对伸长（或收缩）量。

$$\alpha = \frac{\Delta l}{l_0 \cdot \Delta T} \qquad (13-1)$$

式中，l_0 为样品的原始长度；Δl 为样品在温度差为 ΔT 的情况下长度的改变量。

如果样品长度随温度升高而增长，则 α 为正值；如果长度对温度升高而收缩，则 α 为负值。α 值在不同的温度区间内可能发生变化，尤其在物质相变时，α 值将发生较大变化。

体膨胀系数 γ 为温度升高 1 K 时，样品体积的相对膨胀（或收缩）量。

$$\gamma = \frac{\Delta V}{V_0 \cdot \Delta T} \qquad (13-2)$$

式中，V_0 为样品的原始体积；ΔV 为样品在温度差为 ΔT 的情况下体积变化量。如果体积随温度升高而增加，则 γ 为正值；如果体积随温度升高而收缩，γ 为负值。

13.5.1 热膨胀仪

通常的热膨胀法以测定试样在某一方向上的长度变化为主，即测定线膨胀系数居多。经典的膨胀系数测定仪如图 13-15 所示。

示差法的测量原理是：热稳定性良好的材料石英玻璃（棒或管）与待测试样一起，当温度升高时，比较石英玻璃与试样的热膨胀伸长量之差，再根据已知石英玻璃的热膨胀系数，计算得出待测试样的热膨胀系数，如图 13-16 所示。

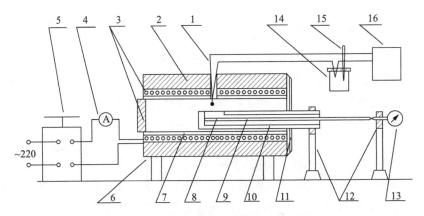

图 13-15　示差法测定材料膨胀系数的装置

1—测温热电偶；2—膨胀仪电炉；3—电热丝；4—电流表；5—调压器；6—电炉铁壳；7—铜柱电炉芯；8—待测试棒；
9—石英玻璃棒；10—石英玻璃管；11—遮热板；12—铁制支承架；13—千分表；14—水瓶；15—水银温度计；16—电位差计

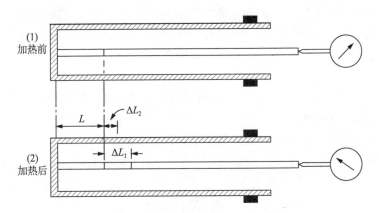

图 13-16　石英膨胀仪内部结构热膨胀分析

另外，目前常用的热膨胀仪为顶杆式热膨胀仪，它结构简单，使用方便，适合各种形状的试样(图 13-17)。其测量原理为：在程序控制温度下，试样发生热膨胀或收缩，因顶杆与试样紧密接触，试样的长度变化就通过顶杆传递给与其接触的位移传感器，通过测量系统测出试样长度的变化。

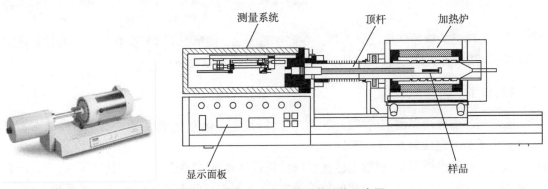

图 13-17　顶杆式热膨胀仪及其结构示意图

如果要达到更高的精度,可采用非接触式热膨胀仪,如新型激光热膨胀仪。它采用迈克尔逊干涉计来测量长度变化,其精度是顶杆式膨胀仪的几十倍。

13.5.2　热膨胀曲线

热膨胀曲线的横坐标是温度 T,纵坐标是样品的相对长度(%)。图 13-18 为几种不同无机材料的热膨胀曲线。

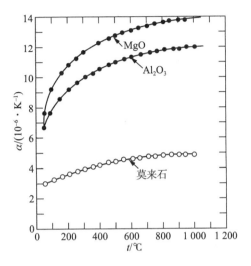

图 13-18　几种无机材料的热膨胀曲线

热膨胀曲线也可以和其他热分析图谱结合,图 13-19 为氮化硅生料的热膨胀曲线和膨胀速率微分曲线。由于烧结添加剂的影响,材料在 1 201℃开始了烧结过程,主要的收缩过程发生在 1 424℃(外推起始点)。在 1 760℃以上的效应则应由添加剂的挥发所引起。

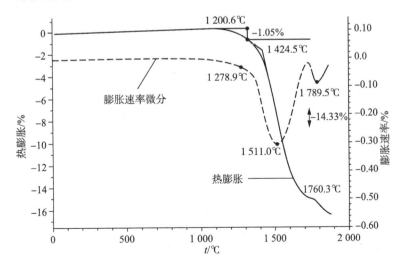

图 13-19　氮化硅生料的热膨胀曲线和膨胀速率微分曲线

13.5.3 材料热膨胀系数的影响因素

目前国内外使用的材料热膨胀系数值缺乏统一性且数值差别较大,给实际工程使用带来诸多不便,产生差别的原因概括如下。

1. 试样化学成分变化的影响

以工业纯铁为例,它具有均匀的各向同性,热物性能长期保持稳定,常被选作金属材料热物性测量的标准试样。但各国对纯铁的化学成分要求并不统一,因此造成各国公布的材料热物性数据必然存在一定的差异。

2. 不同试样加工方法的影响

即使是相同材料、相同形状、相同尺寸的试样,由于加工成型方法的不同也会造成试样热膨胀系数的变化,其主要原因是由于加工方法的差别造成了试样内部各组成部分结构的变化。引用《美国铸钢手册》(第五版)两组数据,可清楚地看到这些变化(表13-4)。表13-4中所列材料为两种低合金铸钢材料,每种材料分别经过不同的热处理加工成型后,其平均热膨胀系数发生的变化如表13-5所示。

表13-4 两组铸钢化学成分

	化学成分含量/%						
	C	Mn	Si	Cr	Ni	P	S
第一组材料	0.40	0.56	0.46	—	—	0.030	0.025
第二组材料	0.40	0.64	0.36	—	—	0.019	0.019

表13-5 两组材料平均热膨胀系数

	热处理	温度范围/℃					
		20~100	20~200	20~300	20~400	20~500	20~600
第一组材料	A	12.5	12.8	13.2	13.7	14.1	14.4
	N	11.8	12.2	12.8	13.2	13.7	14.2
	NQT	11.9	12.4	12.9	13.3	13.8	14.3
第二组材料	A	10.8	12.2	12.7	13.4	13.9	14.2
	N	11.4	12.2	12.5	13.1	13.5	13.9
	NQT	11.2	12.4	18.8	13.2	13.8	14.1

注:表中A为退火状态;N为正火状态;NQT为正火、水淬后回火状态。

3. 测量方法所带来的误差分析

材料热物性研究的一项重要内容是对测量方法的研究。由于目前材料热物性属性的确定主要是靠实验获得的,因此实验方法的优劣直接影响到材料数据的准确性,进而影响到过程应用精度和可靠性。目前常用的材料热膨胀系数测量方法有多种,其精度对比见表13-6。

表 13-6 热膨胀系数测量方法比较

测量方法	近似灵敏度/μm	范围	时间稳定性
干涉仪	2.5×10^{-2}	长	好
光杠杆	1.0×10^{-1}	长	好
未黏结的丝状应变计	1.3×10^{-1}	长	好
线性可变差动变压器	1.3×10^{-1}	长	好
电容测微计	2.5×10^{-1}	短	差
磁量计	2.5×10^{-1}	短	差
旋转镜仪	2.5×10^{-1}	长	好
指针量计	2.5	长	好
机械杠杆仪	25	长	好
张丝目镜显微镜	2.5×10^{-1}	长	好
电接触测显微计	2.5×10^{-1}	长	好

4. 试样形状尺寸的影响

试样形状尺寸对材料热膨胀系数值的影响已被国内外大量实验证明。但在过去工程应用精度发展到纳米级之前,其影响往往被忽略。随着现代科技的高速发展,试样形状尺寸对材料热膨胀系数值的影响已引起科研工作者的足够重视。

为提高热膨胀系数的准确度,许多国家都建立了本国的热物性测试方法、装置的国家标准和工业标准(如美国的 ASTM、日本的 JIS、英国的 BS 等),并提供一批标准试样或参考试样。

13.5.4 思考题

1. 石英膨胀计测定材料膨胀系数的原理是什么?
2. 影响膨胀系数的因素有哪些?

14 材料的电学表征技术

14.1 导电性能分析

材料的导电性能是材料电学性能的主要指标之一,导电的微观机制决定了不同的材料导电性能差别很大。导电性能与材料的结构、组织和成分等因素相关。按照导电能力的不同,材料可以划分为导体、半导体和绝缘体。金属和合金等电阻率小于 10^{-8} Ω·m 的材料为导体;电阻率在 $10^{10} \sim 10^{20}$ Ω·m 的材料为绝缘体;半导体的电阻率则在 $10^{-2} \sim 10^{10}$ Ω·m。

14.1.1 电阻测量的方法与原理

为了测出材料的电阻率 ρ,必须测出电阻 R、截面积 S 和长度 L。S 和 L 不难用各种量具测出,因此测电阻率的关键是测出电阻 R。测量电阻可根据被测电阻值的大小和准确度要求,采用不同的测量仪器和方法。测量较大电阻(电阻值大于 1 Ω),准确度要求不高时,常用兆欧表、万用表等仪器。半导体电阻的测量可用两探针法、四探针法、高 Q 表法、范德堡法等,其中四探针法应用最广泛。测量准确度要求较高的小电阻(电阻值小于 1 Ω)或用电阻法分析和研究金属与合金的组织结构变化时,就必须使用精密的电桥法或电位差计法进行测量,下面就这些方法分别进行介绍。

1. 四探针法测量半导体电阻

(1) 四探针法测量电阻的原理

四探针法是测量半导体材料电阻率最常用的方法,其测量原理如图 14-1 所示。前端精磨成针尖状的 1、2、3、4 号金属细棒中,1、4 号和高精度的直流稳流电源相连,2、3 号与高精度(精确到 0.1 μV)数字电压表或电位差计相连。四根探针有两种排列方式,一是四根针排列成一条直线[图 14-1(a)],探针间可以是等距离也可是非等距离;二是四根探针呈正方形或矩形排列[图 14-1(b)]。对于大块状或板状试样(尺寸远大于探针间距),两种探针排布方式都可以使用;而对于细条状或细棒状试样,使用第二种方式更为有利。当稳流源通过 1、4 探针提供给试样一个稳定的电流时,在 2、3 探针上测得一个电压值 V_{23}。

为什么要用四根探针呢?因为金属与半导体接触时往往要形成阻挡层,造成很大的接触电阻,当有电流通过接触处时就会产生很大的电压降。同时在金属与半导体接触处,当有点电流通过时,也可能发生少子注入现象,使得接触处附近的半导体电阻有所变化。因此,如果仅使用两根探针,既作电流探针,又作电压探针,则所测得的电压就不会是真正半导体中的电压,而是包含有接触电阻和注入效应影响的电压。但是,如果在电流探针之间再加上两根探针,专作测量半导体的电压用,则在很大程度上可消除接触电阻的影响。此外,为了进一步消除电压探针本身的接触电阻和注入效应,往往还采用补偿法(如应用直流电位差计)来测量电压,使电流不必通过电压探针。这样采用四根探针后,测量的半导体电阻较为准确。

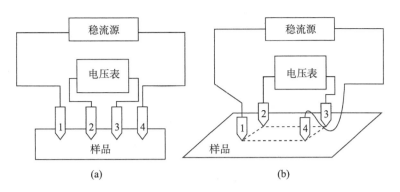

图 14-1　四探针电阻测量原理示意

我们以第一种探针排布[图14-2(a)]形式为例详细解释四探针法测试原理,其等效电路图见图14-2。

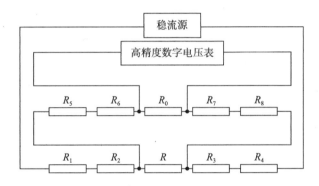

图 14-2　四探针电阻测量等效电路图

R_1、R_4、R_5、R_8 为导线电阻;R_2、R_3、R_6、R_7 为接触电阻;R_0 为
数字电压表内电阻;R 为被测电阻

对于如图14-2所示的系统中,显然稳流电路中的导线电阻(R_1、R_4)和探针与样品的接触电阻(R_2、R_3)与被测电阻(R)串联在稳流电路中,不会影响测量的结果。

在测量回路中,R_5、R_6、R_7、R_8 和数字电压表内阻 R_0 串联后,与被测电阻 R 并联。当被测电阻很小(小于 $1\ \Omega$),而电压表内阻很大(大于 $10\ M\Omega$)时,R_5、R_6、R_7、R_8 和 R_0 对实验结果的影响在有效数字以外,测量结果足够精确。

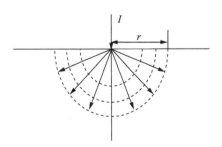

图 14-3　半无穷大试样四探针电阻测量原理

对于三维尺寸都远大于于探针间距的半无穷大试样,其电阻率为 ρ,探针引入的点电流源

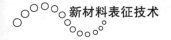

的电流强度为 I,则均匀导体内恒定电场的等电位面为一系列球面(图14-3)。以 r 为半径的半球面积为 $2\pi r^2$,则半球面上的电流密度为

$$j=\frac{I}{2\pi r^2} \tag{14-1}$$

由电导率 σ 与电流密度的关系可得这个半球面上的电场强度为

$$E=\frac{j}{\sigma}=\frac{I}{2\pi r^2\sigma}=\frac{I\rho}{2\pi r^2} \tag{14-2}$$

则距点电源 r 处的电势为

$$V=\frac{I\rho}{2\pi r} \tag{14-3}$$

显然导体内各点的电势应为各点电源在该点形成的电势的矢量和。进一步分析得到导体的电阻率为

$$\rho=2\pi\frac{V_{23}}{I}\left(\frac{1}{r_{12}}-\frac{1}{r_{24}}-\frac{1}{r_{13}}+\frac{1}{r_{34}}\right)^{-1} \tag{14-4}$$

式中,V_{23} 为图14-1(a)、(b)中2号和3号探针间的电压值,$r_{ij}(i,j=1,2,3,4)$分别为 i 号和 j 号探针间的间距。当四根探针处于同一平面并且处于同一直线上,并且有 $r_{12}=r_{23}=r_{34}=S$ 时,试样的电阻率

$$\rho=2\pi S\frac{U}{I} \tag{14-5}$$

而当试样尺寸很大时,由于测量回路电阻与试样并联,根据式(14-5),测量回路和电流回路中电阻对测量结果也不会产生不可忽略的影响。因此无论样品的电阻多大,只要其尺寸足够大,则其测量结果就足够精确。因此,本实验方法不仅用于测量小电阻,也常常应用于如半导体等大电阻率的测量之中。

但对于与探针间距相比,不符合半无穷大条件的试样,ρ 的测量结果则与试样的厚度和宽度(垂直于探针所在直线方向的尺寸)有关,对于非规则试样,自然也与其试样的形状有关。因此,式(14-5)则变为

$$\rho=2\pi S\frac{U}{I}f(y,z)f(\xi) \tag{14-6}$$

式中,$f(y,z)$ 为尺寸修正系数;$f(\xi)$ 为形状修正系数。

而当四根探针处于同一平面并且处于同一直线上,并且有 $r_{23}=S$ 时,对于宽度和厚度都小于探针间距的条形试样,采用

$$\rho=\frac{V_{23}}{I}\times\frac{W\times H}{S} \tag{14-7}$$

式中,W 为试样宽度;H 为试样厚度;S 为探针间距。计算的电阻率与材料的真实值之间的误差不超过3%。

四探针电阻测量不仅精确度高,而且测量系统与试样的连接非常简便,只需将探头压在样品表面确保探针与样品接触良好即可,无需将导线焊接在试样表面。这在不允许破坏试样表面的电阻试验中优势明显。

(2)四探针法测量电阻的实验方法

四探针测试仪器及装置如图 14 - 4 所示,包括四探针探头、电流可调的直流恒流电源和电压测试仪。

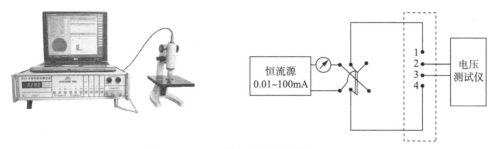

图 14 - 4 四探针测试仪器及装置示意

四探针测试仪器测量电阻的步骤如下所示。

① 按照原理连接测试线路。

② 用金刚砂研磨样品,获得新鲜磨毛的测试平面,以便探针和试样实现较好的欧姆接触。

③ 对所给试样用四探针测试电阻率(改变电流方向求平均值),用千分尺及读数显微镜测量样品的尺寸及探针离开样品边缘的最近距离,由此对测试结果给予适当的修正,记下测试时的环境温度。

④ 改变测试电流并观察电流过大会造成什么后果。

⑤ 观察光照对不同电阻率试样测试结果的影响。

2. 双电桥法

双电桥法是目前测量金属电阻最常用的方法,它用来测量小电阻($10^{-6}\sim10^{-2}$ Ω),其原理如图 14 - 5 所示。图 14 - 5 中的 R_X 为待测电阻,R_N 为标准电阻。

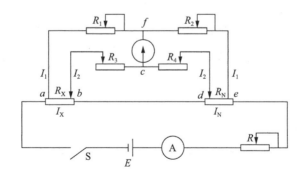

图 14 - 5 双电桥测量电阻原理

测量时首先将开关 S 接通,调整好工作电流,然后调整 R_1 和 R_2、R_3 和 R_4 使桥路中 f 和 c 点的电位相等,这时检流计的光点指零,电桥即处于平衡状态。在这种条件下,电流通过 af 和 fe 段线路所产生的电位降分别和通过 abc 和 cde 的电位降相等,因此

$$I_X R_X + I_2 R_3 = I_1 R_1$$
$$I_N R_N + I_2 R_4 = I_1 R_2 \qquad (14-8)$$

由于 $I_X = I_N$，故将上两式相除可得

$$R_X = R_N \frac{I_1 R_1 - I_2 R_3}{I_1 R_2 - I_2 R_4} \qquad (14-9)$$

在电桥设计上使 $R_1 = R_3$、$R_2 = R_4$，则上式可写为

$$R_X = R_N \frac{R_1}{R_2} \qquad (14-10)$$

根据式(14-10)，R_1、R_2 和 R_N 均已知，即可求得待测电阻 R_X 值。为提高被测电阻的精确度，测量时尽可能使 R_1/R_2 接近于 1，R_X 接近于 R_N。

从上述电路原理可以看出，双电桥法有两个显著的优点：附加电阻的影响很小；能灵敏地反映被测电阻的微小变化。如采用感量为每度 10^{-8} A 或 10^{-9} A 的镜式检流计作指示仪表，操作足够熟练时，在双电桥上能以 0.2%～0.3% 的精确度测量大小为 10^{-4}～10^{-3} Ω 的电阻。

3. 电位差计法

电位差计用于测量小电阻也有很高的精度，它的测量原理如图 14-6 所示。为了测量待测试样的电阻 R_X，选择一个标准电阻 R_N 与 R_X 组成一个回路，测量时首先调整好回路中的工作电流，然后接通开关 S，用电位差计分别测出 R_X 和 R_N 所引起的电压降 U_X 和 U_N。由于经过 R_X 和 R_N 的电流相同，故存在

$$\frac{R_X}{R_N} = \frac{U_X}{U_N} \qquad (14-11)$$

如果 R_N 已知，则可得出

$$R_X = \frac{U_X}{U_N} R_N \qquad (14-12)$$

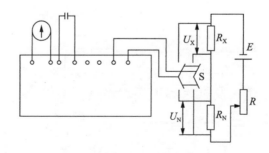

图 14-6 电位差计测量电阻原理

比较双电桥法和电位差计法可知，当被测金属电阻随温度变化时，用电位差计法比双电桥法更精确，因为测高温和低温电阻时，引线的电阻很难消除。电位差计法的优点在于引线电阻不影响电位差计的 U_X、U_N 电势的测量。

14.1.2 影响电阻的因素

1. 环境因素的影响

环境因素是指产生点阵畸变的外界条件,主要指温度和应力。

(1) 温度的影响

若认为导电电子是完全自由的,而原子的振动彼此无关,则电子的平均自由程与晶格振动的振幅平方的平均值 $\overline{x^2}$ 成反比。由于 $\overline{x^2}$ 与温度成正比,所以 $\rho \propto T$。在理想完整的晶体中,电子的散射只取决于温度所造成的点阵动畸变,即金属的电阻取决于离子的热振动。当温度高于德拜温度 Θ_D 时,纯金属的电阻和温度成正比。

$$\rho_t = \rho_0(1 + \alpha \Delta T) \tag{14-13}$$

式中,α 为电阻温度系数,过渡族金属,特别是铁磁金属的 α 值较大,约为 10^{-2} 数量级,其他金属 α 值均为 10^{-3} 数量级;$\rho_t - \rho_0$ 表示温度变化 ΔT 时 ρ 的变化。

一般金属,当温度接近 0 K 时,仍有残留电阻。但有些金属,例如 Ti、V、Nb、Zr、Al 等,当温度低于某临界值时电阻下降为零,它们被称为超导金属。金属熔化时,由于点阵规律性遭到破坏及原子间结合力的变化,熔点(T_m)处液态金属的电阻比固态约大一倍。

(2) 应力的影响

弹性范围内的单向拉应力,能使原子间的距离增大,点阵的动畸变增大,由此导致金属的电阻增大。电阻率与应力之间有如下的关系。

$$\rho_t = \rho_0(1 + \alpha_T \sigma) \tag{14-14}$$

式中,ρ_t 为受拉应力作用下的电阻率;ρ_0 为未加负荷时的电阻率;σ 为拉应力;α_T 为应力系数,如铁在室温下的应力系数 α_T 约为 $(2.11 \sim 2.13) \times 10^{-11} \mathrm{Pa}^{-1}$。

压力对电阻的影响恰好与拉应力相反,由于压力能使原子间距变小,点阵动畸变减小,大多数金属在三向压力(低于 1 200 MPa)的作用下,电阻率都下降,并且有如下的关系。

$$\rho_t = \rho_0(1 + \psi p) \tag{14-15}$$

式中,ρ_t 为三向拉力下的电阻率;ρ_0 为真空下的电阻率;p 为压应力;φ 为压力系数,是负值,例如铁的压力系数 $\varphi_f = -2.7 \times 10^{-11} \mathrm{Pa}^{-1}$。

2. 组织结构的影响

组织结构是影响电阻的内部因素,金属及合金的结构取决于塑性形变及热处理工艺。

(1) 塑性形变的影响

塑性形变使金属的电阻增大,铝、钢、铁、银和其他一些金属在具有显著的加工硬化时,它们的电阻率增加约 $2\% \sim 6\%$。金属经过塑性形变使电阻增大的原因是由于形变使点阵产生缺陷和畸变,导致电子波的散射增强;此外,冷加工也可能引起原子间的结合性质发生变化,从而对电阻产生影响。如果用 ρ_0 表示未经加工硬化金属的电阻率,$\Delta \rho$ 表示加工硬化产生的附加电阻率,金属加工硬化后的电阻率 $\rho = \rho_0 + \Delta \rho$。从电阻和温度的关系可知,当温度降低时,$\rho_0$ 减小,在 0K 时趋近于零。附加电阻率 $\Delta \rho$ 则不然,它只受加工程度的影响,与温度无关,即便是温度为 0K 时它仍然存在,故称为残留电阻率。$\Delta \rho / \rho$ 随温度降低而增大,所以用低温测量电阻的方法研究加工硬化是很合适的。

形变金属的电阻增大与形变量及形变温度有关。钽丝经扭转形变，$\Delta\rho/\rho_0$ 和扭转形变量的关系如图 14-7 所示。于 77 K 和 298 K 测量的结果表明，电阻随形变量增大而增大；并且形变温度愈低，电阻增加得就愈快。从图 14-7 可以看到电阻的变化反映了形变强化的一般规律。

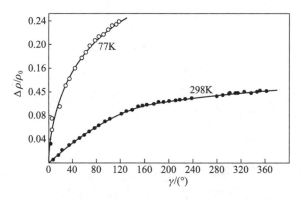

图 14-7　钽丝电阻的相对变化和扭转形变的关系

（2）热处理的影响

形变和应力都能破坏周期场的规整性，使电阻增大，若对加工硬化的金属进行退火，使它产生回复和再结晶，电阻就必然下降。例如，纯铁经过加工硬化之后，进行 100℃ 退火处理，电阻便有明显地降低。如果要进行 520℃ 退火，电阻便恢复到加工硬化前的水平。但当退火温度高于再结晶温度时，由于再结晶生成的新晶粒很细小，所以晶界较多，晶界是一种面缺陷，因此电阻反而有所增高。晶粒愈细，电阻愈大。

晶界、位错、空位和脱位原子等缺陷对电阻都有贡献，其中空位的贡献最大。

淬火也能使金属内部产生缺陷，特别当淬火温度较高时，金属内部的空位浓度相当高，淬火可以将这些空位冻结下来，使电阻有显著的提高。例如，将纯金加热到 800℃ 进行淬火，由于空位浓度增大，在 4.2 K 下电阻增高了 35％。纯铂经 1 500℃ 淬火，在 4.2 K 下电阻增加了一倍。淬火温度越高，空位浓度越大，因而电阻越大。

3. 合金元素及相结构的影响

纯金属的导电性与其在元素周期表中的位置有关，这是由不同能带结构决定的，而合金的导电性则表现得更为复杂，这是因为合金的电阻不仅要考虑前面提到的各种影响因素，而且还要考虑由合金元素引起原子间结合性质的变化和组织、结构状态所产生的影响。

（1）固溶体的电阻

形成固溶体合金时，一般的表现是电阻增高。即使是低电阻率的金属溶于高电阻率的金属中也有同样的效果，见图 14-8。因为当组成固溶体时，溶剂的点阵受溶质原子的影响发生静畸变，从而增大了电子波的散射；另一方面，由于组元间化学作用的加强使有效电子数减少，也造成电阻的增加。

在二元合金所形成的连续固溶体中，电阻的增大和成分之间呈曲线关系，通常在 r_B 等于 50％处出现极大值。极大值比纯组元的电阻要高出几倍。但有的情况，例如，铁磁性与抗磁性金属组成固溶体时，电阻极大值并不对应 $r_B = 50％$处，而是出现在较高的浓度区，且峰值异常的高，见图 14-9。这是由于它们的价电子可以转移到过渡族金属的 d 或 f 层中去，从而使有效导电电子数减少。这种电子的转移，可以看作是固溶体组元之间的化学作用加强。

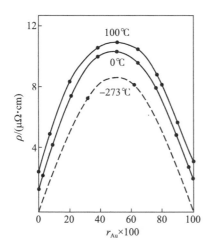

图 14-8　Ag-Au 合金的电阻率与成分的关系

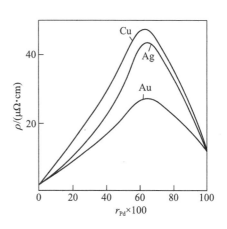

图 14-9　Cu、Ag 及 Au 与 Pd 合金的
电阻率与成分的关系

当溶质浓度较小时,固溶体的电阻率 ρ_s 的变化规律符合马基申定律。

$$\rho_s = \rho_{s1} + \rho_{s2} = \rho_{s1} + r_C \xi$$

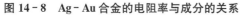

式中,ρ_{s1} 为溶剂的电阻率;ρ_{s2} 为溶质的电阻率,等于 $r_C \xi$;r_C 为溶质 C 的量比,ξ 为每百分之一溶质量比的附加电阻率。

这个定律指出,合金电阻由两部分组成:一是溶剂的电阻,它随着温度升高而增大;二是溶质引起的附加电阻,它与温度无关,只与溶质原子的浓度有关。固溶体的有序化对合金的电阻有显著的影响,异类原子使点阵的周期场遭到破坏而使电阻增大,而固溶体的有序化则有利于改善离子电场的规整性,从而减少电子的散射,因此电阻降低。另一方面,有序化使组元之间化学作用加强,导致传导电子数目减少。在上述两种相反作用的影响下,电场对称性增加使电阻下降起着主要作用,所以有序化的表现是电阻降低。

（2）不均匀固溶体的电阻

一些由过渡族金属组成的合金,它们的电阻随着形变和退火的变化与我们前边说到的规律完全相反,即形变使电阻降低,而退火使电阻升高。这种现象,显然不能用加工硬化和回复的理论给予解释。金相和 X 射线分析表明,合金虽然处于单相组织状态,但原子间距产生了明显的波动,这是由溶质原子的不均匀分布造成的。这种不均匀固溶状态称为 K 状态。物理性能分析指出,Ni-Cr、Ni-Cu、Ni-Cu-Zn、Fe-Al、Cu-Mn、Ag-Mn、Au-Cr 等固溶体合金中均能形成 K 状态。

不均匀固溶体属于原子偏聚现象,偏聚区的成分与固溶体的平均成分不同,偏聚区范围约有 100 个原子,线尺寸约 1 nm,由于偏聚造成对电子波的附加散射,使电阻增大。不均匀状态是在加热或冷却过程中,在一定的温度范围内形成的,高于这个温度范围它即行消散。例如,Cr20Ni80 合金,温度高于 300℃ 时,电阻便开始异常地增大,即开始出现不均匀状态;在 400～450℃ 时电阻上升得最快,即不均匀状态急剧发展;720℃ 以上时,电阻的变化恢复正常规律,不均匀固溶状态完全消失,见图 14-10。应当指出,这种不均匀状态一旦形成,冷却过程中也不会消散。另外,从高温缓冷经过上述形成温度区时,也会产生不均匀状态,只有快速冷却才能抑制它的形成,这就是为什么退火状态的电阻反比淬火态电阻高的原因。形变能使不均匀状态重新变为均匀状态,因此,形变后电阻变小。

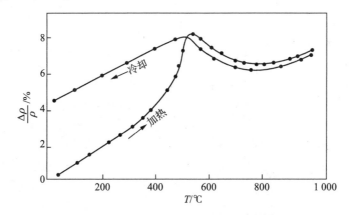

图 14 - 10　Cr20Ni80 合金加热及冷却时电阻的变化

（3）金属化合物的电阻

金属化合物的导电能力都比较差,它们的电导率比各组元的要小得多。金属化合物的导电能力之所以较差是因为组成化合物后原子间的金属键部分地转换为共价键或离子键,使传导电子数减少所致,正是由于结合性质发生了变化,所以还常因为形成了化合物而变成半导体,甚至完全失掉导体的性质。

（4）多相合金的电阻

多相合金的导电性与其组成相的导电性有关,由于电阻率是一个组织结构敏感的物理量,因此晶粒大小、晶界状态及结构等因素都会影响合金的导电性。当退火态的二元合金组织为两相机械混合物时,如果合金组成相的电阻率相近,则电导率和 AB 两组元的体积分数呈线性关系,如图 14 - 11 所示。通常可以近似认为多相合金的电阻率为各相电阻率的加权平均值。

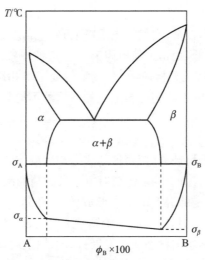

图 14 - 11　有限溶解合金电导率的变化

14.1.3　思考题

1. 能否用四探针法测量 n/p 外延片外延层的电阻率？

2. 为什么测量单晶试样电阻率时测试平面要求为毛面,而测试扩散片扩散层薄层电阻时测试面可为镜面？

3. 用电阻分析,选择测量方法时需要考虑哪些因素,才能保证测量结果的可靠性？

14.2　热电势分析

14.2.1　热电效应及热电势

当材料中产生电位差时会产生电流,同样在材料中存在温度差时会产生热流。从电子论的观点来看,在金属和半导体中,无论电流还是热流都与电子的运动相关。电位差、温度差、电流、热流之间存在着交叉联系,当两种金属组成一个回路时,若两个接触点的温度不相同则回路中便会产生三种热电效应,即塞贝克效应、珀尔帖效应和汤姆森效应。

1. 塞贝克效应

当 A、B 两种金属组成一个闭合回路时,如图 14-12 所示,若两个接点处保持一定的温差 $T_1 \neq T_2$,回路中就有电流和电势产生,这种现象称为塞贝克效应。该回路可视为热电偶,产生的电动势称为温差电动势,即热电势。

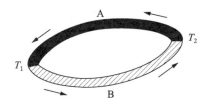

图 14-12　塞贝克效应示意

塞贝克效应的实质是两种金属接触时会产生接触电势差 V_{AB},是由两种金属中电子的逸出功不同和电子浓度不同造成的。因此,

$$V_{AB} = V_B - V_A + \frac{kT}{e} \ln \frac{N_A}{N_B} \qquad (14-16)$$

式中,V_A、V_B 分别为金属 A 和 B 的逸出电势;N_A、N_B 分别为金属 A 和 B 的有效电子密度,它们都与金属的本质有关;k 为玻耳兹曼常数;T 为热力学温度;e 为电子的电量。

由上式可得出金属 A 和 B 组成回路的热电势为:

$$E_{AB} = V_{AB}(T_1) - V_{AB}(T_2) = (T_1 - T_2) \frac{k}{e} \ln \frac{N_A}{N_B} \qquad (14-17)$$

表明回路的热电势与两金属的有效电子浓度相关,并与两接触处的温差有关。

半导体的塞贝克效应比金属导体中的要显著,金属中的热电势率在 $1 \sim 10\ \mu V/\text{℃}$,而半导体的热电势率在 $1 \sim 10\ mV/\text{℃}$。因此,金属的塞贝克效应主要用于测量温度,而半导体的塞

贝克效应则可用于温差发电。

2. 珀尔帖效应

珀尔帖效应是指电流通过两种金属时,将会使接触点吸热或放热。因为不同金属中,自由电子具有不同的能量状态。在某一温度下,当两种金属 A 和 B 相互接触时,见图 14-13,若金属 A 的电子能量高,则电子要从 A 流向 B,由此导致金属 A 的电位变正,B 的电位变负。于是在金属 A 与 B 之间产生一个静电势,它等于 $V_A - V_B$,通常称为接触电势。由于接触电势的存在,若沿 AB 方向通以电流,则接触点处将吸收热量;若从相反方向通以电流,则接触点处要放出热量,这种现象称为珀尔帖效应。吸收或放出的热量 Q_P 称为珀尔帖热

$$Q_P = \pi_{AB} It \tag{14-18}$$

式中,π_{AB} 为珀尔帖系数或珀尔帖电势,与金属的本性和温度有关;I 为电流;t 为电流通过的时间。

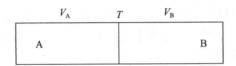

图 14-13　珀尔帖效应示意

珀尔帖热可以用实验进行确定,通常珀尔帖热和焦耳热总是叠加在一起的,由于焦耳热与电流方向无关,而珀尔帖热与电流方向有关,利用这一特点可将其分开。因此,可先从一个方向通入电流,测得热量 $Q_f + Q_p$,这里 Q_f 表示焦耳热,Q_p 表示珀尔帖热。而后再从另一方向通入电流,测得热量 $Q_f - Q_p$。显然,两种情况放出热量之差应等于 $2Q_p$。根据这一特性,用正反向两次通电所测得的热量之差,即可确定出 Q_p。

3. 汤姆逊效应

金属中自由电子的能量还与温度有关,因此,对于一种金属,若两端的温度不相同,电子也要发生迁移,于是在导体的 M 与 M' 两点之间产生一个静电势 ΔV,见图 14-14。由于导体中存在 ΔV,若给导体通以电流,若电流方向与热电流的方向一致,则放出热量 Q_T;若方向相反,则吸收热量 Q_T。这种现象称为汤姆逊效应,Q_T 称为汤姆逊热。

$$Q_T = \mu It \Delta T \tag{14-19}$$

式中,μ 为汤姆逊系数或汤姆逊电势,与金属的本性有关;I 为电流;t 为通电时间;ΔT 为两点之间的温度差。

汤姆逊热和珀尔帖热一样,亦可用正反向通电的方法进行确定。

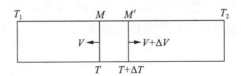

图 14-14　汤姆逊效应示意

14.2.2　热电势的测量原理

在利用热电势测量温度时,热电势的变化是比较显著的,故一般采用毫伏计测量。但在利用热电势研究金属内部组织变化时,通常要测量的热电势变化值是很小的,所以用一般的毫伏计测量的误差就很大,因此要求使用更精密的测试仪器和方法。

1. 补偿法

研究工作中测定热电势常用补偿法,其测试原理如图 14-15 所示。

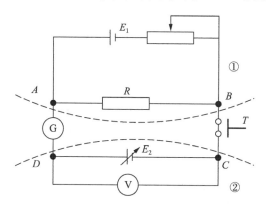

图 14-15　电位补偿法测热电势的原理

图 14-15 中 E_2 为可调电动势,E_2 与电压表构成第二个回路,电压表显示 E_2 的路端电压 U_{CD},当 $U_{CD}<U_{AB}$ 时,按下电键 T,电流计中有电流通过,方向为 $A\rightarrow B$;当 $U_{CD}>U_{AB}$ 时,按下电键 T,电流计中有电流通过,方向为 $A\leftarrow B$;当 $U_{CD}=U_{AB}$ 时,按下电键 T,电流计中无电流通过,两回路中无能量交换,此状态称为"补偿态"。此时回路②中电压表显示的就是回路①中电阻 R 两端的电压。

补偿法所使用的测试仪器为电位差计,其工作原理如图 14-16 所示。回路①为工作回路,回路②为校准电流回路,回路③为测量回路。在电位差计设计过程中,为了方便定标,工作回路的电流一般为 $10^n A$(如 $10^{-2} A$)。但工作电流由校准回路来调整,E_S、R_S 都是定值,调节电流调节器,将 K 掷向 S,当工作电流能使工作回路和校准回路达到补偿时,工作电流为

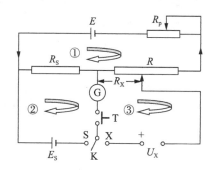

图 14-16　电位差计测量热电势的工作原理

$$I = \frac{E_S}{R_S} \qquad\qquad (14-20)$$

在测量时,将 K 掷向 X,调节 R 的滑动片,若在某一位置得某一分电压 $U = I \times R_x$ 和被测回路达到补偿,即 $U_x = I \times R_x$。对于测量仪器读出的数据应为简单计算过的被测电压值 U_x ($= I \times R_x$)。

2. 示差测量法

在研究金属时测量热电势的目的是根据热电势变化所提供的信息,分析合金成分和组织的变化。因此有两点值得注意:一是为了正确地反映待测试样内部组织变化的情况,必须选用一种在测量温度范围内组织稳定的金属或合金与试样组成电偶,在实际测量中常用铂或与试样同一成分退火状态的合金与待测试样成偶;二是由合金组织变化所引起的热电势变化很小,必须选用更精确的方法进行测量。基于上述考虑,在研究工作中经常选用示差法测量热电势,其工作原理如图 14-17 所示。

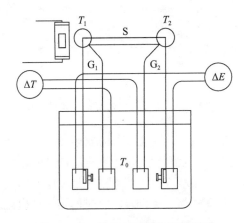

图 14-17　示差法测量热电势原理

其主要特点是,G_1 和 G_2 两根导线的材料与待测试样的材料相同,但需经过退火处理,这样可以保证 ΔE 是由试样的组织变化引起的;试样 S 两端分别与 G_1 和 G_2 直接接触,并紧紧地压入铜块之中,并用云母片使其与铜块绝缘,这样可以消除由铜块温度不均所产生的影响。铜块的温度 T 用一个加热装置进行调整,使 $T_1 - T_2 = \Delta T$。ΔT 由示差热电偶进行测量,示差热电势 ΔE 选用精密的电位差计进行测量。为了消除环境的影响,将所有的冷端都置于 273 K 的恒温槽中。由于试样与同种材料的导线组成热电偶,因此所测得的热电势差能反映试样组织状态的变化。

用上述装置测量热电势一般采用棒状试样,以保证安夹方便和接触良好。从原理上说,测量热电势对试样的几何形状和尺寸没有特定的要求,所用装置都较简单,容易实现。

14.2.3　热电势测量的实验方法

(1) 制作热电偶　将待测材料和参考材料连接制成如图 14-18 所示回路。

(2) 连接电路　将热电偶的电压端接到电位差计上的"未知端"。

(3) 校准工作电流　先将电位差计上功能开关 K 调至"标准",调整面板右上角的"电流调节"旋钮,使检流计指向"0",此时工作电流调整完毕。

（4）测出室温下的初始电动势　先将 K 拨至"未知"，然后调节右下方读数盘，使检流计指"0"，同时读出温度计和电位差计上读数盘的数值。

（5）加热测量　每升高 10℃测量一组 T 和 E，测量十组数据。

（6）数据处理　用作图法处理数据，以温差电动势 ΔE 为纵坐标，温度差 ΔT 为横坐标，绘出 $\Delta E \sim \Delta T$ 曲线，该曲线斜率为温差电动势的系数（相对热电势率）。

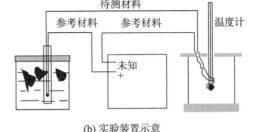

（a）电位差计　　　　　　　（b）实验装置示意

图 14-18　电位差计及热电势测试实验装置示意图

14.2.4　影响热电势的因素

金属及合金的热电势取决于它们的成分和组织状态，归纳起来，影响热电势的因素如下。

1. 金属本质的影响

不同的金属由于电子逸出功和自由电子密度不同，热电势也不相同。纯金属的热电势可以排成如下的顺序，其中任一后者相对于前边的金属而言均为负：Si，Sb，Mo，Cd，W，Au，Ag，Zn，Rh，Ir，Tl，Cs，Ta，Sn，Pb，Mg，Al，石墨，Hg，Pt，Na，Pd，K，Ni，Co，Bi。

2. 温度的影响

热电势与两接触点处的温差成正比，如果保持冷端温度不变，则热电势与热端温度成正比。实际上，热电势还受到其他因素的影响，热电势和温度的关系可用下面的经验公式表示。

$$E = at + bt^2 + ct^3 \tag{14-21}$$

式中，t 为热端温度（冷端温度为 0℃）；a，b，c 为与金属本性相关的常数。

3. 合金化的影响

在形成连续固溶体时，热电势和浓度关系呈悬链式变化规律。合金的热电势随着溶质浓度增高而降低。随着合金成分的变化，当在某一成分形成化合物时，合金的热电势要发生跃变（增高或降低）。当形成半导体性质的化合物时，由于共价结合增强，会使合金的热电势显著增大。两相合金的热电势值介于两个组成相的热电势之间，并与组成相的形状和分布有关。若两相的电导率相近，则合金的热电势与体积浓度近似地呈直线关系。

4. 相变的影响

（1）同素异构转变

同素异构转变对金属热电势有很明显的影响。铁和铂成偶的热电势和加热温度的关系如图 14-19 所示。从图 14-19 可以看出，随着加热温度的升高，铁的 $\dfrac{\mathrm{d}E}{\mathrm{d}t}$ 曲线在 A_2 点由于磁性转变发生拐折，而在 A_3 和 A_4 点由于发生同素异构转变，曲线产生明显跃变。由于上述转变

影响的热电势和温度的关系不再符合式(4-8)所描述的规律。图 14-19 所示的曲线还表明，铁的 α 和 δ 相区的 $\dfrac{\mathrm{d}E}{\mathrm{d}t}$ 互为延长线，这说明它们具有相同的结构。

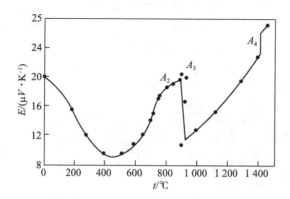

图 14-19　Fe-Pt 热电偶的热电势

（2）马氏体转变

马氏体转变是无扩性转变，即钢的微观成分没有变化但由于奥氏体和马氏体的结构不同，热电性有较大的差别。例如，$\omega_{Ni}=30\%$ 的合金钢，奥氏体状态的热电势为 3.6 $\mu V/\mathbb{C}$，而马氏体的热电势为 34.4 $\mu V/\mathbb{C}$。因此，奥氏体钢中产生马氏体转变时，随着马氏体转变数量的增多，热电势值不断增大。

（3）亚稳固溶体合金的析出

过饱和固溶体的时效或回火析出对合金热电势能产生明显的影响。析出之所以能导致热电势发生变化，归结于两个方面的原因：一是固溶体的基体中合金元素的贫化；二是第二相的生成。根据两相合金热电势的变化规律，析出时热电势的变化可分为两种情况。

当析出相与基体相相比所占数量很小，而且两相的热电势又相差不大时，析出相的影响可以不予考虑。随着析出相数量的增多，通常表现为热电势值变小。例如，ω_{Fe} 小于 4% 的铜合金，经固溶处理之后进行等温回火在等温过程中析出 ε 相，因此合金的热电势随着回火时间的增长而逐渐变小，见图 14-20。由图 14-20 可见，不同成分的合金，经同一温度回火它们的热电势值趋向于相同的数值；相同成分的合金在不同温度回火时，回火温度越高，析出越多，固溶体中含铁量越少，合金的热电势随固溶体中的含铁量而发生变化。

当析出相和基体相的热电势相差较大，而且析出相的数量所占比例也较大时，这时除基体相中合金元素的贫化所产生的影响之外，还必须考虑析出相产生的影响。由于影响因素比较复杂，热电势值可能增大，也可能减小。

14.2.5　思考题

1. 简述三种热点效应。
2. 补偿电位法的工作原理是什么？

14.3　介电性能分析

电介质材料是一类具有电极化能力的物质，它是以正反电荷重心不重合的电极化方式来

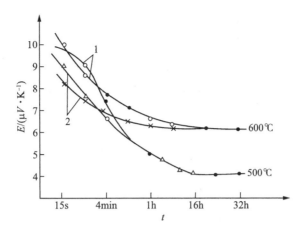

图 14-20　500～600℃回火时 Fe-Cu 合金热电势和回火时间的关系
1—$\omega_{Fe}=2.2\%$；2—$\omega_{Fe}=0.5\%$

传递和储存电能的。介质的极化一般包括六种机制：电子位移极化、离子位移极化、电子弛豫极化、离子弛豫极化、转向极化和空间电荷极化。综合反映电介质材料极化行为的一个宏观物理量是介电常数 ε，它表示电容器两极板间在插入电介质时的电容与真空状态时的电容相比较时的增长倍数。

电介质在交变电场作用下，发生弛豫极化，介电常数将变成一个复数，这表示电介质发生了能量损耗。若把存在弛豫极化的电介质看作一个电容器，从电路的观点来看，则电介质中的电流密度为

$$J=\omega\varepsilon''E+j\omega\varepsilon'E=J_r+jJ_c \tag{14-22}$$

式中，$J_r=\omega\varepsilon''E$，与电场强度 E 同相位，为有功电流密度；$J_c=\omega\varepsilon'E_c$，超前与电场强度成一个 $\pi/2$ 的相位角，为无功电流密度（图 14-21）；j 为复数单位。复数介电常数的实部 ε' 和通常应用的介电常数意义一致，而虚部 ε'' 则表示电介质中能量损耗的大小。

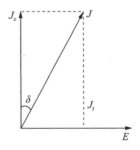

图 14-21　电流密度 J 与电场强度 E 之间的相位关系

由图 14-21 可得

$$\tan\delta=\frac{J_r}{J_c}=\frac{\omega\varepsilon''E}{\omega\varepsilon'E}=\frac{\varepsilon''}{\varepsilon'} \tag{14-23}$$

$\tan\delta$ 表示有功电流与无功电流的比值。只有有功电流才会导致能量的损耗，故 $\tan\delta$ 值越

小,表明电介质在单位时间内损失的能量越少,因此 $\tan\delta$ 被称为损耗角正切。因为 $\tan\delta$ 的数值可以直接通过实验测得,而且与试样的形状大小无关,所以它和介电常数 ε 一起成为表征电介质介电性能的两个重要参数。

14.3.1 介电常数与损耗角正切的测试方法及原理

用两块平行放置的金属电极构成一个平行板电容器,其电容量为

$$C = \frac{\varepsilon S}{D} \qquad (14-24)$$

式中,D 为极板间距;S 为极板面积。材料不同介电常数 ε 也不同,在真空中介电常数为 ε_0,$\varepsilon_0 = 8.85 \times 10^{-12}$ F/m。考察一种电介质的介电常数,通常是看相对介电常数,即与真空介电常数相比的比值 ε_r。

如果能测出平行板电容器在真空里的电容量 C_1 和插入介质时的电容量 C_2,则介质的相对介电常数即为

$$\varepsilon_r = \frac{C_2}{C_1} \qquad (14-25)$$

然而,C_1、C_2 的值很小,电极的边界效应、测量用的引线等所引起的分电容不可忽略,这些因素均会引起较大的误差。为了解决这一问题,人们提出了测量介电常数的比较法、替代法、电桥法、频率法、Q 表法、直流测量法和微波测量法等。下面我们以电桥法和频率法为例加以说明。

1. 电桥法测量固体介电性能

将平行板电容器与数字式交流电桥相连接,如图 14-22 所示,测出空气中的电容 C_1 和插入固体电介质后的电容 C_2。

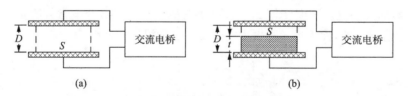

图 14-22 电桥法测量固体电介质介电常数示意图

$$C_1 = C_0 + C_{\text{边}1} + C_{\text{分}1}$$
$$C_2 = C_{\text{串}} + C_{\text{边}2} + C_{\text{分}2} \qquad (14-26)$$

式中,C_0 是电极间以空气为介质、试样面积为 S 而计算出的电容量,$C_0 = \frac{\varepsilon_0 S}{D}$;$C_{\text{边}}$ 为试样面积以外电极间的电容量和边界电容之和;$C_{\text{分}}$ 为测量引线及测量系统等引起的分布电容之和。放入试样时,试样没有充满电极之间,试样面积比极板面积小,厚度也比极板的间距小,因此由试样面积内介质层和空气层组成串联电容 $C_{\text{串}}$,根据电容串联公式有

$$C_{串}=\frac{\dfrac{\varepsilon_0 S}{D-t}\cdot\dfrac{\varepsilon_r\varepsilon_0 S}{t}}{\dfrac{\varepsilon_0 S}{D-t}+\dfrac{\varepsilon_r\varepsilon_0 S}{t}}=\frac{\varepsilon_r\varepsilon_0 S}{t+\varepsilon_r(D-t)} \tag{14-27}$$

两次测量过程中保持电极间距 D 和系统状态不变,则有

$$C_{边1}=C_{边2}\ 和\ C_{分1}=C_{分2}$$

得
$$C_{串}=C_2-C_1+C_0 \tag{14-28}$$

由此可计算出固体电介质的相对介电常数为

$$\varepsilon_r=\frac{C_{串}\cdot t}{\varepsilon_0 S-C_{串}(D-t)} \tag{14-29}$$

此结果中不再包含边缘电容和分布电容,有效地消除了两者引入的误差。

2. 频率法测定液体电介质的相对介电常数

所用电极是两个容量不等的空气电容,其电容量分别为 C_{01} 和 C_{02},与测试仪连接成电路,如图 14-23 所示。

图 14-23 频率法测量液体电介质介电常数示意图

测试仪中电感 L、电极电容和分布电容等构成 LC 振荡回路,其振荡频率

$$f=\frac{1}{2\pi\sqrt{LC}}\ 或\ C=C_0+C_分=\frac{1}{4\pi^2 Lf^2}=\frac{k^2}{f^2} \tag{14-30}$$

测试仪中的电感 L 一定,即式中 k 为常数,则频率仅随电容 C 的变化而变化。当电极在空气中接入电容 C_{01} 或 C_{02} 时,则相应的振荡频率为 f_{01} 和 f_{02},由此可得

$$C_{02}-C_{01}=\frac{k^2}{f_{02}^2}-\frac{k^2}{f_{01}^2} \tag{14-31}$$

当电极之间插入相对介电常数为 ε_r 的液体电介质时,则有

$$\varepsilon_r(C_{02}-C_{01})=\frac{k^2}{f_2^2}-\frac{k^2}{f_1^2} \tag{14-32}$$

由此计算得到液体电介质的相对介电常数为

$$\varepsilon_r=\frac{1/f_2^2-1/f_1^2}{1/f_{02}^2-1/f_{01}^2} \tag{14-33}$$

上式中并未见分布电容,因此认为该种测试方法同样可以消除分布电容带来的系统误差。

3. 强交变电场作用下介电性能的测试

GB 3389.7—86 规定了压电材料在强交变电场作用下介电性能的测试方法,即采用 1 kHz 高压西林电桥来测量,其测量原理如图 14-24 所示。

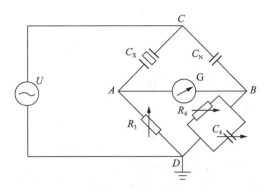

图 14 - 24　1 kHz 高压西林电桥测试原理示意图

U 为 1 kHz 高压信号源；C_X 为被测试样；C_N 为标准电容器；R_3、R_4 为高频十进可变电阻箱；C_4 为十进可变电容箱；G 为零值指示器

当如图 14 - 24 所示电桥达到平衡时有

$$C_X = \frac{C_N R_4}{R_3} \left(\frac{1}{1 + \tan^2 \delta} \right)$$
$$\tan \delta = \omega C_4 R_4 \tag{14 - 34}$$

式中，C_X 为被测试样电容值；C_N 为标准电容器电容值，R_3、R_4 为高频十进可变电阻箱电阻；C_4 为十进可变电容箱电容值；ω 为角频率。

当 $\tan \delta \leqslant 0.1$ 时可忽略不计，则

$$C_X = \frac{C_N R_4}{R_3} \tag{14 - 35}$$

一般取角频率 $\omega = 2\pi \times 10^3$ rad/s，电阻 $R_4 = 1\,000/2\pi \approx 159.2$ Ω，则有

$$C_X = C_N \frac{159.2}{R_3}$$
$$\tan \delta = C_4 \times 10^6 \tag{14 - 36}$$

由此可计算出待测试样的相对介电常数 ε'

$$\varepsilon' = C_X \frac{t}{\varepsilon_0 A} = C_N \frac{159.2 t}{R_3 \varepsilon_0 A} \tag{14 - 37}$$

式中，ε_0 为真空介电常数；t 为试样的厚度；A 为试样的电极面积。

14.3.2　实验仪器及方法

采用 DZ5001 型介电常数测试仪（图 14 - 25）测量材料的介电常数及损耗角正切。其测试基本原理是采用高频谐振法，在测试频率下，测量高频电感或振荡回路的品质因子 Q 值、电感器的电感量和分布电容量、电容器的电容量和损耗角正切、电工材料的高频介质损耗等。

其具体实验测试步骤如下：

（1）使用稳压电源保证测试条件的稳定，并开机预热 15 min。

（2）根据需要选择振荡器频率，调节测试电路电容器使电路谐振。假定谐振时电容为 C_1，

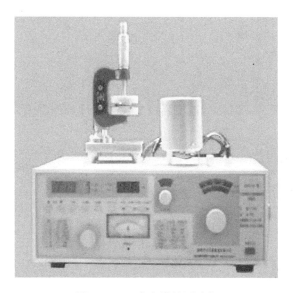

图 14-25　介电常数测试仪

品质因子为 Q_1。

（3）将按部件标准制备好的试样夹入两极板间,选择适当的辅助线圈插入电感接线柱,用引线将支架连接至仪器的电容接线柱。

（4）再调节测试电路电容器使电路谐振,这时电容为 C_2,可以直接读出 Q_2,并且 $\Delta Q = Q_1 - Q_2$。

（5）用游标卡尺量出试样的直径 Φ 和厚度 d（分别在不同位置测得两个数据,再取其平均值,方形式样按其边长的 4 倍计算 Φ 值）

（6）按照下列公式计算得出介电常数、损耗角正切及品质因子 Q。

$$\varepsilon = 14.4\frac{Cd}{\Phi^2} ; \tan\delta = \frac{C_1}{C_1 - C_2}\frac{Q_1 - Q_2}{Q_1 Q_2} ; Q = \frac{1}{\tan\delta} = \frac{C_1 - C_2}{C_1 C_2}\frac{Q_1 Q_2}{Q_1 - Q_2} \qquad (14-38)$$

14.3.3　影响介电性能的因素

1. 介电常数的影响因素

（1）极化类型的影响

电介质极化过程是非常复杂的,其极化形式也是多种多样的。介质材料以哪种形式极化,与它们的结构紧密程度相关。

（2）温度的影响

根据介电常数与温度的关系,可以把电介质分为两大类:一类是介电常数与温度呈强烈非线性关系的电介质,对这类材料很难用介电常数的温度系数来描述其温度特性;另一类介电常数与温度呈线性关系,这类材料常用介电常数的温度系数 $TK\varepsilon$ 来描述介电常数与温度的关系。

介电常数温度系数是指随温度变化时介电常数 ε 的相对变化率,即

$$TK\varepsilon = \frac{1}{\varepsilon}\frac{\mathrm{d}\varepsilon}{\mathrm{d}T} \qquad (14-39)$$

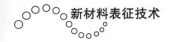

由于绝大部分电介质的介电常数与温度的关系本身并不精确,所以实际工作中常采用实验的方法来确定,通常使用温度系数 $TK\varepsilon$ 的平均值来表示。

$$TK\varepsilon = \frac{\Delta\varepsilon}{\varepsilon_0\Delta t} = \frac{\varepsilon_t - \varepsilon_0}{\varepsilon_0(t-t_0)} \quad\quad (14-40)$$

式中,t_0 为初始温度,一般为室温;t 为改变后的温度或元件工作温度;ε_0 和 ε_t 分别为介质在 t_0 和 t 的介电常数。

2. 介电损耗的影响因素

(1) 频率的影响

首先讨论温度对漏导损耗的影响。漏导电流的存在,相当于材料内部有一个电阻,在电压的作用下因发热而产生损耗,损耗功率为

$$P = \sigma_V E^2 S d \quad\quad (14-41)$$

它与电压的频率无关。

而电压的频率对极化损耗的影响很大,根据极化所需时间的长短,把极化分为快极化和缓慢极化。缓慢极化跟不上外电场的变化,因此产生损耗。这时介质中有电流通过,称为吸收电流,与之对应有一个等效电阻率 ρ_a,经等效电路计算其单位体积中介质损耗功率为

$$P = \frac{\omega^2\theta^2 g}{1+\omega^2\theta^2} E^2 \qu\quad (14-42)$$

式中,E 为电场强度;ω 为外电场频率;θ 为时间常数;$g = \dfrac{1}{\rho_a}$ 为吸收电流的起始电导率。

由上式可见,当外电场频率很低时,介质损耗为零;当外电场频率很高时,极化跟不上电场的变化,介电损耗达到最大。

(2) 温度的影响

对漏导损耗而言,随温度的升高,介质的电导率也增大,通常呈指数关系

$$\sigma = \sigma_0 \mathrm{e}^{at} ; P = P_0 \mathrm{e}^{at} \quad\quad (14-43)$$

式中,σ、σ_0 分别为在温度 t 和 t_0 时的电导率;P、P_0 分别为在温度 t 和 t_0 时的损耗功率;α 为温度系数。

温度对极化损耗的影响,是由温度对 θ 和 g 的影响来决定的。温度升高,弛豫极化容易发生,时间常数随温度升高而减小。另一方面,温度升高,电导率增大,即 g 随温度升高而增大。根据弛豫极化机制,可以证明温度与 θ 和 g 有如下关系

$$\theta g = \frac{A}{T} \quad\quad (14-44)$$

式中,A 为优介质性质决定的常数;T 为绝对温度。

温度很低时,弛豫时间很长,极化完全来不及进行,此时 P 很小。当温度逐渐升高时,粒子热运动能增加,弛豫时间减小,弛豫极化开始产生,因而 P 随温度的升高而增大。当温度升高到某一值时,弛豫时间减小到使弛豫极化在外加电压的半周期内完成,此时介电常数达到最大值,P 亦随温度升高出现一个极大值。

14.3.4　思考题

1. 影响介电性能的因素有哪些?
2. 电桥法测量介电常数过程中电桥的作用是什么?

14.4　压电性能分析

14.4.1　压电效应的基本原理

1. 压电效应

某些介电晶体(无对称中心的异极晶体),当其受到张应力、压应力或切应力作用时,除产生相应的应变外,还在晶体中诱发介质极化或电场,导致晶体两端表面出现符号相反的束缚电荷,其电荷密度与外力成正比。这种由机械应力作用而使介电晶体产生极化并产生表面电荷的现象称为压电效应(或正压电效应)。其机理可以用图 14-26 来解释。

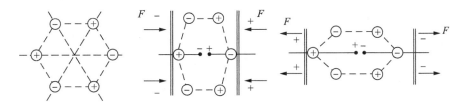

图 14-26　介电晶体产生压电效应的机理示意图

正压电效应的数学表达式为

$$D_m = d_{mj}T_j; D_m = e_{mj}S_j \qquad (14-45)$$

式中,D_m 为电位移;T_j 为应力;S_j 为应变;d_{mj} 为压电应变系数;e_{mj} 为压电应力系数;$m=1,2,3;j=1,2,3,4,5,6$。

压电系数 d 和 e 是三阶张量,其矩阵表示式为三行六列矩阵,反应晶体的机械性能和介电性能的耦合关系。

$$d_{mj} = \begin{bmatrix} d_{11} & d_{12} & d_{13} & d_{14} & d_{15} & d_{16} \\ d_{21} & d_{22} & d_{23} & d_{24} & d_{25} & d_{26} \\ d_{31} & d_{32} & d_{33} & d_{34} & d_{35} & d_{36} \end{bmatrix}$$

与上述情况相反,将介电晶体置于电场中,电场的作用会引起晶体内部正负电荷重心的位移,进而导致晶体发生形变,这种效应称为逆压电效应。其数学表达式为

$$S_i = d_{ni}E_n; T_j = e_{nj}E_n \qquad (14-46)$$

式中,E_n 为电场强度,$n=1,2,3;i,j=1,2,3,4,5,6$。

正压电效应和逆压电效应通称为压电效应,它是一种机电耦合效应,可以将机械能转化为电能。

2. 压电常数

表征压电材料压电性能的参数主要有介电常数、弹性常数、压电常数、介质损耗、机械品质因数、机电耦合系数等,我们着重介绍压电常数。压电常数是压电材料把机械能转化为电能的转换系数,它反映了压电材料机械性能与介电性能之间的耦合关系。压电常数越大,说明材料机械性能与介电性能之间的耦合越强。

由压电方程可知,压电常数包括:压电应变常数,d_{mj}(d_{ni}),表示单位应力产生的电位移/单位电场引起的应变;压电应力常数,e_{mi}(e_{nj}),表示单位电场引起的应力;压电电压常数,g_{mi}(g_{nj}),表示单位应力引起的电压;压电刚度常数,h_{mj}(h_{ni}),表示造成单位应变所需的电场。其中 $m,n=1,2,3;i,j=1,2,3,4,5,6$。

选择不同的自变量和边界条件,可得 d、e、g、h 四组不同压电常数,这四组常数并不独立,测得一组即可计算得到另外三组。其中用得最多的是压电应变常数 d_{mj},该常数下标 m 和 j 的意义是:m 表示晶体的极化方向,即产生电荷的表面垂直于 x 轴(y 轴或 z 轴),记作 $m=1$(或 2 或 3);$j=1$、2、3、4、5、6,分别表示在沿 x 轴、y 轴、z 轴方向作用的正应力和在垂直于 x 轴、y 轴、z 轴的平面内作用的剪切力(图 14-27)。

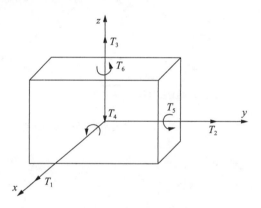

图 14-27 应力作用方向坐标

考虑到压电材料的各向异性,非零独立压电常数数量较少,一般只有 $d_{31}=d_{32}$,d_{33},$d_{15}=d_{24}$,其压电常数矩阵是

$$\begin{bmatrix} 0 & 0 & 0 & 0 & d_{15} & 0 \\ 0 & 0 & 0 & d_{24} & 0 & 0 \\ d_{31} & d_{32} & d_{33} & 0 & 0 & 0 \end{bmatrix}$$

14.4.2 压电常数的测量原理

压电常数常用的测试方法为纵向压电应变常数 d_{33} 的准静态测试,GB/T 11309—1989 规定其测试原理如下。

准静态法的测试原理是依据正压电效应,在压电振子上施加一个频率远低于振子谐振频率的低频交变力,产生交变电荷。

当振子在没有外电场作用,满足电荷短路边界条件,只沿平行于极化方向受力时,压电方程可简化为

$$D_3 = d_{33} T_3 \tag{14-47}$$

即得

$$d_{33} = \frac{D_3}{T_3} = \frac{Q}{F} \tag{14-48}$$

式中，D_3 为电位移分量，C/m^2；T_3 为纵向应力，N/m^2；d_{33} 为纵向压电应变常数，C/N 或 m/V；Q 为振子释放的压电电荷，C；F 为纵向低频交变力，N。

如果将一个被测试样与一个已知的比较振子在力学上串联，通过一个施力装置内的电磁驱动器产生低频交变力并施加到上述振子和试样上（图 14-28）。则被测试样所释放的压电电荷 Q_1，在其并联电容 C_1 上建立起电压 V_1；而比较振子所释放的压电电荷 Q_2，在 C_2 上建立起电压 V_2，由式（14-48）可得

$$\begin{cases} d_{33}^{(1)} = \dfrac{C_1 V_1}{F} \\[3mm] d_{33}^{(2)} = \dfrac{C_2 V_2}{F} \end{cases} \tag{14-49}$$

式中，$C_1 = C_2 > 100 C^{\mathrm{T}}$（振子自由电容）。

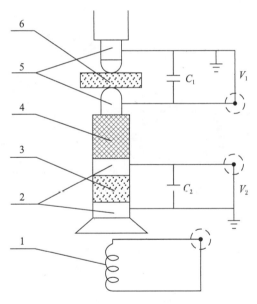

图 14-28　准静态法测试原理

1—电磁驱动器；2—比较振子上下电极；3—比较振子；4—绝缘柱；5—上下测试探头；6—被测试样

将方程组（14-49）简化为

$$d_{33}^{(1)} = \frac{V_1}{V_2} d_{33}^{(2)} \tag{14-50}$$

式中，$d_{33}^{(2)}$ 为给定值，V_1 和 V_2 可测定，即可求得被测试样的压电应变常数 $d_{33}^{(1)}$。如果将 V_1 和 V_2 经过电子线路处理后，就可直接测得被测试样的纵向压电应变常数 $d_{33}^{(1)}$ 的准静态值和极性。

14.4.3 压电常数的测试方法与设备

1. 测试条件

（1）测试环境要求：正常测试大气条件为，温度 20～30℃，相对湿度 45％～75％，气压 86～106 kPa；仲裁测试的标准大气条件为，温度(25±1)℃，相对湿度 48％～52％，气压 86～106 kPa。

（2）要求试样在两个主平面上被覆金属层作为电极，沿厚度方向进行极化处理。一般情况下，试样质量小于 100 g，试样电容小于 0.01 μF，形状不限。

（3）试样应保持清洁、干燥，根据不同试样要求，极化后存放一定时间，并在规定环境条件下放置 2 h 后进行测试。

（4）测试频率为 100 Hz。

2. 测试仪器与步骤

如图 14-29 所示为准静态 d_{33} 测量仪，可以用来测试不同形状压电材料的 d_{33} 值。

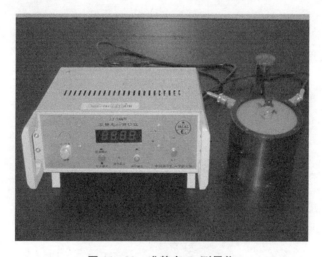

图 14-29 准静态 d_{33} 测量仪

测试设备、试样按条件准备好后开始测试。首先，仪器接通电源，预热、调零后；然后，将被测试样置于探头之间，选择适当的静压力。数字表显示的温度读数即为该试样的准静态 d_{33} 值，读数前面的符号即试样上电极上电极面或下电极面施加压应力时的极性。

14.4.4 思考题

1. 什么是正压电效应？
2. 简述准静态法测试压电常数的测试原理。
3. 压电系数的物理意义是什么？

15 材料的磁学表征技术

15.1 磁性的基本概念和基本量

磁性材料分为金属磁性材料和非金属磁性材料两类,非金属磁性材料主要是指铁氧体磁性材料,是金属氧化物烧结的磁性体。

1. 磁性的基本概念

(1)磁介质的磁化　使原来不显磁性的物质,在磁场中获得磁性的过程。

(2)磁介质　能够被磁化的或能被磁性物质吸引的物质,也叫磁性物质。

(3)磁化曲线　从退磁状态直到饱和之前的磁化过程称为技术磁化,对应的曲线称为磁化曲线,如图15-1所示。

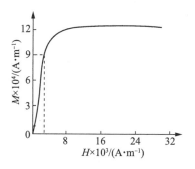

图 15-1　磁化曲线

(4)磁滞回线　当铁磁物质中不存在磁化场时,H 和 B 均为零,即图15-2中 $B \sim H$ 曲线的坐标原点 O。随着磁化场 H 的增加,B 也随之增加;当 H 增加到一定值时,B 不再增加(或增加十分缓慢);如果再使 H 逐渐退到零,则与此同时 B 也逐渐减少,然而 H 和 B 对应的曲线轨迹并不沿原曲线轨迹 ao 返回,而是沿另一曲线 ab 下降到 B_r,这说明当 H 下降为零时,铁磁物质中仍保留一定的磁性,这种现象称为磁滞,B_r 称为剩磁,成为永久磁铁。只有加反向磁场,再逐渐增加其强度,直到 $H=-H_c$,使相反方向的磁畴形成并长大,磁畴重新回到无规则状态,B 才回到零。这说明要消除剩磁,必须施加反向磁场 H_c,H_c 称为矫顽力。当磁场按 H_s $\rightarrow 0 \rightarrow -H_c \rightarrow -H_s \rightarrow 0 \rightarrow H_c \rightarrow H_s$ 次序变化时,B 所经历的相应变化为 $B_s \rightarrow B_r \rightarrow 0 \rightarrow -B_s \rightarrow -B_r \rightarrow 0 \rightarrow B_s$,于是得到一条闭合的 $B-H$ 曲线,称为磁滞回线。

(5)磁滞损耗　在使铁磁性材料在磁化-退磁-反向磁化-反向退磁循环周期中,单位体积铁磁材料每周期消耗的能量正比于磁滞回线的面积,这部分能量以热的形式释放出来,称为磁滞损耗。

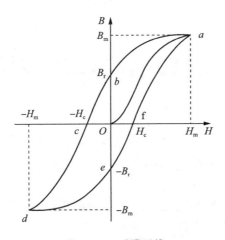

图 15 – 2　磁滞回线

2. 磁性的基本量

(1) 磁化强度

磁场中的磁介质由于磁化也能影响磁场,在一外磁场 H 中放入一磁介质,磁介质受外磁场作用,处于磁化状态,则磁介质内部的磁感强度 B 将发生变化。

$$B = \mu H \tag{15-1}$$

式中,μ 为介质的绝对磁导率,只与介质有关。上式还可以写成如下形式

$$B = \mu_0 (H + M) = \mu_0 (H + M) \tag{15-2}$$

式中,M 称为磁化强度,表征物质被磁化的程度。对于一般磁介质,无外加磁场时,其内部各磁矩的取向不一,宏观无磁性。但在外磁场作用下,各磁矩有规则地取向,使磁介质宏观显示磁性,这就叫磁化。磁化强度的物理意义是单位体积的磁矩。设体积元 ΔV 内磁矩的矢量和为 $\sum m$,则磁化强度为

$$M = \frac{\sum m}{\Delta V} \tag{15-3}$$

式中,m 的单位为 A·m^2;V 的单位为 m^3,M 的单位为 A/m,即与 H 的单位一致。

(2) 磁感应强度

材料在磁场强度为 H 的外加磁场(直流、交变或脉冲磁场)作用下,会在材料内部产生一定磁通量密度,称其为磁感应强度 B,即在强度为 H 的磁场被磁化后,物质内磁场强度的大小。单位为特斯拉(T)或韦伯/$米^2$(Wb/m^2)。B 和 H 是既有大小、又有方向的向量,两者关系为

$$B = \mu H \tag{15-4}$$

式中,μ 为磁导率,是磁性材料最重要的物理量之一,反映介质的特性,表示材料在单位磁场强度的外加磁场作用下,材料内部的磁通量密度。在真空中

$$B_0 = \mu_0 H \tag{15-5}$$

式中，μ_0 为真空磁导率，$\mu_0 = 4\pi \times 10^{-7}$ 亨利/米（H/m）。

（3）磁化率

磁化率为磁化强度 M 和磁场强度 H 的比值，即

$$\chi = \frac{M}{H} \tag{15-6}$$

式中，χ 是量纲为 1 的量。

（4）磁导率和相对磁导率

磁导率和相对磁导率为表征在外磁场作用下物质磁化程度的物理量，通常令

$$\mu_r = 1 + \chi \tag{15-7}$$

μ_r 称为相对磁导率或相对导磁系数，而将 $\mu = \mu_0 \mu_r$ 称为磁介质的磁导率或绝对导磁系数，μ_r 是量纲为 1 的量，μ 的量纲及单位与 μ_0 相同。

15.2　磁化率的测定

化学上常用单位质量磁化率 χ_m 或摩尔磁化率 χ_M 来表示物质的磁性质，它们的定义为

$$\chi_m = \frac{\kappa}{\rho} \tag{15-8}$$

$$\chi_M = \chi_m \cdot M_r = \frac{\kappa M_r}{\rho} \tag{15-9}$$

式中，ρ 为物质密度；M_r 为物质的摩尔质量；χ_m 的单位是 $\mathrm{m^3 \cdot kg^{-1}}$；$\chi_M$ 的单位是 $\mathrm{m^3 \cdot mol^{-1}}$；$\kappa$ 为耦合因子。

物质的原子、分子或离子在外磁场作用下的磁化现象有三种情况。

（1）有些物质本身并不呈现磁性，但由于它内部的电子轨道运动，在外磁场作用下感应出一个诱导磁矩来，表现为一个附加磁场，磁矩的方向与外磁场相反，其磁化强度与外磁场强度成正比，并随着外磁场的消失而消失，这类物质称为逆磁性物质，其 $\mu < 1$，$\chi_M < 0$。

（2）某些物质的原子、分子或离子本身具有永久磁矩 μ_m，由于热运动，永久磁矩指向各个方向的机会相同，所以该磁矩的统计值等于零。但它在外磁场作用下，一方面永久磁矩会顺着外磁场方向排列，其磁化方向与外磁场相同，其磁化强度与外磁场强度成正比；另一方面，物质内部的电子轨道运动的磁化方向与外磁场相反，因此，这类物质在外磁场中表现的附加磁场是上述两者作用的总结果。我们称具有永久磁矩的物质为顺磁性物质。显然此类物质的摩尔磁化率 χ_M 是摩尔顺磁化率 $\chi_{M顺}$ 和摩尔逆磁化率 $\chi_{M逆}$ 两部分之和。

$$\chi_M = \chi_{M顺} + \chi_{M逆} \tag{15-10}$$

（3）某些物质被磁化的强度与外磁场强度之间不存在正比关系，而是随着外磁场强度的增加而剧烈地增加，当外磁场消失后，这种物质的磁性并不消失，呈现出滞后的现象。这种物质称为铁磁性物质。

假定分子间无相互作用，应用统计力学的方法，可以导出摩尔顺磁化率 $\chi_{M顺}$ 和分子永久摩尔磁矩 μ_M 的关系为

$$\chi_{M顺}=\frac{N_A\mu_M^2\mu_0}{3kT} \qquad (15-11)$$

式中，N_A 为阿伏加德罗常数；k 为玻耳兹曼常数；T 为绝对温度。物质的摩尔顺磁磁化率与温度成反比的这一关系，称为居里定律。

分子的摩尔逆磁化率 $\chi_{M逆}$ 是由诱导磁矩产生的，它与温度的依赖关系很小。因此具有永久磁矩的物质的摩尔磁化率 χ_M 与摩尔磁矩间的关系为

$$\chi_M=\chi_{M逆}+\frac{N_A\mu_M^2\mu_0}{3kT}\approx\frac{N_A\mu_M^2\mu_0}{3kT} \qquad (15-12)$$

物质的永久摩尔磁矩 μ_M 和它所含有未成对电子数 n 的关系为

$$\mu_M=\sqrt{n(n+2)}\mu_B \qquad (15-13)$$

式中，$\mu_B=9.273\times10^{-24}J\cdot K^{-1}$，为玻尔磁子，其物理意义是单个自由电子自旋所产生的磁矩。式(15-12)将物质的宏观物理性质 χ_M 和其微观性质 μ_M 联系起来，因此只要实验测得 χ_M，并将其代入式(15-12)就可求出永久摩尔磁矩 μ_M，再用式(15-13)即可求得物质含有的未成对电子数 n。

15.2.1　古埃法测定磁化率的原理

本实验采用古埃（Gouy）法测定物质的磁化率 χ_M，其实验装置如图 15-3 所示，该方法通过测定物质在不均匀磁场中受到的力，求出物质的磁化率。

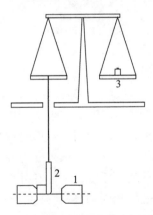

图 15-3　古埃磁天平示意

1—磁铁；2—样品管；3—天平

将装有试样的圆柱形玻璃管悬挂在两磁极中间，使试样底部处于磁铁两极的中心，亦即磁场强度 H 最强区域，试样的顶端则位于磁场强度 H 最弱区域，甚至为零的区域。这样整个试样被置于一不均匀的磁场中，则试样沿试样管方向所受的作用力为

$$F=\int_{H=H_{max}}^{H_0=0}\chi\mu_0AH\frac{dH}{dZ}dZ=\frac{1}{2}\chi\mu_0AH^2 \qquad (15-14)$$

当样品受到磁场作用力时，天平的另一臂加减砝码使之平衡，设 Δm 为施加磁场前后的质量差，则

$$F=\frac{1}{2}\chi\mu_0H^2A=g\Delta m_{样品}=g(\Delta m_{空管+样品}-\Delta m_{空管})$$

$$\chi=\frac{2(\Delta m_{空管+样品}-\Delta m_{空管})g}{\mu_0AH^2}$$

(15-15)

则

由于 $\chi=\chi_m\cdot\rho,\rho=m_{样品}/hA$ 代入式(15-15)整理得

$$\chi_m=\frac{2(\Delta m_{空管+样品}-\Delta m_{空管})gh}{\mu_0m_{样品}H^2}$$

$$\chi_M=\frac{2(\Delta m_{空管+样品}-\Delta m_{空管})ghM_r}{\mu_0m_{样品}H^2}$$

(15-16)

式中，h 为样品的高度；$m_{样品}$ 为样品质量；M_r 为样品的摩尔质量；ρ 为样品密度；μ_0 为真空磁导率。

　　磁场强度 H 可用"特斯拉计"直接测量，或用已知磁化率的标准物质进行间接测量。例如用莫尔氏盐[$(NH_4)_2SO_4\cdot FeSO_4\cdot 6H_2O$]，已知莫尔氏盐的质量磁化率$\chi_m$与热力学温度 T 的关系式为

$$\chi_m=\frac{9\ 500}{T+1}\times4\pi\times10^{-9}\ (m^3/kg)$$

(15-17)

15.2.2　实验仪器与步骤

　　(1) 将古埃磁天平(图15-4)的电流调节旋钮左旋到底，打开电源开关，调节到任意电流值，预热 5 min。

图 15-4　古埃磁天平

　　(2) 在霍尔探头远离磁场时，调节特斯拉的调零旋钮，使其数字显示为"0"。

　　(3) 把霍尔探头放入磁铁的中心支架上，使其顶端放入待测磁场中，并轻轻地、缓慢地前后、左右调节探头的位置，观察数字显示值，直至调节到最大值，固定。

　　(4) 把电流调节至零，缓慢地由小到大调节励磁电流。分别读取 $I=1A$、$I=2A$、$I=3A$、I

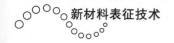
＝4A 时 B 的值,缓慢地调节至 $I=5A$,然后再缓慢地由大到小调节励磁电流,分别读取 $I=$ 4A、$I=3A$、$I=2A$、$I=1A$ 时 B 的值;再重复操作一次;关闭电源。

(5) 用莫尔氏盐标定磁场强度,取一只洁净、干燥的样品管悬挂在天平的一端,使样品管底部与两磁极中心连线平齐(样品管不能与磁极相接触),准确称取空样品管质量,然后接通电源,缓慢地由小到大调节电流,分别称取 $I=1A$、$I=2A$、$I=3A$、$I=4A$ 时的空样品管质量,缓慢地调节至 $I=5A$,再缓慢地由大到小调节励磁电流,分别称取 $I=4A$、$I=3A$、$I=2A$、$I=1A$ 时的空样品管质量,再缓慢调节至 $I=0A$,断开电源开关,在其无励磁电流的情况下,再准确称取一次空样品管质量。

同法重复测定一次,将两次测得的数据取平均值。

需要注意:①两磁极距离不得随意变动;②样品管不得与磁极相接触;③实验时应避免气流对测量的影响;④每次测量后应将天平托起盘托起。

用励磁电流由小至大、由大至小这种测量方法是为了抵消实验时磁场剩磁现象的影响。

(6) 取下样品管,用小漏斗装入事先研细并干燥过的莫尔氏盐,并不断让样品管底部在软木垫上轻轻碰撞,务必使粉末样品均匀填实,直至装入所要求的高度,用直尺准确测量样品高度 h。按第(5)步方法分别准确称取相应电流强度下的质量。

同法重复测定一次,将两次测得的数据取平均值。测定完毕后,将样品管中的莫尔氏盐样品倒入回收瓶中,然后洗净、烘干样品管。

15.2.3　影响因素

(1) 材料性质的影响　古埃磁天平只能测量弱磁性物质,对于强磁性物质,将试样管悬于磁极中心位置时,试样管立即被吸附在磁极上,无法进行测量。

(2) 磁场强度的影响　对于弱磁性物质,如果磁场强度过大,将试样管悬于磁极中心位置时,试样管也有被磁极吸附而倾斜的现象,给测量带来很大的困难,或者天平显得极不灵敏而无法进行测量。因此实验测试之前,需要调节电流大小,寻找合适的磁场强度。

15.2.4　思考题

1. 为什么要用标准物质校正磁场强度?
2. Gouy 法测定物质磁化率的精确度与哪些因素有关?
3. Gouy 法测定物质磁化率的原理是什么?
4. 不同励磁电流下测得的样品摩尔磁化率是否相同?

15.3　静态磁性的检测

静态磁性是指铁磁材料在直流磁场作用下表现出的磁特性,它包括材料的磁化曲线、磁滞回线以及相应的一些常用参数,如直流磁化下软磁材料的初始磁导率 μ_i、最大磁导率 μ_m、饱和磁感应强度 B_{m0}、硬磁材料的剩余磁感应强度 B_r、矫顽力 H_c、最大磁能面积 $(BH)_m$ 等。

15.3.1　冲击法测量软磁材料的磁性

铁磁材料由于具有磁滞的特点,使它的磁化状态不仅与当时所加的磁场有关,还与其磁化历史有关,因此决定一个试样的磁化状态,要考虑它原来的磁化状态。为消除磁化历史对测量的影响,测量前必须对试样进行退磁处理,这一点对软磁材料特别重要,尤其是测量磁导率时,是否退磁完全十分重要。可选择的方法有热退磁、直流换向退磁和交流退磁,经实验验证,交流退磁效果最好,特别适合于高磁导率材料的退磁。

交流退磁是指将正弦交流电流产生的交变磁场加在试样上,然后缓慢降低交流电流,使交变磁场的振幅逐渐平稳地减小到零,达到退磁的目的,如图 15-5 所示。实验证明,退磁时试样磁感均匀减小比磁场均匀减小要好,因为高磁导率的材料,低场时图 H 图很小的改变就会引起图 B 图很大的变化。由于铁磁材料有磁后效应,试样退磁后要过一段时间材料才能稳定下来,因此精密测量时,材料退磁后需要放置一段时间。

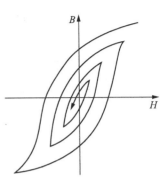

图 15-5 磁性材料的退磁

1. 测量原理

根据电磁感应原理,当磁化回路中磁化电流改变时,试样中的磁通量也改变,在测量绕组两端产生感应电动势,根据冲击检流计(图 15-6)偏转和磁化电流确定试样的直流磁性参数。根据此原理,下面介绍 GB3657 中推荐的冲击法测量软磁材料环形试样(因软磁材料的饱和磁场较低,一般都做成环形试样,直接绕以线圈使其磁化)的直流磁性的方法。其测量装置的原理路线如图 15-7 所示。

图 15-6 冲击检流计

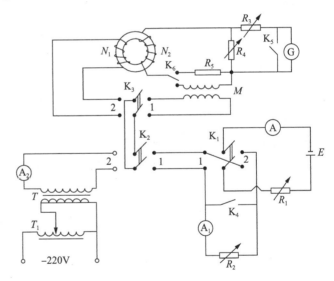

图 15-7 冲击法磁化曲线测量原理线路

K_1、K_2、K_3—双刀双向开关;K_4、K_5、K_6—单刀单向开关;R_1—可变电阻器;R_2、R_3、R_4—电阻箱;R_5—互感器次级线圈等效电阻;A、A_1—直流电流表;A_2—交流电流表;G—冲击检流计;E—直流磁化电源;M—标准互感器;T_1—自耦变压器;T—退磁变压器;N_1—磁化绕组;N_2—测量绕组

2. 磁化曲线的测量

磁化曲线分为初始磁化曲线和基本磁化曲线两种。初始磁化曲线的测量是从退磁开始,磁场强度逐渐增加,记录每点 H 对应的 H_i 和 B_i,连接各点即得初始磁化曲线。每点只能测一次,而且测量误差逐次累加,因此不推广这种测试方法。一般书上所指磁化曲线的测量都是测基本磁化曲线。基本磁化曲线是指在不同磁场 H 下,所得到的一族磁滞回线的顶点的连

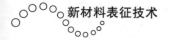

线。因此在测量基本磁化曲线时需要反复磁化若干次,使试样在给定磁场下反复磁化达到稳定的磁化状态,此过程称为磁锻炼。

（1）测量仪器与步骤

① 应用感应法对试样退磁。如图 15-7 所示,将 K_3、K_2 置于 2 位置,即将试样接入退磁电流,然后调节自耦变压器 T_1,使试样达到饱和;再将退磁变压器 T 中的次级绕组缓慢地从初级绕组中抽出到距试样 1 m 远的距离,再将其转 90℃,断开交流电源,退磁完毕。

② 测量冲击常数 C_φ。将 K_3 置于 1,K_6 接通互感次级线圈,调节电阻 R_1,使标准互感器 M 的初级线圈通一适当大小的电流 I。当 K_1 换向时,设冲击检流计光点偏转为 α'_{max},则冲击常数为

$$C_\varphi = \frac{2M}{\alpha'_{max}} \tag{15-18}$$

由于冲击检流计的灵敏度与回路的总电阻 R 有关,所以,改变测量灵敏度就必须重新校准冲击常数。

③ 测量不同磁场 H 对应的 H_i 和 B_i。将 K_1,K_2 置于 1 位置,K_3 置于 2 位置,K_4 闭合,K_6 接通电阻 R_5,以减小互感次级线圈对测量的影响。调节电阻 R_1,给定一个较小磁化电流 I_1,用 K_1 磁锻炼后,使电流换向,同时测出冲击电流计的最大偏转 α_1,用下式计算磁场强度 H_1 和磁感应强度 B_1。

$$\begin{cases} H_1 = \dfrac{N_1 I_1}{\pi(R_1 + R_2)} \\ B_1 = \dfrac{C_\varphi \alpha_1}{2N_2 S} \end{cases} \tag{15-19}$$

不断增加电流 I 直至试样磁化饱和,测得一组 H_i 和 B_i,从而绘制出直流磁化曲线。

3. 磁滞回线的测量

磁滞回线是铁磁材料的重要磁特性曲线,实际测量的回线都是指饱和磁滞回线,由回线可以确定材料的剩磁 B_r、矫顽力 H_c 等重要参数。同样利用图 15-7 所示回路,磁滞回线(图 15-8)的测量步骤如下。

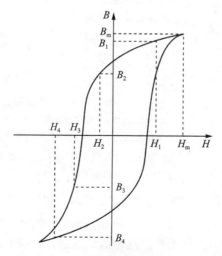

图 15-8　磁滞回线测量示意

（1）测量饱和磁感应强度 B_m 和剩磁 B_r。合上 K_4，将 K_2 置于 1，K_3 置于 2，K_6 合向 R_5，调节 R_1 使试样饱和磁化。用 K_1 磁锻炼后换向，测出冲击检流计的偏转 α_m，利用式(15-19)计算饱和磁感应强度 B_m 及对应磁场强度 H_m。饱和后断开 K_1，磁化电流逐渐减小到 0，磁感应强度随之减小到剩磁 B_r，此时冲击检流计偏转为 α_r，则

$$B_r = B_m - \frac{C_\varphi}{N_2 S} \alpha_r \tag{15-20}$$

（2）测第一象限的点。断开 K_4，将 K_1 置于 2，调节 R_2 使磁化回路电流（由直流电表 A_1 指示）为小于饱和电流 I_m 的 I_1。合上 K_4，磁化电流从 I_m 到 I_1 变换，磁感应强度从 B_m 降到 B_1，读出此时的冲击检流计偏转 α_1，由下式计算 B_1。

$$B_1 = B_m - \frac{C_\varphi}{N_2 S} \alpha_1 \tag{15-21}$$

不断减小电流 I，重复上述步骤可得第一象限其余各点。

（3）测第二和第三象限的点。断开 R_4，将 K_1 置于 2，调节 R_2，是磁化回路通一较小电流 I_2，合上 K_4，利用 K_1 使试样在饱和磁场下进行磁锻炼。然后将 K_1 置于 1，断开 K_4，再将 K_1 置于 2，此时磁状态从 B_m 变化到第二象限的 B_2，其计算方法同第一象限。改变电流大小，重复此步骤即得第二象限各点。继续增加反向电流，即可测定第三象限的相应点。

最后，根据磁滞回线的反对称性，可绘制出整条回线。

15.3.2　思考题

1. 检测静态磁性之前为何要进行交流退磁？
2. 基本磁化曲线是指什么？

15.4　动态磁性的检测

动态磁性义称为交流磁性，是指磁性材料在交流磁场磁化时表现出来的磁特性。在交流磁场作用下，磁性材料（仅软磁材料）表现出来的磁性不仅与磁场大小有关，还与交流磁场的频率有关。在工业频率和音频范围内，动态磁性主要是指交流磁化曲线、交流磁滞回线及损耗；在高频和射频范围内，主要是指材料的复数磁导率；而在脉冲场及微波磁场中则又有不同。

15.4.1　交流磁滞回线的测量

磁化曲线和磁滞回线反映磁性材料在外磁场作用下的磁化特性，根据材料的不同磁特性，可以用于电动机、变压器、电感、电磁铁、永久磁铁、磁记忆元件等。动态磁滞回线是磁性材料的交流磁特性，其在工业中有重要应用，因为交流电动机、变压器的铁芯都是在交流状态下使用的。本章简单介绍利用示波器测量磁性材料动态磁滞回线的原理和实验方法。

1. 示波器观察交流磁滞回线的原理

将样品制成闭合环状，其上均匀地绕以磁化线圈 N_1 及次级线圈 N_2。在磁化线圈上加载交流电压 U，线路中串联了一取样电阻 R_1，将 R_1 两端的电压 U_1 加到示波器的 X 轴输入端上。次级线圈 N_2 与电阻 R_2 和电容 C 串联成一回路，将电容 C 两端的电压 U_2 加到示波器的

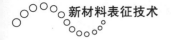

Y轴输入端,这样的电路在示波器上可以显示和测量铁磁材料的磁滞回线。其原理如图15-9所示。

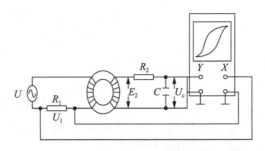

图15-9 示波器观察交流磁滞回线原理

(1) 磁场强度 H 的测量

设环状样品的平均周长为 l,磁化线圈的匝数为 N_1,磁化电流为交流正弦波电流 i_1,由安培回路定律得

$$H=\frac{N_1 \cdot U}{l \cdot R_1} \tag{15-22}$$

式中,U_1 为取样电阻 R_1 上的电压。由式(15-22)可知,在已知 R_1、l、N_1 的情况下,测得 U_1 的值,即可用式(15-22)计算磁场强度 H 的值。

(2) 磁感应强度 B 的测量

设样品的截面积为 S,根据电磁感应定律,在匝数为 N_2 的次级线圈中感生电动势 E_2 为

$$E_2=-N_2 S \frac{\mathrm{d}B}{\mathrm{d}t} \tag{15-23}$$

式中,$\frac{\mathrm{d}B}{\mathrm{d}t}$为磁感应强度 B 对时间 t 的导数。

若次级线圈所接回路中的电流为 i_2,且电容 C 上的电量为 Q,则有

$$E_2=R_2 i_2+\frac{Q}{C} \tag{15-24}$$

在式(15-24)中,考虑到次级线圈匝数不太多,因此自感电动势可忽略不计。在选定线路参数时,将 R_2 和 C 都取较大值,使电容 C 上的电压降 $U_c=\frac{Q}{C}\ll R_2 i_2$,可忽略不计,于是式(15-24)可写为

$$E_2=R_2 i_2 \tag{15-25}$$

把电流 $i_2=\frac{\mathrm{d}Q}{\mathrm{d}t}=C\frac{\mathrm{d}U_c}{\mathrm{d}t}$代入式(15-25)得

$$E_2=R_2 C \frac{\mathrm{d}U_c}{\mathrm{d}t} \tag{15-26}$$

把式(15-26)代入式(15-23)得

$$-N_2 S \frac{\mathrm{d}B}{\mathrm{d}t} = R_2 C \frac{\mathrm{d}U_C}{\mathrm{d}t}$$

再将此式两边对时间积分时,由于 B 和 U_C 都是交变的,积分常数项为零。于是,在不考虑负号(在这里仅仅指相位差 $\pm\pi$)的情况下,磁感应强度

$$B = \frac{R_2 C U_C}{N_2 S} \tag{15-27}$$

式中,N_2、S、R_2 和 C 皆为常数,通过测量电容两端电压幅值 U_C,并将其代入式(15-26),可以求得材料磁感应强度 B 的值。

当磁化电流变化一个周期,示波器的光点将描绘出一条完整的磁滞回线,以后每个周期都重复此过程,形成一个稳定的磁滞回线。

(3) B 轴(Y 轴)和 H 轴(X 轴)的校准

虽然示波器 Y 轴和 X 轴上有分度值可读数,但该分度值只是一个参考值,存在一定误差,且 X 轴和 Y 轴增益可微调,会改变分度值。所以,用数字交流电压表测量正弦信号电压,并且将正弦波输入 X 轴或 Y 轴进行分度值校准是必要的。

将被测样品(铁氧体)用电阻替代,从 R_1 上将正弦信号输入 X 轴,用交流数字电压表测量 R_1 两端电压 U 有效,从而可以计算示波器该挡的分度值(V/cm),校准电路如图 15-10 所示。

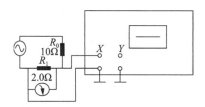

图 15-10　X 轴校准电路

2. 实验仪器及装置

动态磁滞回线实验仪由可调正弦信号发生器、交流数字电压表、示波器、待测试样、电阻、电容、导线等组成,其外形结构如图 15-11 所示。

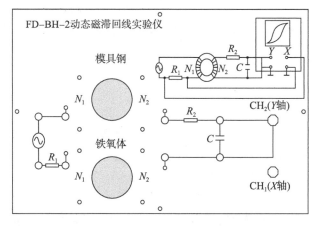

图 15-11　动态磁滞回线实验仪结构示意

3. 实验内容及步骤

(1) 按仪器要求接好电路图。

(2) 把示波器光点调至荧光屏中心。磁化电流从零开始,逐渐增大磁化电流,直至磁滞回线上的磁感应强度 B 达到饱和(即 H 值达到足够高时,曲线有变平坦的趋势,这一状态属饱和)。磁化电流的频率 f 取 50 Hz 左右。示波器的 X 轴和 Y 轴分度值调整至适当位置,使磁滞回线的 B_m 和 H_m 值尽可能充满整个荧光屏,且图形为不失真的磁滞回线图形。

(3) 记录磁滞回线的顶点 B_m 和 H_m、剩磁 B_r 和矫顽力 H_c 三个读数值(以长度为单位),在作图纸上画出软磁铁氧体的近似磁滞回线。

(4) 对 X 轴和 Y 轴进行校准。计算待测试样的饱和磁感应强度 B_m 和相应的磁场强度 H_m、剩磁 B_r 和矫顽力 H_c。磁感应强度以 T 为单位,磁场强度以 A/m 为单位。

15.4.2 交流磁化曲线的测量

采用峰值整流法可自动绘制出交流磁化曲线。所谓峰值整流即利用电容对交流信号进行峰值保持,使整流后的直流电压和输入整流器的半波电压峰值成正比。

图 15-12 为峰值整流法测量交流磁化曲线的原理图。测量时将试样次级电压 E_2 经倍率器 A_1 放大后进行积分,再经峰值整流,得到与磁感应强度峰值 B_m 成正比的电压信号,经加法器后加到 $X-Y$ 记录仪的 Y 轴输入;另外,将磁化电流在取样电阻 R_p 上的电压经倍率器 A_2 放大后进行峰值整流,得到与磁场强度峰值 H_m 成正比的电压信号,经加法器加到 $X-Y$ 记录仪的 X 轴输入;当音频电源输出从零逐渐增加时,就可以自动绘制出交流磁化曲线。

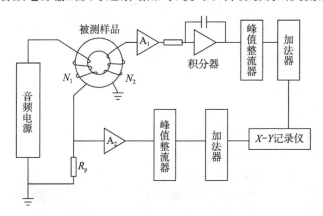

图 15-12 交流磁化曲线的测量原理

15.4.3 复数磁导率的测量

从低频到高频的宽广频率范围内,软磁铁氧体被大量用作电感元件。作用在软磁材料上的交流磁场很弱,标志铁氧体性能的主要参数是复数磁导率的两个分量 μ_1 和 μ_2,以及它们随频率的变化。

1. 复数磁导率

磁性材料在弱交流磁场下磁化时,磁滞回线近似为椭圆形,B 和 H 的波形不发生畸变,均可认为是正弦。另外,因为弱磁场下磁化存在磁滞效应,磁感应强度 B 的变化落后于磁场强

度 H 的变化,磁导率为复数即

$$\tilde{\mu}=\mu_1-i\mu_2 \qquad (15-28)$$

式中,μ_1 为复数磁导率的实部,相当于直流磁化下的磁导率,代表软磁材料储存的能量,μ_2 为复数磁导率的虚部,代表磁性材料在交流磁场作用下的磁能损耗。并且可定义品质因子 $Q=\mu_1/\mu_2$,反映软磁材料在交流磁场下能量的存储和损耗特性。其倒数称为损耗角正切 $\tan\delta$,表示试样损耗的大小,δ 为 B 落后 H 的相位角。

2. 等效电路

带磁芯的线圈是一个非理想电感,它除了包含电感分量外,由于磁性材料在交流磁场中反复磁化要消耗能量,还包含代表能量损耗的电阻分量。因此,我们可以将带磁芯的线圈等效成一个纯电感和一个纯电阻串联或并联,如图 15-13 所示。

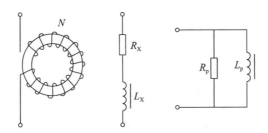

图 15-13　等效电路

由计算可知,当等效成纯电感 L_X 和纯电阻 R_X 串联时,复数磁导率的表达式为

$$\mu_1=\frac{1}{\mu_0 N^2 S}L_X \qquad (15-29)$$

$$\mu_2=\frac{1}{\mu_0 N^2 S\omega}(R_X-R_0) \qquad (15-30)$$

式中,N 为绕线匝数;S 为环形试样的横截面积;ω 为测量时交流磁场的角频率;R_0 为导线的铜电阻。一般测量中 R_0 可以忽略,并定义

$$Q=\frac{\mu_1}{\mu_2}=\frac{\omega L_X}{R_X}$$

$$\tan\delta=\frac{1}{Q}=\frac{R_X}{\omega L_X} \qquad (15-31)$$

当等效成纯电感 L_p 和纯电阻 R_p 并联时,可得如下关系式:

$$Q=\frac{R_p}{\omega L_p}$$

$$\tan\delta=\frac{1}{Q}=\frac{\omega L_p}{R_p} \qquad (15-32)$$

测量中采用串联还是并联取决于电桥的结构,它们之间并无本质差异,且两者之间存在换算关系式

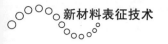

$$L_X = \frac{Q^2}{1+Q^2} L_p$$

$$R_X = \frac{1}{1+Q^2} R_P \qquad (15-33)$$

从前面的公式可以看到,复数磁导率的测量可归结为等效阻抗的测量。在磁测量中,常利用电桥测量带磁芯线圈的等效阻抗,从而计算出材料的复数磁导率,下面就介绍两种电桥测量软磁材料复数磁导率的方法。

3. 麦克斯韦-维恩电桥法测量复数磁导率

麦克斯韦-维恩电桥法适用于弱磁场下测量软磁材料(主要是各种铁氧体)的复数磁导率,测量原理如图 15-14 所示。

R_1、R_2、R_4 为无感电阻,R_3 为可调电阻箱,C_3 为可调电容箱,G 为电桥的指零器。这里将带磁芯的线圈等效为 R_X 和 L_X 的串联,并在弱磁场下进行测量。由于电桥接近平衡时,指零器两边的信号很小,因此要求指零器有一定的灵敏度和选择性,一般选用选频放大器。

测量时,在一定频率和磁化电流下,调节 R_3 和 C_3,使电桥达到平衡。此时,相对两臂阻抗乘积相等,得关系式

$$L_X = R_2 R_4 C_3$$

$$R_X = \frac{R_2 R_4}{R_3} - R_1 \qquad (15-34)$$

代入式(15-29)和式(15-30),可求出试样的 μ_1 和 μ_2,以及品质因子 Q 值。R_1 为与试样串联的标准小电阻,利用它可计算试样的磁场。

麦克斯韦-维恩电桥法的优点在于灵敏度高,测量结果准确,测量范围宽,高频可达到 30 MHz。

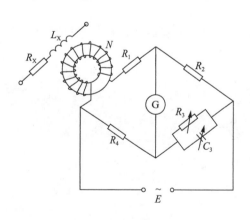

图 15-14　麦克斯韦-维恩电桥测量原理　　　图 15-15　修正海氏电桥测量原理

4. 修正海氏电桥法测量复数磁导率

修正海氏电桥的测量原理如图 15-15 所示,这时将带磁芯的线圈等效为 R_p 和 L_p 的并联

线路。

R_0 代表待测环形试样绕线的铜电阻,再将它从试样的损耗中扣除,可以先在直流下调节 R_W 使电桥平衡。然后在测量过程中,R_W 不再改变。测量时,在一定的频率下,调节 R_3 和 C_3 使电桥达到平衡。由于电桥平衡时,相对两臂电阻乘积相等,可得关系式

$$L_P = R_2 R_4 C_3$$
$$R_P = \frac{R_2 R_4}{R_3}$$

(15 – 35)

由此可进一步计算出试样的复数磁导率。

15.4.4 软磁材料在交变磁场中损耗的测量

同样可以采用电桥来测量软磁材料的损耗,这里只介绍修正海氏电桥测量硅钢片损耗的方法,其原理如图 15 – 16 所示。

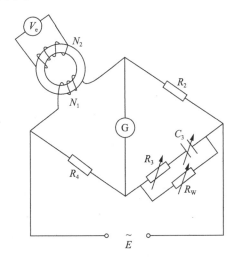

图 15 – 16 修正海氏电桥测量损耗的原理图

试样做成环状,并绕以两组线圈,初级 N_1 为磁化绕组,并作为电桥的一臂,次级 N_2 上并联一只有效值电压表。此时,试样等效为 L_P 和 R_P 并联。为了保证测量时,磁感应强度 B 为正弦,R_2 应取较低值。R_3、R_4 为可变无感电阻,C_3 为平衡电容,R_W 为平衡线圈直流电阻,G 为指零器(由于它是在指定频率下工作的,因此应具有较高的灵敏度和选择性)。

与测量复数磁导率一致,首先选用 R_W 将绕组 N_1 的铜耗平衡掉。损耗测量是在指定 B_m 下进行的,调节信号发生器的输出,在保证 B 为正弦的条件下,使试样次级电压有效值满足以下关系式

$$V_e = 4KfN_2 SB_m$$

(15 – 36)

然后反复调节 R_3、C_3,使电桥达到平衡,则可得

$$R_P = \frac{R_2 R_4}{R_3}$$

(15 – 37)

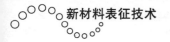

而试样初级电压有效值为

$$V_1 = \frac{N_1}{N_2} V_e \qquad (15-38)$$

所以试样的比损耗为

$$P_0 = \frac{1}{m}\frac{V_1^2}{R_p} = \frac{R_3 V_e^2}{m R_2 R_4}\left(\frac{N_1}{N_2}\right)^2 \qquad (15-39)$$

式中，m 为试样的质量；P_0 的单位是 W/kg。

修正海氏电桥能测量软磁材料的复数磁导率，在大磁通密度下，保证磁感应强度 B 为正弦时，又可以测量软磁材料的损耗，且测量线圈的铜电阻又可以扣除，因此测量精度和灵敏度十分高，一些国家将此法作为测量磁性材料交流磁性的标准方法。

16 材料的光学表征技术

　　光学表征技术是基于电磁辐射能量与待测物质相互作用后所产生的辐射信号与物质组成及结构关系所建立起来的。可以通过光与物质相互作用时，电子发生能级跃迁而产生的发射、吸收或散射的波长和强度，对物质进行定性和定量的分析，在研究物质结构、组成、表面分析等方面具有不可取代的地位。

　　电磁辐射范围包括从 X 射线到无线电波，光谱与能量跃迁的关系如图 16-1 所示。

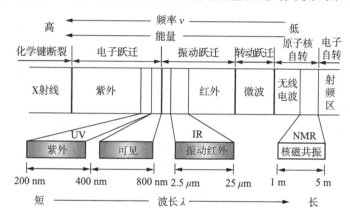

图 16-1　光谱与能量跃迁的关系

　　不同能量辐射作用于物质时所产生的能级跃迁不同，如紫外光的波长较短，能量较高，当它照射到分子上时会引起分子中价电子能级的跃迁；红外光的波长较长，能量较低，它只能引起分子中成键原子的振动和转动能级的跃迁。根据这种差异建立不同的光学表征技术，本章将介绍其中的紫外-可见吸收光谱技术、红外吸收光谱技术、荧光光谱技术及拉曼光谱技术。

16.1　紫外-可见吸收光谱技术

　　紫外-可见吸收光谱的波长范围为 100～800 nm，是由分子轨道中电子跃迁产生的，并且在电子跃迁的同时伴随着振动转动能级的跃迁，形成带状光谱。分子的吸收区域依赖于电子结构，如有机物电子跃迁与此光区密切相关。因此紫外-可见吸收光谱可应用于有机和无机化合物的定性和定量分析。

16.1.1　紫外-可见吸收光谱的产生

　　紫外-可见吸收光谱属于分子光谱的范畴，是通过分子内部运动、化合物分子吸收或发射光量子而产生的光谱。分子的内部运动分为三类：①电子相对原子核的运动；②原子核在其平衡位置附近的相对振动；③分子本身绕其重心的转动。根据量子力学理论，分子的每一种运动形式都对应一定的能级,而且是量子化的。因此分子的三种能级分别为:电子能级、振动能级和转动能级。

当分子吸收足够的能量时,就会发生电子跃迁,从一个能级跃迁到另一个能级,电子跃迁的同时总伴随着振动和转动能级间的跃迁,即电子光谱中总包含振动能级和转动能级之间跃迁所产生的若干谱线,因此紫外-可见吸收光谱呈现宽谱带。而当分子从一个状态变化到另一个状态时,总伴随着能级的变化,两个状态之间存在着能级差。

能极差与各光谱之间存在着如下关系。

(1)转动能级间的能量差 ΔE_r 为 $0.005 \sim 0.05$ eV,对应的吸收光谱位于远红外区,属于远红外光谱或分子转动光谱。

(2)振动能级间的能量差 ΔE_v 为 $0.05 \sim 1$ eV,对应的吸收光谱位于红外区,属于红外光谱或分子振动光谱。

(3)电子能级的能量差 ΔE_e 为 $1 \sim 20$ eV,对应的吸收光谱位于紫外-可见光区,属于紫外-可见光谱或分子的电子光谱。

由此可见,吸收光谱的波长分布是由产生谱带的跃迁能级差决定的,反应了分子内部能级分布状态,是物质定性分析的依据。而吸收谱带的强度与分子偶极矩变化和跃迁概率相关,也能提供分子结构的信息。通常将在最大吸收波长处测得的摩尔吸光系数 ε_{max} 也作为定性分析的依据。同时吸收谱带的强度还与被测物质分子吸收的光子数成正比,此为定量分析的依据。

紫外-可见吸收光谱主要适用于分析有机化合物的结构状态,而有机化合物的紫外-可见吸收光谱则是三种电子跃迁的结果,即 σ 电子、π 电子和 n 电子跃迁。这些电子吸收一定能量后,从基态跃迁到激发态,按分子轨道理论,由成键轨道跃迁到反键轨道,即发生 $\sigma \rightarrow \sigma^*$、$n \rightarrow \sigma^*$、$\pi \rightarrow \pi^*$ 和 $n \rightarrow \pi^*$ 跃迁,如图 16-2 所示。这些跃迁所需能量大小顺序为 $\sigma \rightarrow \sigma^* > n \rightarrow \sigma^* > \pi \rightarrow \pi^* > n \rightarrow \pi^*$。

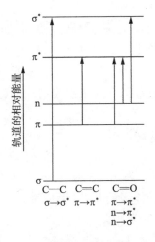

图16-2 有机分子电子的能级与跃迁

(1)$\sigma \rightarrow \sigma^*$ 跃迁

饱和烃中的 C—C 键是 σ 键,产生跃迁所需的能量很大,吸收波长小于 150 nm 的光子,所以在真空紫外光谱区(100~200 nm)有吸收。

(2)$n \rightarrow \sigma^*$ 跃迁

含有非键合电子(即 n 电子)的 O、N、S 和卤素等杂原子的饱和烃的衍生物都可发生此跃迁,所需能量较大,吸收波长为 150~250 nm,只有一部分在紫外区,同时吸收系数 ε 较低($\varepsilon <$ 300),不易观察。

(3)$\pi \rightarrow \pi^*$ 跃迁

不饱和烃、共轭烯烃和芳香烃可发生此跃迁,所需的能量较小,吸收波长大多在紫外区,ε 很高。

(4)$n \rightarrow \pi^*$ 跃迁

在分子中孤对电子的原子和 π 键同时存在时会发生 $n \rightarrow \pi^*$ 跃迁,所需能量小,吸收波长大于 200 nm,但吸收峰的吸收系数 ε 很小,一般在 10~100。

16.1.2 紫外-可见分光光度法

利用物质对紫外和可见光区域的电磁辐射有着选择性的吸收而建立起来的分析方法就叫做紫外-可见分光光度法。

1. 光吸收定律

根据朗伯和比耳等对物质吸收辐射的定量关系的研究,描述辐射强度和吸收物的厚度及浓度的定量关系式就称为光吸收定律,其表示式为

$$A = \lg \frac{1}{T} = \lg \frac{I_0}{I} = \varepsilon bc \qquad (16-1)$$

式中,A 为吸光度;T 为透光度;I_0 为入射辐射强度;I 为透过辐射强度;ε 为摩尔吸光系数,$L/(mol \cdot cm)$;b 为吸收层厚度,cm;c 为吸收物质的摩尔浓度,mol/L。

该定律可应用于所有电磁辐射和一切吸收物质。实际应用时还应注意:①入射辐射必须是单色光;②光辐射与物质的作用仅限于吸收,若同时有散射,荧光和光化学反应的产生将会引进较大误差;③吸收时,吸收体系中的各物质之间应无相互作用,在此前提下,各吸光物质的 A_i 具有加和性,即 $A_总 = A_1 + A_2 + A_3 + \cdots$;④光吸收定律的线性关系只有在吸光物质为低含量或稀溶液时才能成立。

2. 光度法和显色反应

分光光度法是通过测量吸光物质对单色光的吸收,根据光吸收定律来确定物质的含量的方法。辐射波长在 200~400 nm 的紫外光谱,由于其摩尔吸光系数较小,较少用于定量分析。而有色配合物则因为其 ε 值较高而被广泛应用于光度定量分析中。

水合金属离子的吸光系数一般都很小,因此在光度法中,总要选用适当的试剂与待测金属离子反应,把它转化为吸光系数较大的有色物质,大多是配合物,使光度测量在可见区域内进行,这类反应就称为显色反应。显色反应除了少数是氧化还原反应外,大多是配合反应,所用的试剂称为显色剂。

显色剂可分为无机显色剂和有机显色剂两大类。由于无机显色剂和物质生成的配合物稳定性差,测定的灵敏度不高,选择性差,故应用不多。

大多数有机显色剂与金属离子生成极其稳定的配合物,具有特征颜色,选择性好,测量灵敏度高。由于生成的配合物大多溶于有机溶剂,通过萃取比色,可提高选择性和灵敏度。有机显色剂分子大多具有不饱和键基团(生色团)。

在显色反应中,绝大多数有机显色剂不仅会与被测组分反应,而且也会与被测体系中的其他组分反应,并因此产生干扰,所以必须考虑显色反应的选择性。除了可利用分离方法来消除干扰组分外,还可以应用以下几种途径来提高光度分析的选择性:①寻求高选择性的显色试剂;②利用化学反应来消除干扰,例如掩蔽、萃取、改变干扰元素的价态等方法;③采用分光光度测量的新技术,例如双波长分光光度法、导数分光光度法等。

3. 紫外-可见分光光度计

紫外-可见分光光度计分为单光束和双光束两类,本章简单介绍一下双光束型紫外-可见分光光度计,如图16-3所示。

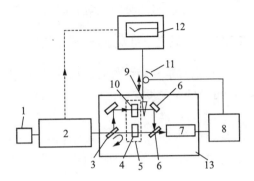

图 16-3 紫外可见分光光度计及其结构示意

1—光源;2—单色器;3—斩波器;4—试样槽;5—试样室;6—镜;7—检测器;
8—放大器;9—衰减器;10—参比液槽;11—伺服马达;12—X-Y记录仪;13—光度计

(1) 主要组成部件

它主要是由光源、单色器、样品池、检测器和记录显示装置组成的。光源发出的光通过光孔调至呈光束,然后进入单色器,单色器由色散元件或衍射光栅组成,光束从单色器的色散元件发出后成为多组不同波长的单色光,通过光栅的转动将不同的单色光送入样品池,然后进入检测器,最后由电子放大器放大,从微安表或数字电压表读出吸光度得到光谱图。

(2) 谱图的表示方法

当纵坐标选用不同的表示方法时,所得的曲线形状不同,如图16-4所示。

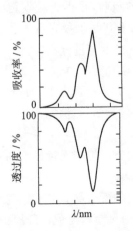
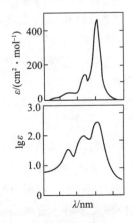

图 16-4 同一化合物的紫外吸收曲线的表示方法

图中纵坐标的各参数可由下列公式计算得到

$$\varepsilon = \frac{A}{cL} \qquad (16-2)$$

或取对数

$$\lg\varepsilon = \lg A - \lg(cL) \qquad (16-3)$$

式中，A 为吸光度；c 为溶液的质量浓度；L 为样品槽的厚度。

16.1.3　紫外-可见吸收光谱的解析

　　紫外-可见吸收光谱是由电子跃迁产生的，同时伴随分子、原子的振动和转动能级的跃迁，因此使得吸收谱带较宽，在分析光谱时除了注意谱带的数目、波长及强度外，还需要注意其形状、最大值和最小值。

　　在解析图谱时可以从以下几个方面加以判别。

　　(1) 从谱带的分类、电子跃迁方式来判别，注意吸收带的波长范围、吸收系数以及是否有精密结构等。

　　(2) 从溶剂极性大小引起谱带移动的方向判别。

　　(3) 从溶剂的酸碱性的变化引起谱带移动的方向判别。

　　具体的分析方法有以下两类。

　　(1) 定性分析

　　紫外-可见吸收光谱定性分析的依据：光吸收程度最大处的波长叫做最大吸收波长，用 λ_{max} 表示，同一种吸光物质，浓度不同时，吸收曲线的形状不同，λ_{max} 不变，只是相应的吸光度大小不同，这是定性分析的依据。

　　紫外-可见吸收光谱可用于物质的鉴定及结构的分析，主要是有机化合物尤其是含有共轭体系的有机化合物的分析。由于物质的紫外-可见吸收光谱比较简单，特征性不强且仅能反映分子中生色团及助色团的特征而不是整个分子的特征。

　　(2) 定量分析

　　紫外-可见吸收光谱的吸收强度比红外吸收光谱大得多，测量准确度亦高出许多，因此它在定量分析上有一定的优势。

　　紫外-可见吸收光谱很适合测定多组分材料中某些组分的含量，研究共聚物的组成、微量物质和聚合反应动力学。对多组分混合物含量的测量，如果各组分的吸收相互重叠，则往往需要预先进行分离。

　　常用的定量分析校准方法是在同样的条件下，分别测定标准溶液(浓度为 c_S)和样品溶液(浓度为 c_X)的吸光度 A_S 和 A_X，即可由下式求出待测物的浓度。

$$c_X = \frac{A_X}{A_S} \times c_S \qquad (16-4)$$

16.1.4　紫外-可见吸收光谱的应用

　　以有机化合物分子结构的分析为例介绍一下紫外-可见吸收光谱的应用，根据化合物的紫

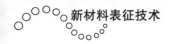

外-可见区吸收光谱可以推测化合物所含的官能团。

（1）在紫外-可见区内是透明的，没有吸收峰，则说明不存在共轭体系，可能是烷烃、胺、腈、醇、酸、氯代烃及氟代烃等不含双键或环状共轭体系的化合物。

（2）在210～250 nm区有强吸收（K吸收带），可能为含有两个双键的共轭体系所致。在260～350 nm区有强吸收带，表示有3～5个共轭单位。

（3）在250～300 nm区有弱吸收峰（R吸收带），表明有n→π* 跃迁，可能具有n电子的生色团，例如羰基。

（4）在260～300 nm区有中强吸收带且有一定的精细结构（B吸收带），则可能有苯环存在。

16.1.5　思考题

1. 简述有机物在紫外-可见吸收光谱中表现出的三种电子跃迁。
2. 利用紫外-可见吸收光谱可以进行哪些定量分析？

16.2　红外吸收光谱技术

以连续波长的红外光照射待测试样引起分子振动和转动能级之间的跃迁，所测得的吸收光谱为分子的振动转动光谱，又称红外吸收光谱。红外吸收光谱是分子振动、转动能级跃迁的结果，按照光谱波长的大小，红外光区可分为以下几个区域，见表16-1。

表16-1　红外光谱区域划分

区域	波长 $\lambda/\mu m$	能级跃迁类别
近红外区	0.76～2.5	—NH、—OH、—CH 倍频
中红外区	2.5～50	振动
远红外区	50～1000	转动

红外光谱在化学领域中主要用于分子结构的基础研究（测定分子的键长、键角等，以推断出分子的立体结构）以及化学组成的分析（即化合物的定性定量）。但其中应用最广泛的还是化合物的结构鉴定，根据红外光谱的峰位、峰强及峰形，判断化合物中可能存在的官能团，从而推断出未知物的结构；依照特征吸收峰的强度可以测定混合物中各组分的含量。有共价键的化合物（包括无机物和有机物）都有其特征的红外光谱，除光学异构体及长链烷烃同系物外，几乎没有两种化合物具有相同的红外吸收光谱，即所谓红外光谱具有"指纹性"。利用此特点，人们采集成千上万种已知化合物的红外光谱，变成红外光谱标准谱图库。人们只需要把待测试样的红外光谱与标准库中的光谱进行对比，就可以迅速判定未知材料的成分，因此红外光谱法已成为现代结构化学、分析化学等领域最重要的表征技术之一。

16.2.1　红外吸收光谱技术的基本原理

红外吸收光谱技术主要研究分子结构与其红外光谱之间的关系。一条红外吸收曲线，可由吸收峰（λ_{max}或$\bar{\nu}$）及吸收强度（ε）来描述，本节主要讨论红外光谱产生的原因，峰位、峰数、峰强及红外光谱的表示方法。

1. 红外光及红外光谱

介于可见光与微波之间的电磁波称为红外光。以连续波长的红外光为光源照射样品所测得的光谱称为红外光谱。

分子运动的总能量为：$E_{分子}＝E_{电子}＋E_{平动}＋E_{振动}＋E_{转动}$。

分子中的能级是由分子的电子能级、平动能级、振动能级和转动能级组成的。引起电子能级跃迁所产生的光谱称为紫外光谱（16.1节已详细讨论）。又因为分子的平移（$E_{平动}$）不产生电磁辐射的吸收，故不产生吸收光谱。分子振动能级之间的跃迁所吸收的能量恰巧与中红外光的能量相当，所以红外光可以引起分子振动能级之间的跃迁，产生红外光的吸收，形成光谱。在引起分子振动能级跃迁的同时不可避免地要引起分子转动能级之间的跃迁，故红外吸收光谱又称为振动转动光谱。

2. 分子的振动能级与振动频率

分子是由原子组成的，原子与原子之间通过化学键连接组成分子，分子是非刚性的，而且有柔曲性，因而可以发生振动。为了简单起见，把原子组成的分子，模拟为不同原子相当于各种质量不同的小球，不同的化学键相当于各种强度不同的弹簧组成的谐振子体系，进行简谐振动。所谓简谐振动就是无阻尼的周期线性振动。

为了研究简单，以双原子分子为例说明分子的振动，可用一个弹簧两端连接两个小球来模拟，如图16－5所示。振动位能与原子间距离 r 及平衡距离 r_e 间的关系为：

$$U＝\frac{1}{2}K(r－r_e)^2 \tag{16－5}$$

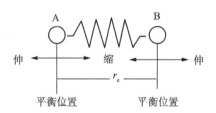

图16－5　谐振子振动示意

式中，K 为力常数。当 $r＝r_e$ 时，$U＝0$，当 $r＞r_e$ 或 $r＜r_e$ 时，$U＞0$。振动过程位能的变化，可用势能曲线描述（图16－6）。假如分子处于基态（$\nu＝0$），振动过程原子间的距离 r 在 f 与 f' 间变化，位能沿 $f→$最低点$→f'$ 曲线变化，在 $\nu＝1$ 时 r 在 e 与 e' 间变化，位能沿 $e→$最低点$→e'$ 曲线变化。其他类推，在 A、B 两原子距平衡位置最远时

$$E_\nu＝U＝\left(\nu＋\frac{1}{2}\right)h\nu \tag{16－6}$$

式中，ν 为分子的振动频率。

由图16－6势能曲线可知：

（1）振动能是原子间距离的函数，振幅加大，振动能也相应增加。

（2）在常态下，分子处于较低的振动能级，分子的振动与谐振子振动模型极为相似。只有当 $\nu＝3$ 或 4 时分子振动势能曲线才显著偏离谐振子势能曲线。而红外吸收光谱主要为从基

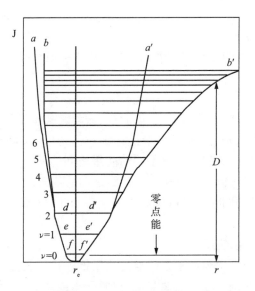

图 16－6　势能曲线

态($\nu=0$)跃迁到第一激发态($\nu=1$)或第二激发态($\nu=2$)引起的红外吸收。因此可以利用谐振子的运动规律近似讨论化学键的规律。

（3）振幅越大,势能曲线的能级间隔将越来越密。

（4）从基态跃迁到第一激发态时将引起一个强的吸收峰称为基频峰;从基态跃迁到第二激发态或更高激发态时将引起一些较弱的吸收峰称为倍频峰。

（5）振幅超过一定值时,化学键断裂,分子离解,能级消失,势能曲线趋近于一条水平直线,此时 E_{max} 等于离解能(图 16－6 中 $b \rightarrow b'$ 曲线)

根据 Hooke 定律,其谐振子的振动频率

$$\nu=\frac{1}{2\pi}\sqrt{\frac{K}{\mu}} \tag{16-7}$$

红外光谱中常用 $\tilde{\nu}$ 波数表示频率。

$$\tilde{\nu}=1\ 307\sqrt{\frac{K}{\mu}}=1\ 307\sqrt{\frac{K}{\dfrac{M_A M_B}{M_A+M_B}}} \tag{16-8}$$

式中,K 为化学键常数,与键能和键长相关;M_A、M_B 分别为 A、B 的摩尔质量。

实验结果表明,不同分子结构具有不同的化学键常数,此常数决定了发生振动能级跃迁所需的能量。

键类型	C—C	C=C	C≡C
化学键力常数/(mD/Å)	5	10	15
峰位/μm	4.5	6.0	7.0

3. 分子的基本振动形式

1）基本振动形式

双原子的振动是最简单的,它的振动只发生在联结两原子的直线方向上,并且只有一种振

动形式,即两原子的相对伸缩振动。多原子分子的振动形式则比较复杂,但可分解为许多简单的基本振动。在红外光谱中分子的基本振动形式可分为两大类,一类是伸缩振动(ν),另一类为弯曲振动(δ)。

(1) 伸缩振动

沿键轴方向发生周期性变化的振动称为伸缩振动。多原子分子(或基团)的每个化学键都可以近似地看成一个谐振子,其振动形式可分为:①对称伸缩振动 ν_s 或 ν^s;②不对称伸缩振动 ν_{as} 或 ν^{as}。

(2) 弯曲振动

使键角发生周期性变化的振动称为弯曲振动。其振动形式可分为:

① 面内弯曲振动(β):弯曲振动在几个原子所构成的平面内进行,称为面内弯曲振动。又可分为:剪式振动(δ)——在振动过程中键角发生变化的振动;面内摇摆振动(ρ)——基团作为一个整体,在平面内摇摆地振动。

② 面外弯曲振动(γ):弯曲振动在垂直于几个原子所构成的平面外进行,称之为面外弯曲振动。也可分为两种:面外摇摆振动(ω)和卷曲振动(τ)。

以次甲基($=CH_2$)为例(图 16-7)来说明各种振动形式。

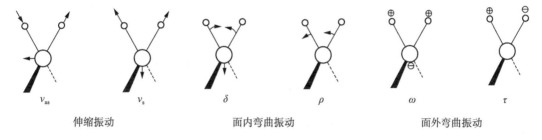

| ν_{as} | ν_s | δ | ρ | ω | τ |
| 伸缩振动 | | 面内弯曲振动 | | 面外弯曲振动 | |

图 16-7 次甲基的振动形式示意图

上面几种振动形式中出现较多的是伸缩振动(ν_s 和 ν_{as})、剪式振动(δ)和面外弯曲振动(γ)。按照振动形式的能量排列,一般为 $\nu_{as} > \nu_s > \delta > \gamma$。

2. 振动的自由度与峰数

理论上讲,一个多原子分子在红外光区可能产生的吸收峰的数目,取决于它的振动自由度。原子在三维空间的位置可用 x、y、z 三个坐标表示,原子有三个自由度,当原子结合成分子时,自由度数目不损失。对于含有 N 个原子的分子中,分子自由度的总数为 $3N$ 个。分子的总自由度是由分子的平动(移动)、转动和振动自由度构成的。即分子的总自由度 $3N =$ 平动自由度+转动自由度+振动自由度。

理论上讲,每个振动自由度(基本振动数)在红外光谱区都将产生一个吸收峰。但是实际上,峰数往往少于基本振动的数目,其原因如下。

(1) 当振动过程中分子不发生瞬间偶极矩变化时,不引起红外吸收。

(2) 频率完全相同的振动彼此发生简并。

(3) 弱的吸收峰位于强、宽吸收峰附近时被交盖。

(4) 吸收峰太弱,以致无法测定。

(5) 吸收峰有时落在红外区域(400~4 000 cm^{-1})以外。

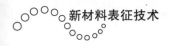

若有倍频峰时,也可使峰数增多,但一般很弱或者超出了红外区。

例如,水分子有三种振动形式,每一种基本振动形式都产生一个吸收峰,如图 16 - 8 所示。而 CO_2 分子具有四种振动形式,但红外光谱图上只出现了两个吸收峰(2 349 cm^{-1} 和 667 cm^{-1}),如图 16 - 9 所示。这是因为 CO_2 的对称伸缩振动,不引起瞬间偶极矩变化,是非红外活性的振动,因而无红外吸收,CO_2 面内弯曲振动(δ)和面外弯曲振动(γ)频率完全相同,谱带发生简并。

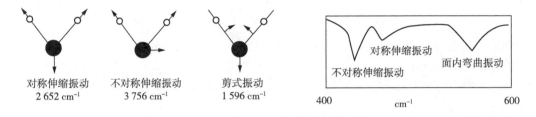

图 16 - 8 H_2O 分子的三种振动形式与其红外光谱

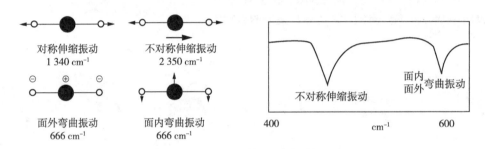

图 16 - 9 CO_2 分子的四种振动形式与其红外光谱

16.2.2   红外光谱仪

目前红外光谱仪有两种,一种为色散型红外光谱仪;另一种是干涉型红外光谱仪,即傅里叶变换红外光谱仪。

色散型红外光谱仪包括棱镜式和光栅式两种。色散型双光束红外光谱仪大多数采用光学零位平衡系统,主要由光源、单色器、检测器、电子放大器和记录机械装置组成。其工作原理如图 16 - 10 所示。

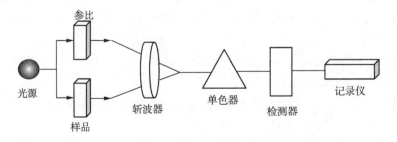

图 16 - 10   色散型红外光谱仪工作原理示意图

干涉型(傅里叶变换)红外光谱仪(图 16 - 11)主要是由光学探测部分和计算机部分组成,

光学探测部分大多数是由迈克尔逊干涉仪组成的。红外光源发出的光经迈克尔逊干涉仪变成干涉光照射到样品上,试样吸收红外光后,检测器获得带有试样信息的干涉图,再由计算机将干涉图进行傅里叶数字变换得到所需的红外光谱。

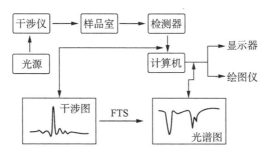

图 16 - 11　傅里叶变换红外光谱仪结构框图

与色散型红外分光光度计相比,FT－IR 有着许多优点。

(1) 分辨能力高。在整个红外光谱范围内可达 0.005～0.1 cm^{-1} 的分辨率,而一般光栅型红外分光光度计只能达到 0.2 cm^{-1}。

(2) 波数准确度高。光谱波数的计算可准确至 0.01 cm^{-1},这是由于可动镜的位置是用氦氖激光器测定的,因而光程差非常精确。

(3) 扫描时间极快。一般在 1 s 内即可完成全光谱范围的扫描,扫描速度比一般分光光度计提高数百倍。

(4) 灵敏度极高。由于不需要狭缝装置,能量损失少,灵敏度也就很高,特别适合于测量弱信号光谱。

16.2.3　红外吸收光谱测试步骤

1. 制样

样品制备及处理在红外光谱分析中占有重要的地位,试样处理过程中必须注意以下几点。

(1) 试样的浓度和测试厚度应选择适当,以使光谱中大多数吸收峰的透射比处于 15%～70%。

(2) 试样中不应含有游离水。水分的存在不仅会侵蚀吸收池的盐窗,而且水分本身在红外区有吸收,会使测得的光谱图变形。

(3) 试样应该是单一组分的纯物质。多组分试样在测定前应尽量预先进行组分分离,否则各组分光谱相互重叠,以致对谱图无法进行正确的解释。

对不同的样品采用不同的制样方法是现代红外光谱研究中取得正确可靠信息的关键,要注意到化合物红外光谱图中的特征谱带频率、强度和吸收峰形状因制样方法的不同而可能带来的变化。因此,选用合适的制样方法要从被测样品和实验目的两方面考虑,由于红外光谱的试样可以是气态、液态或固态,根据试样物相的不同,其制样方法及其适用对象也不同。通常待测试样可分为无机或有机小分子化合物和有机高分子化合物两类。

(1) 无机或有机小分子化合物的制样方法

红外光谱作为化合物结构定性分析的主要手段之一,在无机及有机小分子化合物分析方面显得最为突出,其红外光谱的制样方法较多,见表 16 - 2。

表 16-2　无机或有机小分子化合物的制样方法

试样物相	制样方法	制样设备	方法要点	适用样品	说　明
气相样品	气体吸收池	不同规格耐压玻璃气槽（两端粘透红外光的单晶盐片）	先将气槽抽真空，再将样品注入	气体试样，也适用于低沸点和某些饱和蒸气压大的液体样品	气样量少时可用小体积气槽 当被测气体组分浓度小时可用长光程槽
液相样品（液体或溶液）	液膜法或夹层法	两块透红外光的盐晶窗片（如KBr、KCl等）	将液态试样滴夹于两盐晶片之间，展开成液膜层后，置于样品架上	特别适用于沸点≥100℃以上或难挥发且黏度较大的液体样品	对低沸点且易挥发的样品无法展开的黏胶类及毒性大或腐蚀性、吸湿性强的液体样品不能用
	溶液法（吸收池法）	液体密封池	用注射器将样品注入液体密封池中	低沸点且易挥发的液体或溶液样品	红外光谱定量分析常用方法
	涂膜法 ①热加压法 ②液涂膜法	两块透红外光的盐晶窗片	①将样品置于一盐面上，在红外灯下加热，待易流动时，合上另一盐晶片加压展平成膜 ②将样品溶于低沸点溶剂中，后滴于温热盐晶片上挥发成膜	①黏度适中或偏大的液态样品 ②黏度较大而又不能加热加压展薄的样品	
	全反射法			特别适用于低沸点液体和水溶液样品	要求在红外光区有极强的吸收
	"液-液"溶液法			液态样品	主要为了观察"氢键"或"酮式-烯醇式"平衡等需要

试样物相	制样方法	制样设备	方法要点	适用样品	说 明
固相样品	压片法 ①KBr 压片法 ②CsI 压片法	专用玛瑙研钵、模具及压片机	在红外灯下，固体试样中加入固体基体（KBr/KCl 或 CsI）研磨，在压片专用模具上加压成片	适用于绝大多数易研磨的固体试样 ①KX 法测定有机物 ②CsI 法测定无机物	该方法最常用，但不宜用于鉴定有无羟基（—OH）、氨基（—NH₂）、亚氨基（—NH—）存在
	糊状法 ①Nujol 油法 ②氟化煤油法 ③六氯丁二烯法	玛瑙研钵、两块透红外光的盐晶窗片	在红外灯下，固体试样中加入液体分散剂（如石蜡油、氟化煤油、六氯丁二烯）研磨匀，后按液膜法操作	特别适用于能变成细粉末的易吸潮或遇空气产生化学变化的固体样品	在对羟基（—OH）或氨基（—NH₂）鉴别时 对溶液法没有适当溶剂的试样更有效
	溶液法	样品溶解器、液体密封池	先将固体试样溶解于红外用的溶剂中，再注入液体密封池中进行测定	适用于易溶于红外常用溶剂的固体样品	在红外光谱固体试样定量分析中常用；但溶剂的选择应根据试样的性质和测定的要求，使溶剂和溶质充分互溶且在中红外区自吸收少，溶剂对溶质是化学惰性的
	薄膜法 ①熔融成膜法 ②溶液成膜法 ③真空蒸着法 ④附着法	两块透红外光的盐晶窗片	将样品置于一盐晶面上，在红外灯下加热熔化，合上另一晶片加压成膜，或挥发成膜，或蒸发成膜	特别适用于熔点低且熔融时不分解，或不发生其他化学变化，或易升华，或结晶性物质的固体样品	多用在红外光谱定性分析上 在制膜过程中可能会引起分子的取向晶形的改变以及异构化等现象，故在谱图解析时要特别注意 ①②两种方法只适用于析出时成微晶或玻璃态的样品

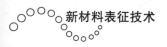

（续　表）

试样物相	制样方法	制样设备	方法要点	适用样品	说　明
固相样品	漫反射法	玛瑙研钵和漫反射装置	将样品加分散剂于玛瑙研钵中研磨，再加到专用漫反射装置中测定	特别适用于粉末试样的测定	
	升华法	升华装置	将样品和盐窗晶片置于同一个带透红外光窗口的升华装置中	适用于某些遇空气不稳定，在高温下易升华的固体样品	
	光声光谱法			适用于深色、硬粒、非均匀的固体试样	用常规制样不能测定或极难测定的试样

2. 有机高分子化合物的制样方法

由于高分子聚合物样品种类繁多，情况复杂，样品不易研磨成粉末，许多样品含有多种"杂质"（如增塑剂、防老剂、无机填料等），因此不能采用小分子化合物的制样方法，要针对具体情况采用适当的方法，见表 16 - 3。

表 16 - 3　有机高分子化合物的制样方法

试样物相	制样方法	制样设备	方法要点	适用样品
液态	液膜法 ① 溶液挥发成膜法 ② 加热加压液膜法	两块透红外光的盐晶窗片（如 KBr、KCl 等）	将液态试样滴夹于两盐晶片之间，展开成液膜层后，置于样品架上	均适用于粘稠液体、或能溶解的样品
	溶液法	液体密封池	用注射器将样品注入液体密闭池中	
	透过法、镜反射法、全反射法	玛瑙研钵和反射装置	将样品加分散剂于玛瑙研钵中研磨，再加到样品架或反射装置中测定	均适用于膜片状样品，特别是纤维、泡沫塑料等固体样品的测定
	漫反射法、固体压片法	专用玛瑙研钵、模具及压片机	在红外灯下，往固体试样中加入固体基体（KBr/ KCl 或 CsI）研磨，在压片专用模具上加压成片	均适用于能研磨成粉末的样品

（续　表）

试样物相	制样方法	制样设备	方法要点	适用样品
固　态	热压成膜法	电炉、两块不锈钢模具和油压机	先把具有要求厚度的云母片或铝箔片（作控制膜厚度的支持物）放在模具压膜面的周围，中间放样品，同置于电炉加热至软化或熔化，盖另一块模具，用坩埚钳夹至油压机加压成膜，冷却取膜测定	适用于加热能软化或熔融的聚合物，如可塑性塑料、橡胶等
	衰减全反射光谱法	盐晶片（KRS－5、ZnSe等）	将样品直接放在盐晶片上测定；对于粉末样品可用胶带粘在盐晶片表面进行测定	适用于一些不溶、不熔融又难粉碎的试样（如合成树脂、片状橡胶等）以及不透明表面的涂层（如胶带、贵重器皿的涂料）和纤维、织物等
	显微测定技术			适用于单丝或以单丝排列的纤维样品
	热裂解法			适用于不熔、不溶的高聚物，如硫化橡胶、交联聚苯乙烯等
	光声光谱法			适用于深色、硬粒、非均匀的试样，用常规制样不能测定或极难测定的试样
	机械切片薄膜法	生物切片机		适用于坚硬的固体试样或生物材料
	附着薄膜法		将试样溶解于红外溶剂制成溶液，直接滴加在盐窗片上展开，挥发成薄的附着层直接测定	适用于某些高分子物质或生物体（如细菌膜）试样

2. 谱学测量

打开红外光谱仪,检查其工作状态;将试样小心放入样品室,然后进行谱学测量。必要时可与标准谱图进行对照。

16.2.4 红外吸收光谱分析

红外吸收光谱分析大致可分为官能团定性和结构分析两个方面。官能团定性是根据化合物的红外吸收光谱的特征基团频率鉴定物质含有哪些基团,从而确定有关化合物的类别。结构分析则需要由化合物的红外吸收光谱结合其他实验资料(如紫外光谱、核磁共振波谱等)来推断有关化合物的化学结构。

1. 定性分析

1) 已知物的鉴定

将试样的谱图与标样的谱图进行对照,或与文献、谱图库中的谱图对照。如果两张谱图的吸收峰位置和形状完全相同,峰的相对强度一样,就可以认为样品是该种标准物。如果两张谱图不一样或峰位不对,则说明两者不是同一种物质或样品中有杂质。

2) 未知物结构的测定

测定未知物结构是红外吸收光谱法定性分析的一个重要用途。如果未知物不是新化合物,可以通过两种方式利用标准谱图进行查对:一种是查询标准谱带索引,寻找与试样光谱吸收带相同的标准谱图;另一种是进行光谱解析,判断试样的可能结构,然后再由化学分类索引查找标准谱图对照核实。具体分析过程如下。

(1) 试样的分离和精制

(2) 了解试样的来源与性质

在对光谱解析之前,应收集样品的有关资料和数据。诸如了解样品的来源,以估计其可能是哪类化合物;了解样品的物理常数如沸点、熔点折射率、旋光率等,作为定性分析的旁证。根据元素分析及相对摩尔质量的测定,求出化学式并计算不饱和度。

$$\Omega = 1 + n_4 + \frac{n_3 - n_1}{2} \qquad (16-9)$$

式中,n_1、n_3 和 n_4 分别为分子中所含一价、三价和四价元素原子的数目。当 $\Omega=0$ 时,表示分子是饱和的,应为链状烃及其不含双键的衍生物;$\Omega=1$ 时,可能有一个双键或脂环;$\Omega=2$ 时,可能有两个双键或脂环,也可能有一个叁键;$\Omega=4$ 时,可能有一个苯环等。但是二价原子如S、O 等不参加计算。

(3) 谱图解析

红外光谱谱图的解析需要根据谱图的特征区来判断。

① 化合物具有哪些官能团,第一强峰有可能估计出化合物的类别;

② 确定化合物是芳香族还是脂肪族,是饱和烃还是不饱和烃,主要由 C—C 伸缩振动的类型来判断;

③ 红外光谱谱图的指纹区也是特征区吸收峰的相关峰,因此可作为化合物含有什么基团的旁证,确定化合物的细微结构。

总的谱图解析可归纳为:先特征,后指纹;先最强峰,后次强峰;先粗查,后细找;先否定,后肯定。即先从特征区第一强峰入手,确认可能的归属,然后找出与第一强峰相关的峰;第一强峰确认后,再依次解析次强峰和第三强峰,方法同第一强峰。对于简单的光谱,一般解析一两组相关峰即可确定物质结构。对于复杂化合物,因官能团的相互影响致使解析困难,可粗略解析后,查对标准光谱或进行综合光谱的解析。

具体的谱峰分析可从以下三方面入手。

① 谱带的位置。虽然不同的基团有着不同的特征振动频率,但由于许多不同的基团可能在相同的频率区域产生吸收,所以在做这种位置对应时要特别注意。

② 形状。有时从谱带的形状也能得到有关基团的一些信息。例如含氯键和离子的基团可以产生很宽的红外谱带。谱带的形状也包括谱带是否有分裂,可用以研究分子内是否存在缔合以及分子的对称性、旋转异构、互变异构等。

③ 相对强度。在相同仪器和相同样品厚度的条件下,比较两条谱带的强度常可指示某特殊基团或元素存在的信息。若分子中含有一些极性较强的基团,就将产生强的吸收带。

(4) 和标准谱图进行对照

由上述分析可见,在红外光谱的定性分析中,常需要利用纯物质的谱图来作校验。查对这些标准谱图时要注意以下两点。

① 被测物质和标准谱图上的聚集态和制样方法应一致。

② 对指纹区的谱带要仔细对照,因为指纹区的谱带对结构上的细微变化都很敏感。

在材料科学方面常用的图集有以下两种。

① 萨特勒谱图集。由美国费城萨特勒研究室编写,它分为两大类,一类为纯度在 98% 以上的化合物的红外光谱,另一类为商品(工业产品)光谱。与材料有关的谱图分为单体和聚合物、纤维、增塑剂、聚合物添加剂、黏合剂和密封胶、有机金属、无机物、聚合物的热解产物等不同类别。这套谱图有四种索引:分子式索引、字母顺序索引、化学分类索引以及谱线索引检索(以第一强峰排序)。

② 赫梅尔和肖勒等著的《infrared Analysis of Polymer, Resins and Additive, An Atlas》,该书主要包括聚合物的红外光谱图和鉴定方法,如塑料、橡胶、纤维及树脂,另外还有助剂的红外光谱图和鉴定方法。

随着计算机技术的发展,傅里叶变换红外光谱仪已能用计算机在软件的谱库里进行检索,许多公司的红外工作站的软件也提供了大量红外光谱图作查索对照,因特网上也提供有各种红外谱库以供检索。

2. 定量分析

与其他吸收光谱定量分析一样,红外光谱定量分析是根据物质组分的吸收峰强度来进行的,它的依据是比尔定律。

$$A=\lg\left(\frac{I_0}{I}\right)=kcL \tag{16-10}$$

式中,A 为吸光度;I_0 和 I 分别为入射光和透射光的强度;k 为摩尔吸收系数;c 为试样的浓度;L 为样品槽的厚度。

如果有标准样品,并且标准样品的吸收峰与其他成分的吸收峰重叠少时,可以采用作出标

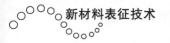

准曲线的方法进行分析,即配制一系列不同含量的标准样品,测定数据点,作出曲线。相关步骤可参考紫外-可见吸收光谱的定量分析方法。

利用红外光谱作定量分析,其优点是有较多特征峰可供选择。但红外光谱用于定量分析远远不如紫外-可见吸收光谱法。其原因如下。

(1) 红外谱图复杂,相邻峰重叠多,难以找到合适的检测峰。

(2) 红外谱图峰形窄,光源强度低,检测器灵敏度低,因而必须使用较宽的狭缝。这些因素导致对比尔定律的偏离。

(3) 红外测定时吸收池厚度不易确定,参比池难以消除吸收池、溶剂的影响。

16.2.5　思考题

1. 进行红外分析时,为什么要求试样不含水?
2. 样品研磨操作过程为什么要在红外灯下进行?
3. 产生红外吸收的原因是什么,分子振动的形式有哪些?

16.3　荧光光谱技术

某些物质受到电磁辐射而激发,其中某些电子由原来的基态能级跃迁到第一电子激发态或更高的激发态中的不同振动能级,跃迁到高能级的电子很快下降到基态的振动能级,并重新发射出相同或较长波长的光,这种光称为荧光。如果停止照射,则荧光很快(10^{-6} s)地消失。根据荧光的光谱和强度,对物质进行定性或定量分析的方法,称为荧光分析法。荧光分析具有灵敏度高、选择性强和方法简单等特点,在冶金、地质、材料科学、环境科学等各个领域内获得了相当广泛的应用。

16.3.1　荧光光谱分析的原理

发光物质因引起发光的原因不同可分为:热致发光、光致发光、电场致发光、阴极射线发光、高能粒子发光及生物发光等多种发光方式。光致发光的原理是分子在吸收了光能后,从基能态跃迁到高能态,在它们再从高能态返回基能态时,以光能的形式向外释放之前吸收的外来能量,即光致发光所发生的光。

1. 荧光的产生

大多数分子在室温时均处在电子基态的最低振动能级,当物质分子吸收了与它所具有的特征频率相一致的光子时,由原来的能级跃迁至第一电子激发态或第二电子激发态中各个不同振动能级,其后,大多数分子常迅速降落至第一电子激发态的最低振动能级,在这一过程中它们和周围的同类分子或其他分子撞击而消耗了能量,因而不发射光。部分分子处在第一激发单重态的电子跃回基态各振动能级时将产生荧光,还有磷光以及延迟荧光等,如图 16 - 12 所示。

由此可见物质吸收光能后所产生的光辐射主要包括荧光和磷光。分子中的电子运动包括分子轨道运动和分子自旋运动,分子中的电子自旋状态,可以用多重态 $2S+1$ 描述,S 为总自旋量子数。若分子中没有未配对的电子,即 $S=0$,则 $2S+1=1$,称为单重态;若分子中有两个自旋方向平行的未配对电子,即 $S=1$,则 $2S+1=3$,称为三重态。荧光和磷光的根本区别为:

荧光是由激发单重态最低振动能层至基态各振动能层之间的跃迁产生的;而磷光是由激发三重态最低振动能层至基态各振动能层之间的跃迁产生的。

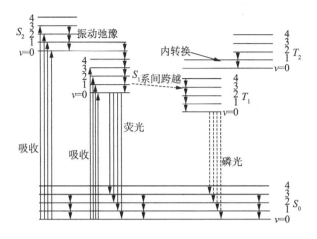

图 16 - 12　荧光光谱能级跃迁示意图

产生荧光的第一个必要条件是该物质的分子必须具有能吸收激发光的结构,通常是共轭双键结构;第二个条件是该分子必须具有一定程度的荧光效率。所谓荧光效率就是荧光物质吸光后所发射的荧光量子数与吸收的激发光的量子数的比值。

2. 荧光光谱

荧光光谱包括激发谱和发射谱两种。激发谱是荧光物质在不同波长的激发光作用下测得的某一波长处的荧光强度的变化情况,也就是不同波长的激发光的相对效率。发射谱则是在某一固定波长的激发光作用下荧光强度在不同波长处的分布情况,也就是荧光中不同波长的光成分的相对强度。

既然激发谱是表示某种荧光物质在不同波长的激发光作用下所测得的同一波长下荧光强度的变化,而荧光的产生又与吸收有关,因此激发谱和吸收谱极为相似。但是激发光谱和吸收光谱不同,后者只说明材料的吸收,至于吸收后是否发光就不一定了,因此将激发光谱与吸收光谱进行比较,可以判断哪种吸收对发光有用。

又由于激发态和基态有相似的振动能级分布,而且从基态的最低振动能级跃迁到第一电子激发态各振动能级的概率与由第一电子激发态的最低振动能级跃迁到基态各振动能级的概率也相近,因此吸收谱与发射谱呈镜像对称关系。

16. 3. 2　荧光光谱的测试

1. 实验装置

进行荧光光谱分析的仪器称为荧光分光光度计。它由五部分组成:光源、单色器、样品池、检测器和显示装置。其工作原理是由光源发出的光,经单色器让特征波长的激发光通过,照射到样品池中的试样上使之发出荧光,经由第二个单色器让待测试样所产生的特征波长通过,照射到检测器上产生光电流,经放大后由显示装置记录信号,如图 16 - 13 所示。

光源:荧光分光光度计多采用氙灯作为光源,因为它具有从短波紫外线到近红外线的基本上连续的光谱,以及性能稳定、寿命长等优点。近年来激光荧光分析应用广泛,它采用激光器

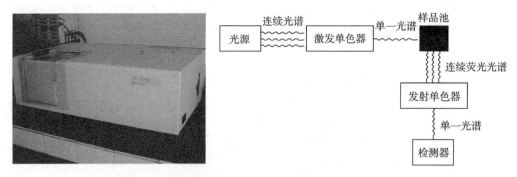

图 16 - 13　RF - 5 000 型荧光分光光度计及其原理示意图

作为光源。

单色器:是从复合光色散出窄波带宽度光束的装置,由狭缝、镜子和色散元件组成。色散元件包括棱镜和光栅。荧光分光光度计有两个单色器:激发单色器和发射单色器。

样品池:用于放置样品。光源、试样容器和探测器通常排成直角形,对于不透明的固体试样,则排成锐角形。

检测器:通常采用光电倍增管作为检测器。

显示装置:荧光分光光度计大多配有微处理机,其信号经处理后在屏上显示,并输给记录器记录。某些型号的荧光分光光度计,按下电键即可得出三维荧光光谱。

2. 实验步骤

(1) 将荧光分光光度计开机,预热 10 min 左右,将样品放入样品池中,测量激发谱。

(2) 根据测得的激发谱,确定样品的激发波长,用此波长测量样品的发射谱。

(3) 利用下面给定的公式,结合荧光发射谱,以图 16 - 14 中的几条辐射为例,进行相关计算。

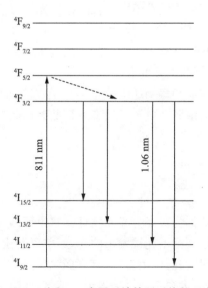

图 16 - 14　实际 Nd 离子系统的跃迁能级示意图

$$A(J'' \rightarrow J') = \frac{64\pi^4 e^2}{3h\bar{\lambda}^2} \frac{n(n^2+2)^2}{9} \frac{1}{2J''+1} S(J'' \rightarrow J') = \frac{8\pi^2 e^2 n^2}{mc\bar{\lambda}^2} P_{cal}(J'' \rightarrow J')$$

$$\tau_{rad} = \frac{1}{\sum_{J'} A(J'' \rightarrow J')}$$

$$\beta_{J''J'} = \frac{A(J'' \rightarrow J')}{\sum_{J'} A(J'' \rightarrow J')}$$

$$\sum (J'' \rightarrow J') = \frac{\bar{\lambda}^2}{8\pi n^2} A(J'' \rightarrow J') \tag{16-11}$$

式中，$\sum_{J'} A(J'' \rightarrow J')$ 是自发辐射总跃迁概率；τ 是能级寿命；$\beta_{J''J'}$ 是荧光分支比；$\sum (J'' \rightarrow J')$ 是积分发射截面；λ 是中心波长；e 为电子电荷；n 为折射率；h 为普朗克常数；m 是电子质量。

16.3.3　思考题

1. 荧光谱与磷光谱有什么不同与相同？
2. 为什么测量荧光必须和激发光的方向成直角？
3. 激发谱和发射谱有什么不同之处？

16.4　激光拉曼光谱技术

拉曼效应是能量为 $h\nu_0$ 的光子同分子碰撞所产生的光散射效应，即拉曼光谱是一种散射光谱。由于拉曼效应太弱，曾一度被红外光谱代替，直至 20 世纪 60 年代激光问世。激光具有单色性好、方向性强、亮度高、相干性好等特性，将其引入拉曼光谱，使拉曼光谱得到了迅速的发展，灵敏度比常规拉曼光谱提高了 $10^4 \sim 10^7$ 倍。

在各种分子振动方式中，强力吸收红外光的振动产生高强度的红外吸收峰，但只能产生强度较弱的拉曼谱峰；反之能产生强的拉曼谱峰的分子振动却产生较弱的红外吸收峰。因此拉曼光谱与红外光谱相互补充，才能得到分子振动光谱的完整数据，业已成为分子结构表征分析的主要手段。

16.4.1　激光拉曼光谱分析的原理

1. 拉曼散射及拉曼位移

当一束光的光子与作为散射中心的分子发生相互作用时，大部分光子仅是改变了方向，而光的频率仍与光源一致，这种散射称为瑞利散射。但也存在很微量的光子不仅改变了光的传播方向，而且也改变了光波的频率，即在碰撞过程中有能量交换，这种散射称为拉曼散射。其散射光的强度约占总散射光强度的 $10^{-10} \sim 10^{-6}$。拉曼散射的产生原因是光子与分子之间发生了能量交换，改变了光子的能量。

在量子理论中，把拉曼散射看做光量子与分子相碰撞时产生的非弹性碰撞过程。在该过程中，光量子与分子有能量交换，交换的能量只能是分子两定态之间的差值。当处于基态的分子与光子发生非弹性碰撞时，分子从光子处获取能量转变成分子的振动或转动能量，从而到达激发态，光子则以较小的频率散射出去，称为斯托克斯线，如图 16-15 所示。反之，如果分子

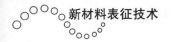

处于激发态,与光子发生非弹性碰撞后,分子会释放能量回到基态,而光子则获取能量以较大的频率散射出去,称为反斯托克斯线,如图 16-15 所示。

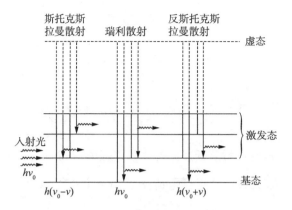

图 16-15　拉曼散射的量子解释示意图

斯托克斯线和反斯托克斯线分立于瑞利谱线两侧,统称为拉曼谱线。它们与入射光频率之差称为拉曼位移,拉曼位移的大小和分子的跃迁能极差一致,与入射光波的波长无关,如图 16-16 所示。因此,对应于同一分子能级,斯托克斯线和反斯托克斯线的拉曼位移应相等,且跃迁概率也应相等。但在正常情况下,根据波尔兹曼定律,分子绝大多数处于基态振动能级,所以斯托克斯线的强度远远强于反斯托克斯线。因此拉曼光谱仪一般记录的都只是斯托克斯线。

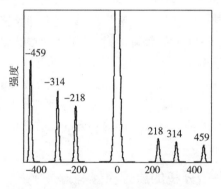

图 16-16　CCl_4 的拉曼光谱

2. 拉曼光谱的选择定则

外加交变电磁场作用于分子内的原子核和核外电子,可以使分子电荷分布的形状发生畸变,产生诱导偶极矩。极化率是分子在外加交变电磁场作用下产生诱导偶极矩大小的一种度量。极化率高,表明分子电荷分布容易发生变化。如果分子的振动过程中分子极化率也发生变化,则分子能对电磁波产生拉曼散射,这时称分子有拉曼活性。有红外活性的分子在振动过程中有偶极矩的变化,而有拉曼活性的分子振动时伴随着分子极化率的改变。因此,具有固有偶极矩的极化基团,一般都有明显的红外活性,而非极化基团没有明显的红外活性。拉曼光谱恰恰与红外光谱具有互补性。即凡是具有对称中心的分子或基团,如果有红外活性,则没有拉曼活性;反之如果没有红外活性,则拉曼活性比较明显。

一般分子或基团多数是没有对称中心的,因而很多基团常常同时具有红外和拉曼活性。当然,具体到某个基团的某个振动时,红外活性和拉曼活性强弱可能有所不同。有的基团(如乙烯分子的扭曲振动)则既无红外活性又无拉曼活性。

16.4.2　激光拉曼光谱的特点

拉曼散射产生于入射光子与分子振动能级的能量交换,在很多情况下,拉曼频率位移的程度正好相当于红外吸收频率,如图 16-17 所示。因此红外测量能够得到的信息同样也会出现在拉曼光谱中,红外光谱解析中的定性三要素(吸收频率、强度和峰形)对拉曼光谱解析也适用。但两种光谱的分析机理不同,提供的信息也存在差异。一般分子对称性越高,红外和拉曼光谱的差别越大,非极性官能团的拉曼散射强度越高,极性官能团的红外吸收强度越高。拉曼光谱与红外光谱分析方法的比较如表 16-4 所示。

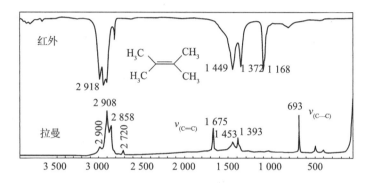

图 16-17　红外光谱与拉曼光谱的对比

表 16-4　拉曼光谱与红外光谱分析方法比较

拉曼光谱	红外光谱
光谱范围 40～4 000 cm^{-1}	光谱范围 40～4 000 cm^{-1}
水可作溶剂	水不可作溶剂
样品可盛于玻璃瓶、毛细管等容器中直接测定	不能用玻璃容器测定
固体样品可直接测定	固体样品需研磨制成 KBr 压片

与红外光谱相比,拉曼光谱分析的优点如下。

(1) 拉曼光谱的获得是一个散射过程,因此任何形状、尺寸、透明度的试样,只要能被激光照射到即可直接拿来测量。由于激光束的直径较小,且可以进一步聚焦,故极微量的试样都可以测量。

(2) 水是极性很强的分子,红外吸收非常强烈,但拉曼散射却极微弱,因而水溶液试样可直接进行拉曼光谱的测量。此外,玻璃的拉曼散射也较弱,故玻璃可以作为理想的拉曼光谱窗口材料。

(3) 对于聚合物和其他分子,拉曼散射的选择定则的限制较小,因此可得到更丰富的谱带。

拉曼光谱的最大缺点就是会产生荧光散射,由于拉曼散射光极弱,所以一旦样品或杂质产

生荧光,拉曼光谱就会被荧光所淹没。通常荧光来自样品中的杂质,但有的样品本身也可发生荧光,常用抑制或消除荧光的方法有以下几种。

(1) 纯化样品。

(2) 强激光长时间照射样品。

(3) 加荧光猝灭剂。有时在样品中加入少量荧光猝灭剂,如硝基苯、KBr、AgI 等,可以有效地猝灭荧光干扰。

(4) 利用脉冲激光光源。当激光照射到样品时,产生荧光和拉曼散射光的时间过程不同,若用一个激光脉冲照射样品,将在 $10^{-13} \sim 10^{-11}$ s 内产生拉曼散射光,而荧光则是在 $10^{-9} \sim 10^{-7}$ s 后才出现。

(5) 改变激发光的波长以避开荧光干扰。在测量拉曼光谱时,对于不同的激发光拉曼谱带的相对位移是不变的,荧光则不然,对于不同的激发光,荧光的相对位移是不同的。所以选择适当的激发光,可避开荧光的干扰。在实际工作中常用这一方法识别荧光峰。

16.4.3　激光拉曼光谱的测定

1. 实验装置

激光拉曼光谱仪主要由激光光源系统、样品装置、散射光收集和分光系统、检测和记录系统等部分组成,如图 16 - 18 所示。

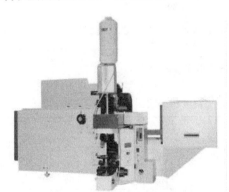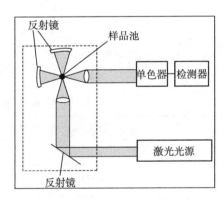

图 16 - 18　激光拉曼光谱仪及其结构示意图

(1) 激光光源系统　由于拉曼散射的强度大约只有入射光强度的 10^{-6},因此拉曼光谱仪选用较强的激光光源。常用的激光器有 He - Ne 激光器、Ar 离子激光器及 Kr 离子激光器等。在光源系统中除了激光器以外,还有透镜和反射镜等。透镜将激光束聚焦于试样上,反射镜则将透射过试样的光再反射回试样,以提高对光束能量的利用,增强信号强度。

(2) 样品装置及试样放置方式　为了更有效地照射试样和收集拉曼散射,多采用一个 90° 的样品光学系统,即收集方向垂直于入射光的传播方向。

为了提高散射强度,试样的放置方式非常重要,气体样品可采用空腔方式,即把试样放置在激光器的共振腔内;液体试样可置于毛细管或多重反射槽内,而后放置在激光器的外面;固体样品则可装在玻璃管内,或压片测量,如图 16 - 19 所示。

(3) 散射光收集和分光系统　拉曼散射信号是十分微弱的,为了尽可能地获得大的拉曼散射信号,需要提高对散射光的收集,如透镜设计时考虑最佳立体收集角或增加凹面反射镜

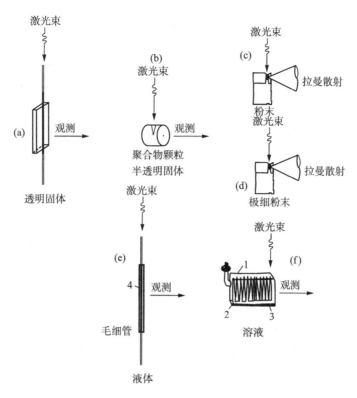

图 16 - 19   不同形态试样在拉曼光谱仪中的放置方式

等。分光系统一般采用光栅单色仪,对单色仪的要求是光谱纯度高,还要有优良的抑制杂散光的能力。

(4) 检测和记录系统   拉曼散射信号的接收类型分为单通道和多通道两种,对于落在可见光区的拉曼散射光,采用光电倍增管作为检测器,光电倍增管接收的是单通道。而较弱的拉曼散射光可用分子计数器来检测,然后用记录仪或计算机结构软件绘制图谱。

2. 实验步骤

1) 仪器调试

(1) 光路初调:调节激光管、转向棱镜使激光束处于铅垂位置;安装集光镜和聚焦透镜,并调节集光镜使激光束成像在单色仪入射狭缝上。

(2) 正确选择光电倍增管、线性脉冲放大器的相关参数,使谱线信号与背底的比值最大。

2) 样品测试

(1) 将样品管置于样品台,使聚焦后的激光束位于样品管中心。

(2) 调节样品台和聚光镜,使聚焦后的光束最细的部位位于集光镜和单色仪的光轴上,样品通过集光镜清晰地成像于单色仪狭缝上。

(3) 调节偏振旋转器,使激光的振动极大值方向与单色仪光轴方向一致,样品在狭缝上的像亮度最大。

(4) 调整单色仪及入射狭缝宽度,开启高压电源,获得拉曼光谱。

16.4.4　拉曼光谱分析

同红外光谱图一样,拉曼光谱也反映了分子振动-转动频率特征。因此,在红外光谱中的几种分析方法同样也适用于拉曼光谱。不过,在分析拉曼光谱图时要注意下列几个问题。

(1) 1 500 cm⁻¹的分界点　当测得某种物质的拉曼谱图后,先注意 1 500 cm⁻¹的分界点,1 500 cm⁻¹以上的谱带必定是一个基团的频率,解释通常是可靠的,一般可以确信其推论。因此,解释谱图通常从高波数端开始。1 500 cm⁻¹以下的区域为指纹区,该区域的谱带可以是基团频率也可以是指纹频率。通常,频率越低,谱带就越会起因于基团,即使在这个区域内有 n 个谱带具有某一基团的确切频率也不一定能断定这个基团存在。一般来说,在指纹区内某一基团频率的不存在比它的存在是更可靠的判断准则。

(2) 与红外光谱配合使用需注意的事项

① 相互排斥规则:凡具有对称中心的分子,若其红外光谱是活性的,则其拉曼光谱就是非活性的;反之,若拉曼光谱是活性的,则其红外光谱是非活性的。

② 相互允许规则:没有对称中心的分子,其红外光谱和拉曼光谱一般都是活性的。

③ 拉曼光谱对分子骨架较灵敏,红外光谱对连接在骨架上的官能团较灵敏。

④ 不像红外光谱,水对拉曼光谱影响较小,拉曼光谱较适合于进行水化物的结构测定。

一般来说,任何两种不同的化合物均有着不同的拉曼谱图,即各谱带的波数和强度不同,对化合物可进行定性的分析鉴定。而另一方面,不同化合物中同一基团或化学键又能给出大致相近的拉曼谱带,因此又可进行基团的鉴别。

拉曼光谱技术几乎不需要样品制备,可直接测定气体、液体和固体样品,并且可用水作溶剂。由于水的拉曼散射光谱极弱,因此拉曼光谱在含水溶液、不饱和碳氢化合物、聚合物结构、生物和无机物质及医药制品等方面的分析要比红外光谱分析法优越,并在材料结构研究中成为重要的分析工具。

16.4.5　思考题

1. 简述瑞利散射与拉曼散射的区别。

2. 简述激光拉曼光谱的实验原理。

3. 拉曼光谱与红外光谱有哪些异同点?

参考文献

[1] 徐耀祖,黄本立,鄢国强. 中国材料工程大典:材料表征与检测. 北京:化学工业出版社,2006.

[2] 常铁军,刘喜军. 材料近代分析测试方法. 哈尔滨:哈尔滨工业大学出版社,2010.

[3] 周玉,武高辉. 材料分析测试技术. 哈尔滨:哈尔滨工业大学出版社,2003.

[4] 黄新民,等. 材料分析测试方法. 北京:国防工业出版社,2012.

[5] 朱和国,王恒志. 材料科学研究与测试方法. 南京:东南大学出版社,2008.

[6] 王富耻. 材料现代分析测试方法. 北京:北京理工大学出版社,2006.

[7] 沈其丰. 核磁共振波谱. 北京:北京大学出版社,1988.

[8] 左演声,陈文哲. 材料现代分析方法. 北京:北京工业大学出版社,2003.

[9] 李一峻,常子栋,何锡文. 电化学分析的进展及应用. 分析实验室,2007,26(10):107 – 116.

[10] 姚艳红,阚玉和,王思宏,等. X 射线 K 值法测定硅铁中硅的含量. 分析化学,2002,30(5):639 – 343.

[11] 胡林彦,张庆军,沈毅. X 射线衍射分析的实验方法及其应用. 河北理工学院学报,2004,26(3):83 – 87.

[12] 钦佩,楼豫皖,杨传争,等. 分离 X 射线衍射线多重宽化效应的新方法和计算程序. 物理学报,2006,55(3):1325 – 1335.

[13] 骆军,朱航天,梁敬魁. 晶粒尺寸和应变的 X 射线粉末衍射法测定. 物理,2009,38(4):267 – 273.

[14] 董全林,于成交,杨彦杰,等. TDX – 200F 透射电镜高压测试系统的设计与应用. 电子显微学报,2011,30(6):567 – 574.

[15] 孟杨,谷林,张文征. TEM 精确测定无理择优界面取向. 金属学报,2010,46(4):411 – 417.

[16] 陈清,魏贤龙. 在扫描电子显微镜中原位操纵、加工和测量纳米结构. 电子显微学报,2011,30(6):473 – 480.

[17] 许天旱,姚婷珍,土党会. SEM 粉末样品的超声波制备方法研究. 电子显微学报,2010,29(4):403 – 405.

[18] 傅志强,贺翠翠,刘锡贝. 扫描电镜测量纳米尺度的影响因素. 电子显微学报,2012,31(3):226 – 234.

[19] 李海燕,徐颖. 热重-差热联用仪的特点和维护. 分析仪器,2011,6:83 – 88.

[20] 陈娟娟,杨海真. 热重分析(TG)与质谱分析(MS)联用技术在环境领域应用前景分析. 环境科学与管理,2007,32(4):131 – 135.

[21] 徐朝芬,孙学信,郭欣. 热重分析试验中影响热重曲线的主要因素分析. 热力发电,2005,6:34 – 39.

[22] 陈云仙,陆昌伟. 顶杆法热膨胀仪在材料研究中的应用. 分析测试技术与仪器,1999,5(2):111 – 114.

[23] 黄忠兵,唐芳琼. 磁性纳米包覆微球的制备和磁性表征. 无机化学学报,2004,20(3):201 – 205.

[24] 徐津,何峻,安静,等. 纳米 Fe 颗粒的化学还原制备及结构与磁性表征. 功能材料,2012,8(43):1016 – 1020.

内容提要

全书共分为四篇,第 1 篇为材料的成分表征技术,主要介绍了电化学分析、原子吸收光谱、X 射线荧光光谱、核磁共振技术;第 2 篇为材料的结构表征技术,主要介绍了 X 射线衍射原理与方法、X 射线衍射分析方法、多晶体物相分析、单晶体的定性分析;第 3 篇为材料的组织、形貌表征技术,主要介绍了光学显微镜、透射电子显微镜、扫描电子显微镜、电子探针显微镜;第 4 篇为材料的物性表征技术,主要介绍了材料的热学表征技术、材料的电学表征技术、材料的磁学表征技术、材料的光学表征技术。

本书可以作为材料科学与工程专业教材使用,同时也可以作为材料类及相关专业工程技术人员的参考书。